设计理论与实践论文集

张继晓　主编

中国林业出版社

·北京·

图书在版编目(CIP)数据

美丽乡村与精准扶贫:设计理论与实践论文集 / 张继晓主编. —北京: 中国林业出版社, 2019. 9
ISBN 978-7-5219-0273-0

Ⅰ. ①美… Ⅱ. ①张… Ⅲ. ①乡村规划 - 建筑设计 - 北京 - 文集 Ⅳ. ①TU982. 291-53

中国版本图书馆 CIP 数据核字(2019)第 218194 号

本书编委会

主　　编: 张继晓
副 主 编: 任元彪　王渤森　丁　铮
编　　委: 于　欢　刘　健　丁汗青　郑雨薇　丁柏皓
封面设计: 丁汗青

中国林业出版社 · 建筑分社
责任编辑: 纪　亮　樊　菲

出　　版: 中国林业出版社
(100009　北京市西城区刘海胡同 7 号)
网　　站: http: //www. forestry. gov. cn/lycb. html
发　　行: 中国林业出版社
电　　话: (010) 83143610
印　　刷: 北京博海升彩色印刷有限公司
版　　次: 2019 年 9 月第 1 版
印　　次: 2019 年 9 月第 1 次
开　　本: 1/16
印　　张: 13. 75
字　　数: 280 千字
定　　价: 88. 00 元

序

设计——让村村熠熠生辉

乡村是人类历史长河中农业文明时代的创造，它促进了生产生活与自然的协调共存，对推动人类文明的发展具有里程碑式的意义。今天，乡村的文化价值、历史价值、生态价值、社会价值、经济价值依然很高，仍然是现代社会发展中不可或缺的组成部分。

开展“设计服务在北京美丽乡村创建中的体系研究”是基于设计走进“美丽乡村”和“精准扶贫”的田野调查和设计实践。该研究旨在用设计的方法，即“设计是集成科学技术、文化艺术、社会经济、法规标准、乡俗民约等知识要素成果，创造满足使用者需求的商品、环境和服务的科学创新方法”，围绕乡村振兴、建设“美丽乡村”的理念，开展对乡村的设计示范，以推动产业发展、提升环境形象、促进生态宜居等方面的系统研究。运用设计方法使我们的美丽乡村和精准扶贫建设更具科学性、创意性、人文性、实用性，打造生态文明突出、生活环境和谐、产业结构合理、宜居宜业宜游的具有中国特色和世界水平的新农村。

“中国要强，农业必须强；中国要美，农村必须美；中国要富，农民必须富。”“设计走进美丽乡村”探索的设计模式是运用“设计方法论”的理念，“一村一设计”地去破解乡村建设中严重存在的“千村一面”问题。通过吃“外”住“内”的设计，着力重寻自然、历史和人文的本真。环境保持乡村的传统肌理，而内部生活设施要提品质、增质量。真正实现让乡亲们“望得见山，看得见水，记得住乡愁”，做到“注意保留原始风貌，慎砍树、不填湖、少拆房”，这是本书阐述的根本落脚点。

设计与美丽乡村，是交给设计师的一个全新的设计课题，设计师要真正理解乡村设计，不仅仅要关注设计本身元素问题，更要关注乡村振兴的“产业发展、生态平衡、文化需求、经济模式”等大设计问题。为此，张继晓先生带领他的团队开展了大量的调查研究工作。众多专家学者也集自身研究之成果，撰文从多角度、多方位对此进行阐述。这是一部从设计的视角谈“美丽乡村”与“精准扶贫”的乡村振兴建设机制、模式和方法的文集。

设计走进“美丽乡村”的精髓就是“一村一品”的设计。以生产者、生活者的需要为导向，通过设计创新、创意、创造，建设环境生态宜居、生活舒适、生产有效、产业兴旺的各具特点、品形相济、可持续发展的最美乡村。

设计让村村熠熠生辉。

2019 年 5 月 31 日

目　录

推动“设计走进美丽乡村”促进生态服务型产业发展

宋慰祖　徐　荧（民盟北京市委　北京　100035）

摘要：“设计走进美丽乡村”对推进城乡一体化发展具有重要的战略意义，响应了把生态文明建设放在突出位置，努力建设美丽中国，实现中华民族永续发展的时代号召。建设美丽中国，重点和难点在乡村。“设计走进美丽乡村”是乡村发展创新方法的实践探索。本文通过对北京典型案例的调研，分析“设计走进美丽乡村”所带来的创新变化和存在的问题，探索其对新型生态型服务产业的发展模式的影响，促进北京城乡协调发展。

关键词：生态服务型产业；设计创新；“美丽乡村”；城乡协调

党的十八大首次把生态文明纳入党和国家现代化建设“五位一体”总体布局，并提出要把生态文明建设放在突出位置，努力建设美丽中国，实现中华民族永续发展。建设美丽中国，重点和难点在乡村。2013年，中央一号文件作出了加强农村生态建设、环境保护和综合整治，努力建设“美丽乡村”的工作部署。2014年3月，国务院印发了《国务院关于推进文化创意和设计服务与相关产业融合发展的若干意见》，提出了“挖掘特色农业发展潜力。提高农业领域的创意和设计水平，推进农业与文化、科技、生态、旅游的融合。强化休闲农业与乡村旅游经营场所的创意和设计，建设集农耕体验、田园观光、教育展示、文化传承于一体的休闲农业园。注重农村文化资源挖掘，不断丰富农业产品、农事景观、环保包装、乡土文化等创意和设计，着力培育一批休闲农业知名品牌，提升农产品附加值，促进创意和设计产品产业化。”的发展要求。

一、乡村田野调查

（一）总体情况

自2013年2月，民盟北京市委与中共北京市委农工委开始进行“设计走进美丽乡村”活动对接。近年来，民盟北京市委共走访调研了门头沟、怀柔、密云、顺义、大兴、昌平、房山、延庆、平谷、通州、朝阳等11个区的32个村庄，平均各乡村已调研2~3次，最多的超过了30次。参与调研的专家达百余人次，共完成了2个调研报告，制定了村域导视系统设计规范，为4个乡村开展了村域发展的规划设计，为8个农村合作社开展了30项旅游商品的研发设计，开展了3个村镇的民居设计，完成了3个相关标志设计，各项设计初见成效。

1. 设计缺失，村域发展需要科学规划

在新农村建设中“新三起来”已见成效，其中，土地流转起来后就需要对村域土地进行规划和有效合理的开发利用，还包括新的农村社区建设等。目前来看，各村发展水平参差不齐，需要加强设计规划。

2. 村貌不美，村庄景观和风貌尚待改观

村容村貌是乡村的形象，既是生态宜居的基础，也是产业发展的经营环境，规划设计与基础设施的改造、改良是需要加快解决的需求。现有情况中，大拆大建，破坏了农村的原始风貌和肌理；上楼工程，集中住宅，失去了“乡愁”。新建建筑在高度、体量、形式和色彩方面都与传统风貌不相协调，破坏了村落历史文脉的延续性。一些村落落地改善时，直接对墙面进行粉刷，还有的为传统建筑加装铝合金门窗，影响了建筑风貌的传承与美观。

3. 设施不足，宜居和生活条件有待改善

从调研结果看，部分地区发展相对薄弱，现有公共资源难以满足居民日益增长的物质生活和精神生活的需求，医疗、文化、教育、交通等公共服务设施比较落后。村中供电供水、天然气、热力管道、污水处理、垃圾处理等现代化基础设施不足，设计规划不到位，宜居和生活条件有待改善。

4. 人口外流，村落出现“空心化”情况

传统村落中的人口尤其是青壮年劳动力不断“外流”，造成常住人口大量减少，出现“人走房空”的现象。在多数村落的调研中，房屋空置率为30%～50%，由人口空心化逐渐演化为人口、土地、产业和基础设施整体空心化。一些村落进行了重新建设，将空置的房屋进行新的整合与开发，还需要对乡村发展模式、产业形态创新进行新的设计探索。

5. 产业乏力，发展理念和方式亟待引导

乡村经济发展是大多数调研村庄重点关注的问题，乡村增收、村民富裕是一致的诉求。在产业发展方式上，由一产向二、三产发展，一、二、三产融合发展是趋势，乡村发展进行产业规划是主要需求。但目前，产业布局不合理，产业形态未形成，社会服务和产业链不完善，如：生态旅游中的吃、住、行、游、购、娱六要素不全，生态休闲、养生养老、文化娱乐、社会服务等功能缺失。

目前，京郊农村旅游服务业已成为主导产业、支柱产业，发展水平参差不齐，但兴建大型旅游设施等，破坏了生态，存在发展理念需要转变、发展方式尚需创新、发展水平需要提高的诉求，对旅游规划、旅游商品设计研发存在需求。品牌意识已在乡村经济中成为基本共识，品牌设计、品牌建设是比较普遍的需求。

6. 观念落后，生态服务型经济理念还需倡导

通过调研，发现在新农村发展思维、转变经济发展方式上，需要从战略高度来明晰生态发展内涵、树立生态发展理念。要更好地普及生态知识，提升市民生态意识，培育农民生态素养，大力倡导发展生态服务型经济。

(二)案例调研

1. 对乡村生态服务型产业链发展的探索

门头沟区处于生态涵养区，是生态服务型产业发展的核心区，也是本次调研的重点区域。课题组先后去了5个镇、6个

村，即斋堂镇马栏村，妙峰山镇涧沟村，陇驾庄村，清水镇八亩堰村，军庄镇香峪村，雁翅镇太子墓村，并重点在马栏村进行了生态服务型产业链的设计与建设。

围绕“设计走进美丽乡村”的总体思路，强化理论与实践相结合，注重科技与文化融合的创新设计方法的运用，课题组主要在门头沟区斋堂镇马栏村开展了村域规划、民居设计和产业发展的研究，对村域进行整体规划，打造生态服务发展产业链，初步探索了生态涵养区村落建设的设计工作。并在马栏村挂牌建立了“民盟新农村建设实践基地”，开展学术理论研究和设计实践工作，提出了“古村、红村、新村”的总体发展思路和理念。

一是村域环境设计。围绕古村的历史积淀、红色村庄的文化内涵和新农村建设的目标，课题组在村里开展景观布局、导视设计的基础上，对村子的环境、整体形象提出了建筑规范，制定了就地取材、保留传统、应用新技术、增加配套设施的原则。设计建设村口的风雨亭和沿山的步道、村委会前的文化墙，并进行了村内道路水道的复原设计和报告厅、餐厅的外墙装饰设计，提出了公共家具的设计原则，垃圾箱、休闲桌椅、导向指示牌等都具有农村文化气息。

二是民居设计。依据本地传统民居的造型外观，结合高科技的采暖、燃料和现代化的生活方式，围绕村内民居的改造升级，课题组开展了“乡村十二间”的创意设计。针对村子广场旁边的乡村旅游接待中心，做了示范样板间设计。开展村民参与设计民居建设的活动，让全体使用者对设计方案发表意见，为未来的马栏村民居规划设计完善内涵，提出符合村民生活方式的设计方案。

三是产业规划。结合课题调研和马栏村的实际情况，课题组提出了大力发展生态休闲旅游产业的目标，将围绕生态休闲旅游产业建设，配合村内成立旅游合作社，做好旅游环境设计。按照“吃、住、行、游、购、娱”旅游六要素，完善住宿体系设计、绿色餐饮设计、马栏黄土的产业化开发规划设计、道路景观设计、生态产品的旅游商品设计，形成融生态休闲、红色文化、自然科普、商品销售于一体的产业业态。

2. 对乡村生态服务型产业模式的探索

(1)完善生态旅游休闲产业发展模式

一是对村域环境的设计与改造。在调研中发现，新农村改造、建设中，人们缺乏对建筑设计的规划、提升，整体设计协调性差、美感不足。课题组依据本地传统民居的造型外观，结合高科技的采暖、燃料和现代化的生活方式，帮助村内居民改造升级。如在顺义区石家营村，3 个设计师团队分别为村内民居的装饰工程提供了方案设计，体现了“美丽乡村”的设计价值。

二是导视系统的开发与设计。在阶段性调研的基础上，课题组发现乡村在实施旅游产业开发的过程中，导视系统缺失、设计不到位、功能不完善是主要的问题。课题组在这些方面做了一些探索，如在怀柔区北沟村推动完成了村内导视系统的设计改造等，并在此基础上，组织专家开发、完成了乡村导示系统的标准设计。

三是旅游服务设施的设计与建设。围绕发展生态旅游的目标，课题组组织专家为文化墙、公共家具、旅游景观和登山步道的设计建设提供了咨询；在北京国际设计周期间，对旅游接待中心进行了创意设计，帮助多个村镇提升了旅游服务的内涵与品质。

四是旅游产业发展方式的研究与探索。针对旅游产业发展中的问题，课题组以规划设计为切入点，来提升旅游产业的发展水平。如充分利用乡村生态资源，以青少年科普教育为依托，完成了密云区乡村"绿之旅"项目的规划设计。

(2)探索生态居家养老产业发展模式

经济的高速发展、人口的快速流动也使养老或老年经济开始成为了有着巨大经济效益与经济回报的新型产业，与之相呼应的是，大量离退休老年人有着强烈的养生健体欲望和社交热情。退而不休、老而不息是大量老年人的心态和希望，老年消费也将逐步成为一种社会常态。

马坡镇石家营村地处北京市顺义区中心地带，毗邻首都国际机场，空路、陆路交通便捷。2009 年，石家营当选"北京最美乡村"，环境宜人、人际和谐是石家营的最大特色。石家营优越的人文精神建设，加之丰富多样的生活、休闲相关产品供应，以及现在正积极开发完善的村落住房，顺应了当下老龄化加重的趋势，具备了发展休闲养老产业的条件。

永乐店镇德仁务中街村位于北京市通州区东南部，是通州区标杆性新农村中的特色村落，扭转了大众以往的"通州无山无水没的玩"的观念，现已建设成为具有"尝、享、购、养、憩"功能特色的小镇式新农村，实现对内增加村民就业机会、增加经济收入，对外输送"文明乡风、最美小镇"的品牌效应和"德仁之美、生活之美"的生活理念，适合发展休闲养老产业。

(3)创新旅游商品开发产业发展模式

乡村旅游产品开发力量薄弱、设计理念落后、商品增值不足，是调研中发现的普遍问题，也是长期存在的问题。课题组在这方面进行了许多有益探索，如：帮助怀柔区项栅子村进了民族特色食品的旅游商品开发设计；为渤海所村聚源德农业合作社特色农产品板栗进行包装设计；为昌平区康陵村、门头沟区八亩堰村、大兴区梨花村、海淀区永丰村等村子设计了具有当地特色的旅游商品等。

调研中，课题组发现旅游商品销售方式上存在小、散、乱等问题，没有形成合力，缺乏有效的营销模式。因此，在旅游商品开发中，课题组更关注旅游商品链的创新。如在房山区红酒酒庄的开发建设中，葡萄的种植既解决了生态修复的问题，与旅游的结合，也推动了酒庄红酒的产业化，通过旅游服务与商品实现旅游产业链上不同环节的经济效益。

二、启示与问题

(一)走可持续发展之路

中国是农业大国，农村并不是落后的代名词，相反，农村存在着独特的设计优势。有些农村交通不便，受外界影响小，因此保留了属于自己的生活习俗以及一些优秀的传统文化。另外，由于全球化的影响，人们对于文明的怀念和眷恋愈加强烈，更加向往青山绿水和宁静的田园生活。相较城市，乡村与自然环境诸多要素接触更多，人工环境与自然环境联系更为紧密，乡村对自然的依赖更强，所以可持续设计中的重点是，将设计与生态联系在一起，并且要对农村环境中的农舍、景观、建筑和道路设施等人工因素与庄稼田地、河湖山川、动植物等自然因素进行整体安排，形成有别于城市风貌、延续当地乡土特色的新环境空间。

(二)生态服务型产业是可持续发展的创新模式

当前，北京市作为在生态资源相对贫乏、经济发展水平整体滞后的经济圈中建设的特大型城市，面临着城市经济资源高度密集与城乡生态环境极度脆弱并存的发展格局。北京的生态环境具有山地-平原耦合系统属性，山区的生态系统状况直接关系到平原地区的生态安全和经济社会的可持续发展，通过生态服务型经济盘活城乡一体化发展，激活更充足的经济手段，在城乡统筹范围内解决生态问题，这在全局上是进一步促进城乡统筹发展、经济稳健发展的战略议题。

“绿水青山”与“金山银山”之间需要一定的转化方式。所以，乡村需要对本地区的资源环境特色、区位特点、产业环境和基础以及目标人群的消费市场变化等多方面因素进行合理化挖掘。应着重开发依托当地生态环境衍生或延伸的相关产业，拓宽发展思路，探索发展“绿水青山”的内生性产业，如休闲观光、农事体验、农业科技、乡村文化、特色村镇等项目。生态服务型经济是由政府主导，发挥市场机制调控功能，通过经济发展方式转型升级推进生态资源价值化，从而加快推进生态系统和绿色经济融合互促的战略性经济模式。北京市快速发展的经济需要适时加大力度提升发展模式并反哺生态建设，规避生态建设长期处于低限度维护所带来的更大的生态维护成本。因此，应着力以生态资源和服务价值为核心，提升社会经济的生态维护属性，将生态系统服务纳入社会价值的生产和分配，从而真正实现生态系统与社会经济系统的结合。

发展生态服务型经济，有利于促进首都城乡一体化发展进程。北京郊区产业融合发展的途径需要进一步探索，特别是在城乡结合部发展、绿化隔离地区建设、山区替代产业发展等方面还存在很多难题需要破解。北京乡镇地区也是生态资源富集区，在进行以资源开发为核心内容的经济活动中，存在着经济生态属性不高、生态产品价值被低估等问题。北京农村地区的生态存量资产已相当可观，但生态存量资产还仅处于生态的“原系统”状态，并没有成为“生态资本”，更没有成为整合其他优势资源的“生态资本”战略资源。大力发展生态服务型经济，不仅是把握新兴产业涌现的重要领域的必然途径。城乡一体化发展更是积极探索以城补乡、以产业补偿生态良性格局的重要手段。充分认识生态资源对经济发展的支撑作用，释放生态资源的价值，有利于为城乡统筹发展提供新动力，为经济发展提供新的增长点。

(三)调研的成果和启示

一是调研城乡一体化发展。调研发现，明确城乡发展一体化是解决“三农”问题的根本途径，要注重搞好“三个关系”，即必须处理好城与乡的关系、政府与市场的关系以及经济增长与生态建设的关系。二是课题组多次赴门头沟区调研。课题组先后赴门头沟区考察了新城及“一湖多园、五水联动”的城市景观体系建设情况；到采空棚户区石泉砖厂安置房地块查看安置房建设情况；前往妙峰山陇上工业园调研煤矿关闭产业转型相关情况；到妙峰山镇水峪嘴村调研新农村城镇化建设情况；到马栏村、香峪村、太子墓村调研生态服务型产业发展情况。课题组通过调研与座谈，看到了许多乡村建设的成功案例与经验，包括“美丽乡村”建设中的高端化开发方向、充分利用地域资源进行旅游业拓展的新思路等。

（四）存在的问题

在阶段性调研后，课题组对“美丽乡村”建设中存在的问题进行归纳、梳理。主要包括以下3点：

1. 战略层面的问题

科学的规划、设计与实施已在镇一级组织大量开展，但到乡（村）一级还存在很大的盲区，村域规划（土地流转）、产业规划、行业（旅游业）规划是很多乡村亟待解决的问题。他们需要找到真正了解实情，能够切实解决实际问题的专家团队。

2. 操作层面的问题

操作层面的问题主要是以下四个方面：一是生态修复的设计，包括生态整治、生态服务型产业发展；二是村容村貌的设计，包括生活社区的设计、民居的设计；三是旅游发展的设计，包括旅游线路的设计、导视系统的设计、旅游设施与公共设施的设计、旅游商品的开发设计；四是指导资源整合、方案实施、文化传承等方面通过设计进行转化与落实。

3. 理念层面的问题

乡村管理者对政策把握不够、学习借鉴不足，需要对其加强培训与引导，内容包括文化建设、知识产权的保护、设计理念的推广与应用等。

三、设计与“美丽乡村”建设融合发展

设计具有高知识、高增值和低能耗、低污染等特征，推进设计服务发展，促进设计与实体经济深度融合，是培育国民经济新的增长点，是发展创新型经济、促进经济结构调整和发展方式转变、促进产品和服务创新、催生新兴业态、带动就业、满足多样化消费需求、提高人民生活质量的重要途径。

“设计要提升人居环境质量，加强村镇建设规划，培育村镇建筑设计市场，建设环境优美、设施完备、幸福文明的社会主义新农村；设计要挖掘特色农业发展潜力，提高农业领域的创意和设计水平，推进农业与文化、科技、生态、旅游的融合，强化休闲农业与乡村旅游经营场所的创意和设计，建设集农耕体验、田园观光、教育展示、文化传承于一体的休闲农业园，注重农村文化资源挖掘，不断丰富农业产品、农事景观、环保包装、乡土文化创意及设计，提升农产品附加值，促进创意和设计产品产业化。”

“设计走进美丽乡村”是一件极具创新性的实践活动，在国内鲜有可以借鉴、参照的经验与成果；而中国特色的发展之路，则要求我们在国际上不能模仿、照搬发达国家的案例与模式，而是需要我们不断在实践中摸索、调整、推进和完善。

设计生产力与新农村建设的互动与融合是一个全新的理论命题，我们要回答：一方面，“美丽乡村”建设有什么需要尽快解决而用传统工作方式又不易解决的问题；另一方面，设计作为一种融合文化与科技

的生产力，能够为“美丽乡村”建设提供什么、解决什么、完成什么。我们认为，要服务全面深化改革的新形势、新要求，创新工作方式和方法，让设计与新农村建设实现有效对接，让设计成为新农村建设的发展引擎，让新农村建设成为设计释放生产力的重要载体，最终实现新农村建设中新的发展模式，形成新的经济增长点。以下，从两个角度进行分析。

（一）“美丽乡村”建设的需求分析

从北京市评选“美丽乡村”的“生产美、生活美、环境美、人文美”的4项标准，到2013年国家层面农业部提出“美丽乡村”的“生态宜居、生产高效、生活美好、人文和谐”4项目标，都对“美丽乡村”建设有了定性和定量化的要求，其核心是进一步丰富和提升新农村建设内涵，全面推进现代农业发展、生态文明建设和农村社会管理。

1. 生态需求

“厘清‘生态’与‘宜居’的关系能够帮助我们更好地理解生态宜居。‘生态’反映自然生态与人文生态共生共融的高度耦合关系，‘宜居’是人类生存的本性诉求与愉悦居住的有机统一。‘生态’是达到生态宜居状态的必要条件，但却不是充分条件。”

城市扩张发展，农田面积逐渐减少，虽然城区与农村的距离缩短了，但是市民与农田、农业的距离却越来越远。应重视农村特别是远郊山区的生态发展，应用设计做好两件事情。一是通过“美丽乡村”建设中的设计应用，实现农村公共服务设施的城市化；二是以规划设计来引领生态服务产业发展，让农民在发展中受益。“美丽乡村”建设不是集中建楼，而是因地制宜建设各具特色的田园小镇，使污水处理、垃圾处理等公共服务达到城乡一体化的标准，让生态涵养区的农民在保护生态环境的同时，自身的生活品质也不断提升，从而自觉自愿地保护环境。

2. 产业需求

①产业转型：积极探索通过市场机制发展生态服务型产业，促进沟域经济、生态文化旅游、都市型现代化农业的发展。让生态涵养区的建设、保护、发展形成良性循环，让农民得到更多的实惠。②产品设计：在现有产品的基础上，在完善品牌、设计包装、丰富品类等方面进一步推进。③资源开发：对现有自然资源、人文资源、产业资源进行开发、利用。④经营模式：对农村生产经营活动所需的政策、农资、科技、金融、市场信息等统筹规划组织。

3. 生活需求

①生活环境：农村公共基础设施完善、布局合理、功能配套，乡村景观设计科学，村容村貌整洁有序，河塘沟渠得到综合治理；生产生活实现分区，道路全部硬化；人畜饮水设施完善、水质安全达标；生活垃圾、污水处理利用设施完善。②居住设施：住宅美观舒适，大力推广应用农村节能建筑；普及清洁能源，农村沼气、太阳能、小风电、微水电等可再生能源在适宜地区得到普遍推广应用；省柴节煤炉灶炕等生活节能产品得到广泛使用；完善环境卫生设施配套，改厨、改厕全面完成。③综合服务：交通出行便利快捷，商业服务能满足日常生活需要，用水、用电、用气和通信等生活服务设施齐全；医疗、教育、文体设施进一步提升。

4. 人文需求

①乡风民俗：民风朴实、文明和谐，

崇尚科学、反对迷信，明理诚信、尊老爱幼，勤劳节俭、奉献社会。②农耕文化：传统建筑、民族服饰、农民艺术、民间传说、农谚民谣、生产生活习俗、农业文化遗产得到有效保护和传承。③乡村休闲：自然景观和人文景点等旅游资源得到保护性挖掘，民间传统手工艺得到发扬，特色饮食得到传承和发展，农家乐等乡村旅游和休闲娱乐得到健康发展。

(二)设计作为发展引擎的供给力分析

1. 首都设计服务业在全国具有示范和引领地位

北京市始终是中国设计服务业发展最活跃的地区，从设计企业到设计教育的规模和质量都居于全国之首，设计服务行业已经成为北京市经济增长速度最快的产业之一。北京市拥有已经形成一定规模和水平的设计产业；拥有一定数量的设计学校和较高的师资水平、教学质量；拥有成功举办国际级设计交易会、活动和展览的经验；设计产业发展环境良好；同时，设计产业还可以带动城市创意产业的发展。

2. 设计在“美丽乡村”建设中的推动作用

设计是科技、文化融合创新的驱动力。设计是集成科学技术、文化艺术、社会经济诸要素，以人为本，创造满足使用者需求的商品和服务的科学方法。设计的目的是满足需求，结果是附加值提高，经济效益提升。在实践中，设计作为科技文化融合创新的驱动力，对“美丽乡村”建设发挥的推动作用主要体现在以下五个方面。

(1)产业升级：设计提升了乡村产业的品牌价值和经济效益，在“美丽乡村”建设中推动了产业转型和升级，带动了经济效益和社会效益的全面增长。

(2)服务生活：“生态宜居”是“美丽乡村”的核心理念，这就需要农村公共基础设施完善、布局合理、功能配套，乡村景观设计科学，村容村貌整洁有序，居住设施美观舒适，保护生态环境的同时，农民自身的生活品质不断提升。对于“生态宜居”而言，设计从理念教育到规划实施都会起到极大的推动作用。

(3)吸纳辐射：旅游服务业是“美丽乡村”发展主要和重要的经济增长点，但从乡村的资源禀赋到产业模式，都需要设计进行创新和改造，包括对自然景观和人文景点等旅游资源进行保护性挖掘，使民间传统手工艺得到发扬光大，使特色饮食得到传承和发展，使农家乐等乡村旅游和休闲娱乐得到健康发展，最终吸引人流、商流，发挥吸纳辐射的带动作用。

(4)文化传承：文化的传达需要设计来表现，通过设计提升文化内涵，“美丽乡村”不会千篇一律，一定是各美其美，一村一品，突显特色。在乡风民俗的延续上，传统建筑、民族服饰、农民艺术、民间传说、农谚民谣、生产生活习俗、农业文化遗产要得到有效保护和传承，这些可以通过设计体现在村容村貌的方方面面，体现在村域资源的开发利用上，体现在乡村经济的产品和服务中。设计是乡村文化传承最好的载体和工具。

(5)品牌形象：“美丽乡村”形象的提升是一项系统工程，大到乡村整体推广的形象，中观层次中的村容村貌的形象、人文景观与自然景观规划建设的形象、公共设施的形象，小到民居的形象、乡村经济产品的形象，设计始终贯穿其中，体现其设计理念和“美丽乡村”发展的内涵品质。

四、对策与建议

(一)推动产业转型，创新生态服务经济

充分整合首都设计资源和产业优势，让"设计走进美丽乡村"落到实处。要发挥设计的融合与创新作用，在"美丽乡村"产业转型发展中，提高附加值，提升经济效益。

以设计作为创新推动力，将生态资源转化为生态财富，转化为"美丽乡村"的发展优势。生态服务型经济的完整链条是打造生态资源，转换成优质生态资本，通过生态资本吸引高端的绿色产业落地发展。生态资源作为必要的生产要素，要更好地进入市场经济，要形成生态经济和生态产业。我们应强化北京市生态服务型经济的运行架构顶层设计，探索推进政府机构、生态协会、交易平台、产业联盟、生态基金、生态服务机构共同推进的发展格局，以设计为创新推动力，将生态资源转化为生态财富，转化为美丽乡村的发展优势。

(二)促进城乡均衡，建设公共服务体系

围绕首都功能定位和率先形成城乡一体化新格局的战略部署，合理规划布局，建立区域特色突出、品牌力强、持续性好的公共文化服务体系，实现首都资源能力与"四个服务"的城市功能的有效对接。注重设计服务"美丽乡村"建设，一方面是满足乡村居民日益增长的物质生活和精神生活的需要，加强医疗、文化、教育、交通等公共服务设施建设，完善乡村供电供水、天然气、热力管道、污水处理、垃圾处理等现代化基础设施建设，改善宜居和生活条件；另一方面，要实现城乡要素流动和资源对接，围绕产业发展，进行公共服务设施设计改造。

(三)注重政策支持，促进生态服务发展

完善生态建设项目投资政策优惠体系，通过财政补助、财政基金、财政投资相结合的手段，投资各郊区特色生态系统建设。制定生态建设项目扶持资金管理办法，根据生态服务项目的功能定位、服务方式和资金投入总量来确定无偿资助、无息使用、贴息补助等扶持资金的额度、用途及扶持方式。放宽生态系统建设投资主体准入门槛，降低生态建设投资主体准入标准和条件，放宽出资和前置审批限制。

促进首都农村生态系统建设与金融资源的全面对接，开发生态类的信托产品，着力构建涵盖绿色信贷、绿色保险、绿色股权投资基金、绿色信托、生态资源保险、碳期权等覆盖生态系统建设的全生命周期的投融资服务体系。推进碳证券、碳期货、碳基金、碳信用等各种碳金融衍生品的金融创新。开发设计面向公众的融资渠道，探索发行生态产业发展彩票"绿彩"，吸引公众建设生态、发展生态产业。

(四)实现设计引领，打造多元产业业态

设计要发挥出创新路径、集聚资源的优势，服务于乡村建设，提升"美丽乡村"的品质。以设计为推动力，重点打造四级生态服务型产业体系。

1. 开展生态休闲型旅游业

围绕生态休闲旅游产业建设，配合乡村成立旅游合作社，做好旅游环境设计。差异性越大、独特性越强的旅游项目越具有吸引力。按照"吃、住、行、游、购、娱"旅游六要素，完善住宿体系设计、绿色餐饮设计、旅游资源的产业化开发规划设计、道路景观设计、生态产品的旅游商品

设计，打造融生态休闲、民俗文化、自然科普、商品销售于一体的产业业态，促进生态保护、产业转型、农民致富、和谐发展。

2. 探索居家养老生态产业

在促进城乡一体化发展中，要注意保留乡村的原始风貌，慎砍树、不填湖、少拆房，尽可能在原有村庄风貌的基础上改善农民的生活条件。旨在保留乡愁、保护村子的原始风貌与自然风情的基础上，通过设计提升新农村建设的村域环境形象，提高农村民居的生活品质，促进城乡均衡发展。利用乡村的闲置民居，加强医疗、文化、餐饮、养护等公共服务体系建设，大力推进生态居家养老产业。

3. 开发生态产品、旅游商品产业

研发设计是旅游商品产业链的前端，是其重要的基础和关键环节。

一是继续加大力度出台政府的扶持政策，鼓励创新、创意、创造；围绕“北京礼物”旅游商品品牌，支持设计企业与农村专业合作社合作，创新产品，开拓市场。

二是利用北京“设计之都”的国际影响力，充分发挥首都的资源优势、科研优势、文化优势、产业集团优势，发挥专业性、学术性社会团体的作用，推动北京生态旅游商品研发工作的开展。

三是积极营造设计研发旅游商品的环境氛围和市场条件，特别是引导、鼓励旅游商品突出“乡村、生态、民俗”的特色，推动旅游商品的创新发展。

北京的“美丽乡村”，从历史的角度说，是皇城脚下的乡村，蕴藏着深厚的文化底蕴与历史积淀；从现代的角度看，是融入全球一体化的世界大都市中的乡村，体现着时尚、潮流、创新、宜居的多种国际元素，是中国独有的乡村类型。“设计走进美丽乡村”最终要打造出首都特色、首都模式。

参考文献：

纪志耿. 当前美丽宜居乡村建设应坚持的“六个取向”[J]. 农村经济，2017(5)：79－83.

国务院. 国务院关于推进文化创意和设计服务与相关产业融合发展的若干意见[Z/OL]. (2014-01-23). http：//www. gov. cn/zhengce/content/2014－03/14/content_ 8713. htm.

孔祥智，卢洋啸. 建设生态宜居美丽乡村的五大模式及对策建议：来自5省20村调研的启示[J]. 经济纵横，2019(1)：19－20.

刘慧芳. 开发“体验北京乡村生活”入境游的思路及建议[J]. 当代经济，2011(7)：86－87.

优势资源的设计服务是北京乡村振兴的有力抓手

张继晓 （北京林业大学 北京 100083）

摘要：本文通过统计数据对比，提出北京乡村优势资源的设计服务是乡村振兴的重要抓手，生态资源优势、人文资源优势是北京乡村振兴发展的两大法宝。提出以下几个重要观点：①通过设计，创新乡村优势生态资源向生态服务经济转变；②通过设计，提升北京乡村宜居环境的品质；③通过设计，打造乡村文化品牌，传播优秀文化；④通过设计，服务塑造乡村新的生活范式与体验。运用设计的力量来推动北京乡村生态资源优势和人文资源优势向服务型业态转化，形成以北京乡村优势资源为核心的产品品牌与服务品牌。

关键词：优势资源；设计服务；北京乡村；乡村振兴

"农村"这个概念在很长一段时期内在我国广泛使用。"农"的观念一直深刻影响着我们。随着时代的发展，北京的"农村""农民""农业"开始发生深刻的变化，重新认识和解读北京的"农村"与"乡村"，对指导北京乡村的振兴与发展具有重要的现实意义。

一、北京的"乡村"与"农村"

据北京市统计数据，目前，北京市域面积中 1.5×10^4 km^2 为郊区"农村"，占全市面积的91.5%，是城市面积的11倍；北京"农村"人口仅占全市人口的13.5%；第一产业（农业）年产值42亿元，只占比2.99%；第一产业从业人员占比仅为4%，完全从事与传统农业相关产业的人口比例则更少，这些数据显现出北京"大城市，小农业"的特点。

据统计，2017年，北京传统农业生产（农、林、牧、渔、业）总产值同比下降8.8%，农业的生产功能进一步弱化；但乡村的资源优势、优质的生态环境供给及独特的文化内涵所带来的反映农业生活功能的农业生态服务价值贡献率上升到61.6%，其中，旅游服务价值增长8.4%，贡献率达96.5%。从各方面统计和调研数据来看，北京"农村"中"农"的特征越来越弱，传统的"农业""农民""农村"发生着改变。主要出现4个转变：①生态资源服务成为北京都市型现代农业的主要特征，农业经济供给向生态优势资源服务供给转变；②北京传统"农民"中人员从业结构发生变化，农场主、专业大户、农业职业经理人、科技返乡人员、大中专返乡生、退伍军人等多种身份从业人员加入到乡村事业中，从事传统“农业”的“农民”向从事资源经营服务的“村民”“乡民”转变；③从事传统“农业”的“农村”正转向具有生态资源服务功能，与城市形成互补关系，能提供优质资源服务的新“乡村”；④传统农村由只能提供单一的农产品物质供给，向可以提供丰富多样的生态优势物质资源和乡村特色文化精神资源共同构成的供给服务转变。总体上看，生态环境供给和独特的文化资源服务正成为北京乡村振兴供给侧改革的新趋势，呈现出由多种要素构成，并与城市形成互补关系的北京乡村新风貌。

二、北京乡村振兴的资源优势

“坚持绿水青山就是金山银山，顺应广大农民过上美好生活的期待，统筹城乡发展，统筹生产生活生态。”在生态资源方面，北京乡村具有独特的优势，是转换乡村新业态、促进乡村产业发展，带动就业、促进文化服务、推动乡村产业转型升级的新动能，是北京乡村振兴取之不尽、用之不竭的特色禀赋。

（一）生态资源优势

生态资源的贡献是北京乡村最大、最重要的优势。近年来，北京乡村的优势资源、优质的生态环境供给不断提升。山、林、河、湖、草、田等特色生态资源的多样性和丰富性，既具备生态环境保障功能，同时也催生了新的生态资源产业和产品，可为城市提供生态产品及服务，直接转化为城市提供服务的特色三产，并倒逼乡村二产的功能调整与融合。“推动北京乡村绿色产业发展”，将生态资源通过设计服务的手段，直接转化为让市民“吃得放心、游得开心”的生态资源产品、休闲产品、优质农产品的乡村新三产与二产的融合业态。

（二）人文资源优势

北京的乡村有着独特的生活和文化形态，它是不同于北京“城市”的一种生活方式与文化传统，带有一种区域生态文化环境圈的特征。这种特征是在“京”文化基础上，具有极强的包容性、地域性、多样性、人文特色的乡村“京韵 + 民俗”文化。北京乡村人文资源优势，包括乡村的建筑与环境特征、文化传统与民俗特色、乡村生活范式、农耕传统与农业文化、特殊的人文资源等广义上和狭义上的人文概念与内容。乡村人文资源作为一种软实力，正显示出其强大的影响力、生命力和精神价值。北京乡村的“京”韵生活方式与文化可为乡村振兴发展提供一种可持续的、丰富的、参与式的、体验式的文化服务新业态。

生态资源优势和人文资源特色是北京乡村振兴发展的两大法宝。生态优势资源是北京乡村振兴与发展的物质基础，而乡村的特色文化资源又是乡村发展必不可少的精神内涵保障。

三、设计服务是乡村振兴的有力抓手

（一）设计与设计服务

设计的概念可以理解为对事物进行预先计划的过程；是把计划、规划、设想提升物化的创意过程；是解决物与物、人与物、人与资源环境和谐关系的创新集成化活动；是将科学技术与艺术美学相结合的感受体验；是技术、资源商品化的重要桥梁；是增品种、提质量、创品牌的重要战略。设计是无处不在的，它又分成不同领域、不同层次，分别解决不同的问题。设计的本身就是服务。设计服务是用各种设计方法服务于需求对象的解决过程。

说两个案例，看看设计可以做什么，能带来什么？电热丝发明后，在几十年内，它只是一根可盘绕的加热丝，直到1904年美国人将它设计成为圆形盘绕的电炉，为我们的生活提供方便长达50年，至今还有人在使用它。到了1956年，日本人将电热丝设计成新的生活产品——电饭煲，使我们的饮食生活方便起来，并影响了整个家电产业的发展。再到了2016年，英国人又将电热丝设计成了首款无叶电吹风产品，将电热丝的功能发挥到了新的境界，给我们的生活带来了惊喜与享受，也为家电产业的发展树立了新标杆。再看一个乡村的案例。十多年以前，延庆区柳沟村有一种当地的乡村豆腐，味道和质量都很好，但没有名气，也没形成品牌。但后来，村子请设计团队运用品牌设计的手法，对柳沟豆腐进行了全方位的设计与包装，将豆腐与当地的其他特色乡村饮食结合，打造出了风靡北京的“柳沟豆腐宴”品牌，对柳沟的旅游产业也起到了重要的推动和活化作用。通过这两个案例，我们看到了设计在其中所起的作用，看到了设计创新对资源、产品的深度影响，看到了设计把“没有的”变成“有的”，把“有的”变成了高品质、优服务、大品牌的。这就是产品与产业发展中，设计起到的推动与提升作用。

2014年1月22日，国务院总理李克强主持召开国务院常务会议，会议指出，文化创意和设计服务具有高知识性、高增值性和低消耗、低污染等特征。依靠创新，推动文化创意和设计服务等新型、高端服务业发展，促进相关产业深度融合，可以催生新业态、带动就业、推动产业转型升级。面对北京乡村振兴与农业供给侧改革的紧迫之需，设计服务可以针对北京乡村物质资源和非物质资源的富集，催生出乡村新业态，解决乡村问题，提升北京乡村振兴的品质。运用设计服务的创新模式，将富集的生态资源和人文特色资源，与乡村“生态资源+”“旅游观光+”“互联网电商+”“休闲康养+”“文化体验+”等服务产业深度融合，成为能为市民提供优质服务的新业态；同时用新业态倒逼乡村二产，形成以北京乡村特色资源为核心的服务品牌与产品品牌，推动乡村振兴供给侧改革和产业转型升级。

（二）设计服务是乡村振兴的抓手

1. 通过设计创新乡村优势生态资源，向生态服务型经济转变

基于乡村自身产业发展，生态资源服务型产业将成为北京乡村发展的主流方向。通过规划与生态设计、产品与品牌设计、产品体验与公共服务设计，形成资源服务型的三产和二产相融合的北京乡村产业特色，实现优势生态资源带来的产业规模及品牌效应。据统计，北京生态资源中的林果种植和收益近年逐渐下降，平均每年下降4%。北京乡村特色优质生态林果资源，如板栗、核桃、菌菇、柿子等资源都还停留在初级的收果卖果阶段，没有形成特色产业与产业服务链。运用设计的手段和方法可以助力这些林果资源与特色食品产业、乡村休闲、农家乐饮食、林果文化体验等相结合，形成特色林果资源深加工产品，以及具有林果资源特色的、回归乡村的田园观光、旅游休憩、乡村休闲服务等体验

活动的服务产品和品牌。

2. 通过设计提升北京乡村宜居环境的品质

北京的乡村环境与建筑有着鲜明的特色风貌。但随着经济社会的快速发展，乡村的整体风貌和宜居环境受到严重的干扰和破坏，总体宜居环境的营造需要加大改善力度和优化指导方法。当前，北京乡村人居环境还有8.2%的村民使用旱厕，污水集中或部分集中处理率只有42.7%，垃圾处理与分类不够顺畅。想解决这些问题，就要把握乡村生活方式和乡村的实际需求，将生态可持续设计、人居环境规划设计、民居建筑更新设计、基础设施设计、服务设计、工业设计等方法综合应用到宜居环境综合治理中。在乡村建筑、村域环境、厕所革命、污水处理、垃圾分类、雨水收集等方面开展综合系统设计，形成改善乡村宜居环境的创新设计模式和方法。用设计把技术与美学融合起来，既解决宜居环境治理中的技术处理问题，同时又将设计的形式美学融入乡村宜居环境之中。

3. 通过设计打造乡村文化品牌，传播优秀文化

北京乡村具有丰富的民族、民俗和历史文化资源。我国乡村历经数千年发展，各地区形成差异化明显的乡村习俗，培育了各具特色的农耕文化，浓郁的乡土文化孕育了一代又一代人。生态宜居建设绝不是要阻断农耕文化的传承，相反，文化传承是建设生态宜居乡村的重要内容之一，能够助推优秀的传统乡村文化世代传承。应保护传统乡土文化，从人文、历史的角度来设计研发、深度挖掘乡村人文内涵，用文化内涵不可复制的差异性来设计打造优秀传统文化。如很有影响力的“太平鼓”民俗文化活动，其中的服饰、化妆、色彩、道具、步伐、活动氛围等，还都停留在原始、复古、拿来、臆想的初级阶段。整个活动缺少时代元素的融入和创新，与现代人的文化和生活需求体验相差甚远。站在文化复兴的高度上，用设计创新的观念挖掘“太平鼓”民俗文化活动的内涵，把新时代的观念、元素、手法与戏剧表演、时装设计、休闲文化体验设计、品牌设计相融合，用传承与创新并举的方式来打造“太平鼓”乡村民俗文化活动与品牌。

再如，目前北京农家乐和风靡全国的乡村民宿，还只停留在简单、表面、模仿、猎奇的吃农家饭、住农家屋和观光采摘等应付接待的初级水平。在乡村饮食文化活动中，传统餐饮礼仪、餐具式样、餐饮环境还需要深入挖掘和创新，运用体验设计、产品设计、品牌设计、文化服务设计等手法，创造出一种极具地域特色、内涵深厚的北京乡村餐饮礼仪文化样式和体验。民俗活动中的餐具样式、餐具摆放、座次安排、上菜顺序、礼宾入席等环节可以通过设计产生新的样式与规范，打造出北京乡村文化与民俗的时代样式，这对提升北京乡村休闲观光的品牌建设与文化品质，传播北京乡村优秀文化有极大的推动作用。

4. 通过设计服务塑造乡村新的生活范式与体验

乡村的生产、生活方式需要被尊重。一味地模仿城市，套用城市的生活方式做设计，在乡村是行不通的。乡村通过提供环境、服务、活动、交往以及能够显示出一定的身份特征、氛围和生活方式的体验，让人们达到保健、放松、消遣、愉悦及刺

激等目的，进而满足其体验需求。乡村所提供的客观存在归纳起来有四类：乡村生活、生态环境、休闲体验、产业活动。这些具有乡村生态性的客观对象，可以使人们获得娱乐体验、教育体验、逃遁体验和审美体验。乡村设计要以乡村生产生活方式、村民需求并兼顾市民需求为导向。乡村旅游观光、休闲观光不只是简单的观光农业、休闲住宿，更要在乡村生活范式上找到生发点和创意点，用设计手法放大、优化乡村特有的各种不同于城市的生活样式、劳动协作、作息休闲等形态，使其具备观赏、参与、体验的活化性的形态。

如，在村民劳动生活作息范式中，存在着大量劳动生产工具、交通工具、收获成品、储存空间等，如何让它们与现代化乡村生活相协调，这就需要通过设计来系统解决。通过设计解决村民与各种工具、空间等的协调关系，提供一种既符合实际生产需要，又适用于现代乡村生活范式的储、藏、存、用的多功能空间解决方案。这种新功能空间范式既解决了乡村的实用、规范、美化等实际问题，提升了村域形象，又可以为市民提供一种独特的乡村生活新休闲、体验、感受范式。

设计服务是北京乡村资源优势发展的有力抓手，运用设计的力量来推动北京乡村生态资源优势和人文资源优势向服务型业态转化，形成以北京乡村特色资源为核心的服务品牌与产品品牌，能够助力乡村振兴供给侧改革和产业转型升级。

参考文献：

中共中央办公厅，国务院办公厅. 农村人居环境整治三年行动方案［Z/OL］.（2017-11-20）. http：//www. xinhuanet. com/politics/2018 - 02/05/c_ 1122372353. htm.

国务院. 国务院关于推进文化创意和设计服务与相关产业融合发展的若干意见［Z/OL］.（2014-01-23）. http：//www. gov. cn/zhengce/content/2014 - 03/14/content_ 8713. htm.

孔祥智，卢洋啸. 建设生态宜居美丽乡村的五大模式及对策建议：来自5省20村调研的启示［J］. 经济纵横，2019(1)：22 - 23.

孙洪波. 乡村生态体验旅游探研［J］. 辽东学院学报，2011(2)：39 - 40.

“一产三产化”助力乡村振兴的突破路径分析

——以北京市为例

王　植[1]　杨春华[2]

(1. 北京市农林科学院 农业信息与经济研究所　北京　100097；

2. 农业农村部 农村社会事业促进司　北京　100125)

摘要：北京经济社会整体上已经进入后工业化时代和发达城市化阶段，农业占GDP的比重越来越小，第三产业产值和就业占据主导地位，“一产三产化”是北京走高效农业的最佳选择，它强调农业由“生产导向”转为“消费导向”。目前，北京“一产三产化”发展仍处于探索阶段，在其经营发展中出现了一些新情况和新问题，需要引起相关部门重视并急需加以研究解决。本文就农业三产化的突破路径提出了相应的对策和建议，对于拓展农业功能、调整农业产业结构、助力乡村振兴发展具有实践意义。

关键词：农业三产化；产业融合；农业休闲旅游；农村发展

北京市已确定了“政治中心、文化中心、国际交往中心、科技创新中心”的首都战略定位，新形势下产业空间的发展思路和方式都会发生较大的转变，以期形成与首都战略定位相适应的产业空间和发展机制。由于第二、第三产业的蓬勃发展，农业在北京市国民经济中所占份额逐年下降。国民经济的健康发展要求农业与第二、第三产业发展相协调，这就要求北京必须强化农业的要素功能，调整农业内部结构，促进产业优化升级。北京农业更多的是发挥统筹城乡均衡发展、优化产业结构、发挥生态涵养与保护、开展休闲观光及科技示范、统筹农民生计转型的功能与作用，是更加高度集约化、功能多元化、市场一体化、没有城乡边界的农业，“一产三产化”是一条高效的农业之路。

北京的农业除了拥有得天独厚的生态资源和自然资源，更拥有丰厚的农业文化资源及政策资源，但其面临农业休闲旅游模式较为单一、同质化严重、层次不高、缺乏地区特色的困境。随着社会经济发展，北京“一产三产化”经营发展中出现了一些新情况和新问题，需要引起相关部门重视并加以研究解决。

一、存在的主要问题

(一)城市消费转型升级需求和农村供给之间不匹配

目前，北京“一产三产化”发展仍处于探索阶段，农业与服务业融合发展程度、产业配套与服务条件有待进一步提升。特色农业与文化旅游产业的融合程度还不够理想，农业服务产品相对低端，导致市场（群众）需求与实际供给之间存在巨大差距。

（二）“一产三产化”相关政策支持不够

政府的政策支持和规范化管理是“一产三产化”发展的重要保证，但是目前，在这些方面的法律法规还不健全、不完善，用地制度、户籍制度、社会保障制度相对滞后或僵化。农业间接宏观调控体系不够健全，管理流程中容易出现脱节，缺乏各类规范的行业性农业服务组织或协会，一定程度上难以适应经济快速发展以及市场经济激烈竞争的需要。

（三）缺乏专业营销

经营者提供任何一项产品或者服务，其主要目的是要把产品或服务卖出去并获得利润。如何才能把产品卖出去，首先就是让消费者知道该产品的存在，而这就需要借助营销的力量。目前，北京“一产三产化”经营存在的一个重要问题就是农业经营者营销意识不足，营销手段单一。目前，北京绝大多数观光农业、品牌农业甚至会展农业都极少进行规模化的、持续性的整合营销活动。通常的营销都以政府新闻宣传与口碑传播为主，在大众媒体上投放的广告屈指可数。同时，另一突出问题是缺乏营销人才与营销团队。营销对于农业发展的重要性，并未得到足够的认识和重视。

（四）区域特色不明显

目前，北京农业仅有“农”味，还缺少“京”味。虽然已初步培植起了一些具有一定地方特色的农业品牌（如顺鑫、首农、古船），但各区农业产业结构调整进展不平衡，还没有充分发挥自身的地区比较优势，未能形成具有鲜明地方特色的农产品区域布局结构和农业服务品牌。同时，由于生产布局分散，没有形成集中连片的产业板块，主导产品规模不大，使得农业资源的开发利用不足，“京味儿”农业、特色优势、区域优势的文章做得还远远不够。

（五）社会服务体系相对滞后

北京在发展“一产三产化”的过程中，过多地依赖政府的财政支持，这并不是长久之计。而农村融资面临以下几个方面的困境：第一，农民本身收入不高；第二，民间融资渠道不畅通，限制了社会资本进一步扩张；第三，农村资金外流严重，受农业投资回收期限长、风险较大的影响，很多资本不愿意进入农业领域，造成大量农村资金外流。此外，新型资源整合平台缺乏，投融资机制、经营机制、人才管理机制不健全，造成农业服务性项目开发难。

二、对策与建议

（一）政策方面

1. 切实加强顶层设计

为适应新形势新发展，重新定位和定义北京农业，全市应制定并落实完整的“一产三产化”发展规划。进行科学、合理的产业布局，使得农业符合北京——国际大都市的定位，与教育、金融、旅游、康养等紧密联系，成为它们中不可或缺的一部分。通过全面规划与布局，尽可能规避发展不合理、产品雷同和恶性竞争等问题，真正使得农业成为北京城市发展战略的有力支撑。

2. 从国际竞争的角度创新思路

创新思路，确立“一产三产化”发展战略，制定开放、灵活的新政策。深入调研与分析，充分利用北京的资源优势与区位优势，调结构、转方式，助推农业向绿色服务业转型升级。把农业当成绿色服务业、旅游业来做，延伸农业服务。让农产品就地变成商品、成为礼品，田园风光成为奢侈品，农耕文明成为文化创意产品、艺术品，从而使农业生产附加值成倍提升。

3. 强化政府引导作用

强化政府的引导作用，产业政策应当引导市场主体加大创新投入，增强创新能力，提升创新价值；加快农业新技术产业化；支持行业龙头企业牵头，用市场化的方式联合高校、科研院所和相关企业，协同突破行业关键共性技术；完善创新激励机制，加强知识产权保护，加大侵权惩罚力度；引导各类金融机构支持企业技术创新活动。

4. 对文化开放给予引导和扶持

在政策上对文化开放给予引导和扶持，吸引外部人才进入北京农业领域开创事业，挖掘和发挥北京非物质文化遗产的品牌价值、拓宽旅游业市场，建立起北京文化与京津冀地区甚至华北地区的文化之间的互补关系，全力打造“京味儿”农业。

5. 注重政策的连贯性

务必保持农业政策的连贯性、系统性。政策的连贯性将很大程度影响农业金融环境的健康发展，将有利于吸引更多资本进入农业领域。同时，农业政策产生的影响具有滞后效应，政策连贯性将避免削弱滞后效益产生的正向影响与正面效益，有利于激发投资者、农民在农业领域进行三产化发展的积极性，有利于优化农业金融环境。

(二)文化方面

1. 强化农业文化创意产业

做好农业文化产业、健康产业，需要依托传统文化，吸收现代文化，以提升北京地区的内生发展动力为目标。立足于北京本地的资源分析，提取特色，浓缩精华，在自然资源的基础上，揉进京韵的民风民俗之文化本源。培育以“乡土文化、乡村物产、乡间手艺、乡居生活”为依托的京郊乡村文化创意产业。以吉林省辽源市东丰县农民绘画为例，可以借鉴其发展经验，从体验经济入手，多研发个性化、随意性、自选式的旅游产品。

2. 做好项目支撑

(1)打造北京精品“汇演农业”

深耕京郊文旅项目。深度挖掘并开发首都农耕文化，借助北京深厚的文化底蕴，打造并呈现北京原生态农耕文明的大型乡村实景精品演出(借鉴“遇见周庄”“再见平遥”“千年宋城”等模式)。北京缺乏挖掘自身文化的演出作品，而开发北京“汇演农业”将弥补北京农耕文化演出的空白，会成为“一产三产化”发展中的“精品”文化品牌。

京郊非物质文化遗产值得深度整理、挖掘、开发。京西幡乐、通州运河船工号子、顺义曾庄大鼓、京韵大鼓、柏峪燕歌戏、京西太平鼓、抖空竹、帽山满族二贵摔跤、蹴鞠等民间舞蹈、杂技与竞技，以及北京童谣、八达岭长城传说、卢沟桥传说、永定河传说、八大处传说、张镇灶王爷传说、仁义胡同传说、轩辕黄帝传说、杨家将(穆桂英)传说等民间文学，都是策划北京精品演出的优秀素材，京郊的山水农田实景，都可以成为精品演出的优秀布景。

(2)深度推进文化扶贫

文化扶贫具有“扶智”和“扶志”的双重重要作用，文化扶贫是提高贫困地区文化水平、遏制返贫现象、阻止"贫困代际传递"、增强当地"造血"功能的关键和根本，其战略地位已逐渐成为基本共识。与"乡村振兴战略"相结合，配合"美丽乡村"建设，通过设计打造一批北京文化扶贫项目，以"乡贤文化 + 精准扶贫""民俗文化 + 精准扶贫"等形式，继承原有的京郊农业文化传统，并在文化管理思路、资金筹措途径、文化服务内容、文化交流方式上融入更多的社会资源，在京郊形成完整的"现代农业文化旅游带"。

（三）经济方面

1. 打造北京"农业网红"

加强"网红经济""夜间经济"建设，打造北京"网红乡村"，形成几个具有竞争优势、面向国内外市场的农业服务业组团，促进"一产三产化"发展。

打造新型"规模经营主体 + 职业农民"的社群模式，实现农技的创新传播方式，提供全方位的在线培训和农技分享；应用农业信息化手段与平台，营造"网红打卡地 + 创意"的农业创意产品；借鉴网红经济的变现模式，颠覆部分农业产业的固有模式，带动旧有的内容，用润物细无声的方式对其进行升级换血，使得"农业网红"成为网红经济的下一片蓝海。

借鉴城市的"夜间经济"，努力打造"乡村夜间经济"新方式。借助灯光、景观、餐饮等元素，设计并打造乡村夜晚的吃、赏、游服务。实现白天与夜晚的"差异化"发展，努力使"乡村夜游"成为新的消费方式与经济增长点。

2. 吸引服务业巨头进驻

通过政府搭桥、企业合作、村镇参股等形式，邀请阿里巴巴、京东等大型企业布局京郊市场，借助北京副中心、新空港、大学城等发展契机，在通州、大兴、顺义等重点区建立生鲜物流和生鲜体验超市。充分利用服务业巨头的资金与管理优势，做好农业与服务业的深度融合，与乡村旅游相结合，带动京郊旅游、康养、教育，丰富田园综合体的内容，同时，带动京郊服务产业加速转型升级，提升区域服务业整体水平。

3. 健全农业产业化组织

做好专业合作社、经纪人队伍建设，紧密加强与政府间互动，努力完善产业化组织内部运行机制，打造纵向相通、横向相连的农村经济组织网络，完善农户与专业合作组织的利益联结机制，提高农户参与产业化组织的积极性，从而更好地推动"一产三产化"发展。

4. 强化市场主导作用

采取政府引导、企业主体、市场运作的模式，进行完全的市场化运作。以市场化运作激活项目的生命力，提高运作效率。改变以往政府唱主角的方式，充分发挥市场在资源配置中的主导作用，通过利益联结，实现企业经济效益最大化。

（四）宣传方面

1. 积极借助名人效应

聘请各界名人（学者、明星不限）作为推广镇长，包干宣传，扩大京郊农业旅游的影响力。通过名人效应，利用其影响力和关系网扩大京郊农业旅游在全国的知名度。可以预见，仅来京旅游人口的十分之一前往京郊地区，就可拉动京郊农业数亿元的经济增长。

2. 引进、培养专业农业营销人才和营销团队

引进、培养专业营销人才，尽快组建

一支懂经济、懂市场、懂法律、熟悉商务规则的营销队伍。加大相关培训力度，完善人才的引进、选拔、激励、约束机制，建立健全市场信息系统和销售渠道网络，努力使北京农业走出一条品牌化、多元化的经营道路。

三、结 语

党的十九大报告提出的乡村振兴战略无疑成为乡村旅游发展的一剂催化剂，乡村旅游业将会有更大的作为、更大的担当。国家实施“乡村振兴”“京津冀协同发展”等宏伟战略，北京是最具基础、最具条件、最具优势的地区之一。深度挖掘农业农村的多种功能，培育壮大农村新产业新业态，北京的农业“三产化”发展将为北方地区农业发展提供可借鉴的经验和理念。

参考文献：

温铁军，张俊娜，杜洁．农业现代化的发展路径与方向问题[J]．中国延安干部学院学报，2015，8(3)：105－110.

温铁军，张俊娜，邱建生，等．农业1.0到农业4.0的演进过程[J]．当代农村财经，2016(2)：2－6.

孙琳．发展乡村经济 实现乡村振兴：乡村旅游产业大有可为[N]．人民政协报，2018－04－10.

游超，徐华君，吐尔逊·哈斯木．北京市观光农业旅游对农村经济的影响[J]．北方园艺，2018(18)：180－185.

温铁军．生态文明战略转型与乡村建设[J]．湖南农业科学，2018(特刊)：122.

张淼，胡宝贵，刘超，等．北京城市总体规划背景下昌平区观光休闲农业发展研究[J]．农业科技管理，2018，37(4)：63－66，85.

兰卉．产业融合背景下农业旅游发展新模式探究[J]．南方农业，2017，11(33)：83－84.

胡昕．农业旅游发展存在的问题及对策[J]．河南农业，2017(12)：4－5，9.

“美丽乡村”建设计划中的乡村设计

曹汝平 （上海工程技术大学 上海 200336）

摘要：本文以“美丽乡村”建设计划与乡村设计为主题，以浙江省东梓关村新民居及浙江省洛四房村的村庄规划为例，展开对当下乡村设计规划、空间形式的研究和论述。强调各级政府部门在制度与规则运作执行、环境治理与改造、乡村规划构成等方面发挥的核心引领作用；与村民、投资商、政府部门达到共建“美丽乡村”的目标；满足村民日常生活需要，并达成绿色生态型乡村建设可持续发展的目标，全面提升村民的幸福感和获得感。

关键词：“美丽乡村”；建设计划；乡村设计；民居院落

年初，笔者去同济大学参加某教授主持的国家社科基金重大项目开题会议，恰好遇上设计创意学院娄永琪院长的“流变——设计丰收之艺术家驻地创作计划”2016年度总结活动。看完小型展览，听完娄院长的新年畅想和驻地艺术家们的工作回顾报告，笔者脑海里浮现出一幅乡村与城市融合的艺术栖居图景。很美妙的画面，让人心生向往。的确，在当下的中国，因多种因素导致的快节奏生活，让城市中的居民对乡村充满向往之情，近几年“民宿”的兴起，综艺节目中青年男女在乡村守夜看流星的夸张表现，以及迁居乡野生活的“脱俗者”，似乎都在印证乡村的魅力，越来越多的人开始更愿意贴近充满泥土芳香的乡村生活。

一、“美丽乡村”建设指南

乡村的魅力源于人们对美好生活的诗意想象，而国家与各级政府提出的“美丽乡村”建设计划则直接为乡村设计的规划与实施带来了制度和资金上的保障。时间回溯到2005年10月召开的党的十六届五中全会，会议提出在“建设社会主义新农村”的过程中，要将“生产发展、生活宽裕、乡风文明、村容整洁、管理民主”作为具体目标与建设要求，众多省(直辖市、自治区)积极响应，开始制订“美丽乡村”建设计划。2006—2008年，浙江省湖州市安吉县先后发布了《生态村建设规范》《建设中国美丽乡村行动纲要》，这是中国较早出台的村镇建设规范纲要，目标是将安吉塑造成为中国最美的乡村。2015年5月，以安吉县政府为第一起草单位的《美丽乡村建设指南》(以下简称《指南》)由国家质检总局、国家标准委联合发布，至此“美丽乡村”标准建设体系成为中国乡村设计明确、清晰且具体的目标与指南。

笔者之所以强调政府“美丽乡村”建设计划的重要性，是因为20世纪20—30年代中国“乡村改造运动”的先驱晏阳初先生在河北省定县的实践中，就已经认识到政府支持乡建的重要性，他说：“乡村建设计划，如果不考虑乡村地区的政府和乡村生活中的文化、经济、保健等方面的关系，那就是不完整和无效的。”也就是说，只有在政府协同管理的前提下，社会组织在乡村中开展的文化、经济、卫生保健以及环境规划设计等活动才能得以实施。站在今天的角度来考察晏先生的心得，我们可以发现，这正是社会管理与执行主体多元化发展的必然趋势，其长处在于社会资源和建设力量可以得到相对好的协调与优化。与晏先生自下而上的“乡村改造运动”不同，21世纪由政府牵头的“美丽乡村”计划是自上而下的，在资源规划、经费投入、职能范围、空间环境定位、公共服务平台搭建等方面存在优势，其中最明显的一点在于，政府与参与其中的社会组织，如环境规划与景观设计机构、专业院校，协同管理并实施计划方案，由此便完成了政府管理与社会组织共同建设“美丽乡村”的路径选择。

浙江省安吉县就是这一选择过程中成就突出的佼佼者，上文提到的《指南》，在很大程度上就是以安吉县“美丽乡村”建设成果为样本而出台的指导性文件，其中指向的建设项目，包括经济、政治、文化、社会与生态文明等多种内涵，远远超出“农村”这一单向度的农业生产功能之所指。与此相应，乡村设计项目的培育与实施，都将围绕《指南》所涉及的综合性指标展开，特别是村庄规划、建设与生态环境所规定的细则，几乎涵盖了建筑、环境艺术和景观设计的所有侧面，其目标之本意在于“建设社会主义新农村”。但在笔者看来，其中的乡村规划与建设意识，含有制度完善、乡村设计建设协同政府管理、公共资源与资金保障机制建构等多方面的设想。这是一种长效管理与建设的机制，因为《指南》包含着一个上下联动的协调过程，市、县、乡、镇、村（上）与承担乡村设计项目的机构或公司（下）主要通过多元化的合作、协商及伙伴关系来确立并认同双方共同的建设目标，因此这一机制的本质就是建立在政府认同、公共利益和市场原则之上的合作关系。当然，《指南》体现出来的政府管理色彩较为浓厚，换言之，在中国当下的社会语境中，乡村规划与公共环境设计只有依赖与之相适应的政府管理制度才能实现，若二者不相适应，乡村设计也就只是停留在图纸上的效果图而已。好在《指南》是基于项目实践并被多数人接受的一套体系标准，以此为建设标准的乡村设计项目才有落地生根的可能。

二、原风景与无须漂泊的乡愁

21世纪以来，在一系列“美丽乡村”建设政策相继出台的过程中，越来越多的乡村规划与设计项目或开建或完成，设计师切实地在用自己的专业知识和设计观念为乡村创造更加舒适、更加美好的起居与劳作空间，一些地方的乡居环境，如杭州市富阳区东梓关村的新民居、苏州市吴中区太湖沿岸打造的特色小镇、杭州市临安区太阳公社、南京市横溪街道石塘村的互联网小镇、贵州省遵义市桐梓县的烤烟房等等，都在不同程度上呼应了“美丽乡村”建设的基本诉求。这些建设项目并非刻意远离

图 1　东梓关村新民居与富春江山景相得益彰

城市的喧嚣，而是力求在乡村沃土上建构一幅人与自然和谐相处而又不乏蓬勃生机的当代社会图景，身处其中，人们不免生发“我本桃花源中人”之感慨。让我们以东梓关村新民居为例，来体会一下这些令人憧憬的“美丽乡村”。

东梓关村位处杭州市富阳区富春江东岸，共占地 25 亩。2016 年，出于古村落整体保护和创建示范村的需要，村民房屋由政府统一代建，最终建成 46 户安置房。由于江南民居特色突出，这批建筑遂成为杭州市第一个“杭派民居”示范项目。从外观上看，该项目设计以吴冠中先生笔下的江南水墨画为参考，白墙黛顶，水墨线条般的屋檐，再加上青砖层叠而成的点状院墙，将每一幢房舍都彼此联系起来，在视觉上巧借葱郁氤氲而又婉约起伏的山峦作为背景，由此尽显江南民居的空间意境与神韵(图 1)。计成在《园冶》中提出的“巧于因借，精在体宜”“相地合宜，构园得体”等核心原则，在东梓关村被应用得淋漓尽致，正所谓“可以招呼，收春无尽”。用项目总设计师孟凡浩的话来说：“我们尝试用一种抽象、写意的符号，构造出一种在空间上有收有放，有院落也有巷弄，具备江南神韵的那种当代村落。”

在乡村规划设计中，富阳区区委书记姜军结合富阳“美丽乡村”建设实践，提出乡村设计的 3 条经验：政府不能缺位，村民不能缺失，设计师不能缺席。他说：“理想的乡村设计不是仿古，也不是抄袭，而是通过科学合理的规划设计，用新生的手法重构乡村的美与生活。”如前文所说，政府介入的职能是多元化管理，其中“美丽乡村”的政策导向必不可少，各部门的审批环节则以《指南》为标准，在达标的前提下尽可能多地支持设计项目的顺利执行。在村民一方，以是否满意为衡量标准，满意度主要由实用、实惠和美观构成。当地村民朱玉萍说：“这个房子我太满意了，以前的老房子面积小，里面乱七八糟的。现在的房子外表特别有特色，而且功能分布很全，还配上了绿化。”每家的房子基本上为 3 层结构，客厅、卧室、厨房、储藏室、天井、3 个院落(图 2)让空间显得十分充裕，平均造价也在村民能够接受的范围之内。

而设计师与设计公司的工作职责就是从功能与环境设计两方面服务项目建设。设计之初的调查走访、环境考察不可或缺，孟凡浩的设计团队差不多花了一年的时间

图2　东梓关村新民居院落内景

进行调研，包括设身处地地体验居民生活，其首要目的就是解决“怎么样才能让农民住得舒服”这样一个核心问题，也就是需要考虑如何通过设计来恢复并提升传统村落原有的存在感与舒适感。“我们一直在追求新与旧的融合，传统与现代的碰撞”，孟凡浩如是说。显而易见，功能良好的设计会给人带来舒适的体验，由设计师赋予的这种体验感寓形于居住空间，又匿形于设计服务之中，因此约瑟夫·派恩和詹姆斯·吉尔摩在《体验经济》一书中明确提出，“商品是有形的，服务是无形的，而体验是难忘的”。笔者认为，东梓关村新民居带给居民的也应该是难忘的体验。有人因此羡慕地说，在东梓关村，“乡愁无须漂泊”。

这让笔者联想起最近看到的一则消息：2017年的普利兹克建筑奖颁给了远离主流建筑圈的西班牙RCR建筑事务所。RCR之所以能够获奖，据说是因为他们的作品给人带来一个精彩绝伦的答案——根植本土，心向世界。评审词这样写道：“近30年如一日，拉斐尔·阿兰达、卡莫·皮格姆和拉蒙·比拉尔塔三位建筑师紧密协作，以一种对建筑严谨审慎而细致入微的方式耕耘至今，共同荣获2017年普利兹克建筑奖。他们的作品充满敬仰与诗意，不仅满足着人们对建筑的传统需求，以期协调自然与空间之美、兼顾功能与工艺，但真正令其脱颖而出的是他们创造兼具本土精神与国际特色的建筑和场所的这种能力……他们抵御着大城市的诱惑，只求根植本土，保持与故乡的亲密联结……”评委们首先肯定的是他们的工作态度，其次指出传统、自然与空间协调、功能与工艺是成就他们作品的主要因素，最后特别强调了作品中的本土精神与国际特色。正是因为他们所有的作品都呈现出浓郁的地方特色以及与地貌景观充分融合的特征，才使得人们充分体验并理解设计师的良苦用心。譬如Les Cols餐厅为消费者提供的户外用餐和活动空间——帐亭(2011年)，就是将自然景观和现代材料融合，从而形成实用空间的典型案例。一些顾客谈及感受时说：“(帐亭是)与家人朋友一起享用乡村美食的地方”。看来，无论中西，乡村是人们心目中美丽的原风景，更是心灵停泊的宁静港湾。在某种程度上，优美的乡村建筑设计连接着传统与现代、城市和乡村、漂泊与宁静，富有生活气息的村落其实是情感的凝聚。

三、洛四房村的村庄规划

前文已从微观的角度述及乡村建筑，接下来再从相对宏观的角度简要阐述乡村设计的整体规划思路，仍然以“美丽乡村”建设为旨归。众所周知，传统的乡村建筑或集中或零散于乡野，其分布完全取决于地理环境以及住户的个人选择。居住点相对集中的村寨，一般有村头、村尾和赶集或赶场的公共空间，许多村、庄、寨、屯还

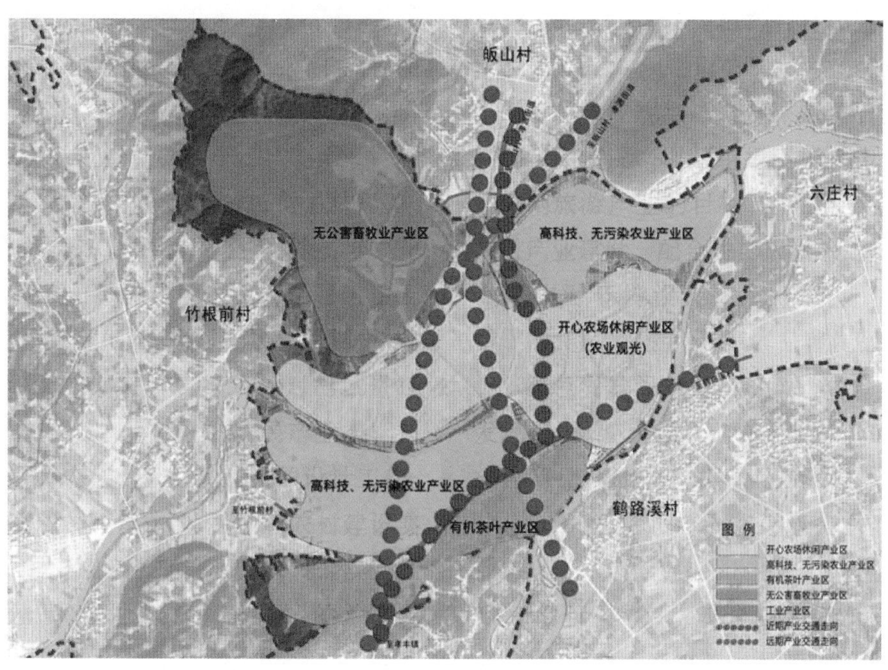

图 3　洛四房村五大产业区整体布局与规划图

设有宗族祠堂，用于族亲集聚，若再加上村头和祠堂边上的参天大树，就可以称得上是一个完整意义上的村庄了。安吉县的洛四房村属于整村规划，在“一心三点”住房布局之外，还规划出五大产业区域（图 3），这是传统乡村无法企及的功能。

安吉县人民政府官方网站发布的《安吉县孝源街道洛四房村村庄规划（2015—2030）》显示，安吉县政府以“优雅竹城、风情小镇、美丽乡村”为三级城市建设体系，从城乡统筹和可持续发展的战略角度深入指导“美丽乡村”建设，目标是将村庄景观整治与村庄产业发展相结合，实现“美丽乡村”可持续经营，切实有效地指导洛四房村的建设。在全村约 4.6 km^2 的村域内，山林面积大，耕地和桑园面积小，因此村里因地制宜地在苗木、茶叶、水稻种植之外，还将竹木工艺品、竹凉席、竹木制品、转椅配件生产作为第二产业，努力扩大经济增长点，同时辅以“农家乐”项目，以便借生态环境建设之利开发本村旅游资源。

在规划目标上，根据安吉县政府“美丽乡村”建设的具体要求，洛四房村以统筹城乡协调发展和可持续发展为指导思路，加快城乡一体化建设，优化经济结构，完善公共设施，改善生活环境，努力建设环境优美、生活富裕、文明卫生、设施配套齐全的社会主义新农村。具体来说，洛四房村首先确定了发展方向与发展重点；以此为基础，合理安排居民点分布，通过规划引导村民集聚，以实现土地集约化发展；合理而高效地布局公共服务设施，以便利村民生活；对建设标准和行为进行有效控制，以提升村庄形象；引导各项经济业态的走向，提高村民创收与经营意识。就洛四房村的发展定位而言，这 5 项目标决定了该村的五大产业区规划：开心农场休闲产业区，高科技、无污染农业产业区，有机

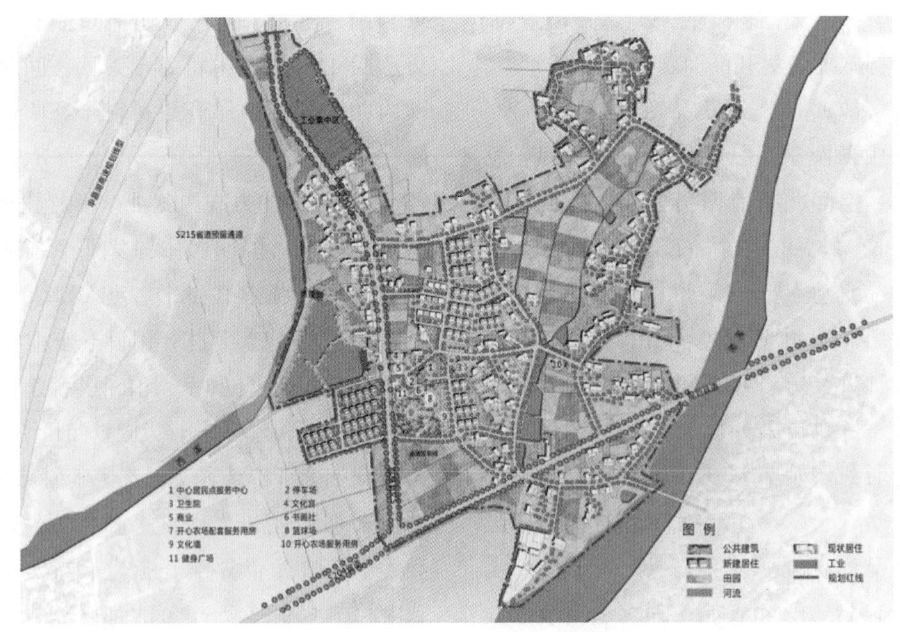

图4　洛四房村中心居民点总平面图

茶叶产业区，无公害畜牧业产业区，美丽家庭精品带。可以看出，该村的产业发展以绿色生态经济为特色，并试图将绿色生态经济与该村生态空间格局相匹配，以形成多样化的业态格局。洛四房村的绿色生态经济规划利用的是村域内的生态资源，以促进本村的经济增长，同时也利于增加村民福利，提升该村的经济附加值。相对而言，洛四房村的生态经济已不再是生态资源的高消耗模式，而是表现为现代农业生态经济绿色化的过程，即合理开发、利用、保留和保护该村的生态资源，维护必要的人文生态服务功能，通过生态资源优化整合与资产化，完成该村的经济增长，并扩大村民的福祉。

规划后的洛四房村最终形成"一心、一环、两点、两轴、两带、三片"的村域布局。"一心"即村庄服务中心，"一环"即美丽家庭精品景观环，"两点"即名木古树景观节点，"两轴"即道路景观轴，"两带"即滨水休闲景观带，"两片"即田园景观片、山体景观片。在区块规划中，绿色生态旅游是重点发展的内容，其设想是：①依托洛四房村各类无污染农业产业园的建设，带动该村旅游业发展；②通过安全食品的供给以及开心农场的观光，促进安全农业生产的发展以及休闲旅游的发展；③针对人居精品村庄建设目标，对村域内的公共服务设施按照旅游服务的配套标准进行综合规划(图4)，同时对以政府为主导的公益性服务设施和以市场为主导的经营性公共服务设施进行统筹布局。概括来讲，从细节到整体规划，其都以服务"美丽乡村"建设为宏伟目标。

四、结　语

综上所述，在国家出台的"美丽乡村"建设计划指引下，政府各级部门在制度与规则运作执行、环境治理与改造、乡村规划构成等方面发挥着核心引领作用；承担乡村设计建设项目的公司和建筑事务所，以自身的专业水准提升村民的审美甚至是转变他们的生活习惯与观念，达到共建“美丽乡村”的目标；村民从日常生活出发，为设计师提供符合切合实际的功能需求，便于设计工作能够解决实际问题。在笔者看来，国家或政府主导乡村设计的根本目的，是促成城乡一体化建设，协调并达成绿色生态型乡村建设可持续发展的目标；与此同时，借助乡村设计项目建设，全面提升人们的生活水平和村民的幸福感，努力促成和谐、美好社会的实现。看来，从明天开始，“诗意地栖居”在中国乡村，或许不再是梦想。

参考文献：

约瑟夫·派恩，詹姆斯·吉尔摩. 体验经济[M]. 北京：机械工业出版社，2002.

詹姆斯·N. 罗西瑙. 没有政府的治理[M]. 南昌：江西人民出版社，2001.

中华人民共和国国家质量监督检验检疫总局，中国国家标准化管理委员会. 美丽乡村建设指南：GB/T 3200—2015[S]. 北京：中国标准出版社，2015.

王展. 基于服务蓝图与设计体验的服务设计研究及实践[J]. 包装工程，2015(12).

安吉县人民政府.《安吉县孝源街道洛四房村村庄规划(2015—2030)》批前公示[EB/OL]. (2016-01-18). http：//www. anji. gov. cn/.

生态服务型经济体系下的北京“美丽乡村”实践与对策

宋慰祖　徐　荧　（民盟北京市委　北京　100035）

摘要：本文通过对典型“美丽乡村”案例的分析，论述了生态服务型经济体系下北京“美丽乡村”创建的新思路和新观点，总结出关于创建北京“美丽乡村”的实践经验和方法，对出现的问题和难点进行了系统的分析，形成科学系统的对策和方法，为生态服务型经济体系下的北京“美丽乡村”创建活动和研究提供借鉴和参考。

关键词：生态服务型经济；“美丽乡村”；设计创新；实践与对策

一、生态服务型经济的概念和意义

生态服务型经济是在市场机制调控下，从不同层面对生态系统进行修复、维持和优化，以保证生态系统服务功能良好发挥，满足公众生态需求的新的经济模式。生态服务型经济由政府主导，发挥市场机制调控功能，通过经济发展方式转型升级推进生态资源价值化，从而加快推进生态系统和绿色经济融合互促。生态服务型经济不仅挖掘了生态资源的经济效益，而且有利于城市居民生活改善和农村居民收入提高，是一种可持续的发展模式。

生态服务型经济的基础是生态系统服务，即自然系统给人类提供的产品和服务，或人类直接或间接从生态系统得到的利益。联合国千年生态系统评估将生态系统服务划分为四类：一是调节服务，主要包括气体调节、气候调节、干扰调节、水调节、水供应、土壤保持、土壤形成、营养物质循环、废弃物处理、授粉与种子传播、生物控制，这些直接或间接的平衡与调节功能使地球生命系统得以延续；二是栖息服务，生态系统为植物、动物提供适宜的生存环境，保存生物和基因及进化过程，包括避难所功能和育种、保育功能；三是生产服务，生态系统通过初级生产和次级生产为人类社会提供诸多产品资源，如食物、原材料、遗传资源、药用资源、观赏资源等，其中不可再生资源的损失是生产功能不可挽回的损失；四是信息服务，生态系统为人类提供认识世界的机会，这是只有通过人类活动才能得以实现的功能。

我们认为，发展和推进“生态服务型经济”，就是要在保护生态环境的基础上，遵循生态学原理和经济规律，以生态服务价值为核心，借助市场机制和法律手段，构建生态资源建设、生态商品生产、生态资源交易和生态消费市场相结合的新型服务型经济和服务型产业。

二、生态服务型经济模式下的“美丽乡村”创建典例

生态宜居的首个衡量指标就是自然生态环境的优美度，而与农民生产生活紧密相关的耕地、园林、森林、水面、山地等农业资源本身就是自然生态环境的重要组成部分。因此，自然生态环境优美是生态宜居的核心要素。自然生态环境可以用山、林、湖、田、草以及后期绿化的覆盖面积占比等指标衡量。“美丽乡村”“沟域经济”建设是北京市在农业区域经济、流域经济基础上，结合北京山区农业发展基础与特点提出的生态服务型经济模式，同时注重设计服务与生态建设的融合，已在多个地区试点进行了成功的探索和实践。调研重点以生态涵养区为主，总结和探索北京生态服务型经济发展的模式案例。

案例一　门头沟区：生态建设与传统村落保护——马栏村

课题组主要在门头沟区斋堂镇马栏村开展村域规划、民居设计和产业发展的研究，对村域进行整体规划，打造生态服务发展产业链，初步探索了生态涵养区村落建设的设计工作，提出了“古村、红村、新村”的总体发展思路和理念。

一是村域环境设计。围绕古村的历史积淀、红色村庄的文化内涵和新农村建设的目标，课题组在村里开展景观布局、导视设计的基础上，对村子的环境、整体形象提出了建筑规范，制定了就地取材、保留传统、应用新技术、增加配套设施的原则。设计建设村口的风雨亭和沿山的步道、村委会前的文化墙，并进行了村内道路水道的复原设计和报告厅、餐厅的外墙装饰设计。提出了公共家具的设计原则，垃圾箱、休闲桌椅、导向指示牌等都具有农村文化气息，采用了就地取材的设计原则。

二是民居设计。依据本地传统民居的造型外观，结合高科技的采暖、燃料和现代化的生活方式，课题组开展了“乡村十二间”的创意设计。针对村子广场旁边的乡村旅游接待中心，做了示范样板间设计。为未来的马栏村民居规划设计完善内涵，并在设计中整合了新的建筑工艺、生物质能源燃料的技术。

三是产业规划。结合课题调研和马栏村的实际情况，课题组提出了大力发展生态休闲旅游产业的目标，将围绕生态休闲旅游产业建设，配合村内成立旅游合作社，做好旅游环境设计。按照“吃、住、行、游、购、娱”旅游六要素，完善住宿体系设计、绿色餐饮设计、马栏黄土的产业化开发规划设计、道路景观设计、生态产品的旅游商品设计，形成融生态休闲、红色文化、自然科普、商品销售于一体的产业业态。

课题组通过马栏村的设计规范，进一步总结规律，探索出城乡一体化发展及“美丽乡村”建设的经验和方法。

案例二　房山区：生态修复与产业发展——酒庄红酒产业基地

课题组调研了房山区酒庄红酒产业基地。房山区曾是北京的重污染区，以水泥、建材、矿业、石化等高耗能、高耗水、高排放产业为主要产业。2003 年以来，为控制大气环境水平，区内高污染行业停产，开展生态修复。该区把握区域地理位置与法国波尔多地区相近、土质易于种植葡萄的特质，利用荒滩、乱石山坡地等地域发

展酒庄红酒产业。截至2015年6月，房山区已签约酒庄33家，在建酒庄20家，每个酒庄占地800～1 000亩。选种了赤霞珠、品丽珠、霞多丽、西拉、美乐等优良酿酒葡萄品种，总种植面积已过万亩，已有13家酒庄进入生产、试生产阶段。以最早进入房山的波伦堡酒庄为例，此酒庄已达到年产红酒10万瓶，年销售收入在4 000万元左右，年纳税近600万元。从生态修复方面可以明显看到，原来裸露的荒滩、乱石岗已被葡萄藤绿化，构成了美丽的生态景观。从转换乡村产业结构、带动农民致富方面来讲，酒庄经营者与村合作社合作，以入股形式投入土地，村民年底可以获得分红，同时，村民又可到酒庄工作取得工资收入。这样既实现了土地流转和产业转型升级，又解决了转型中的农民就业问题。同时以发展酒庄红酒产业为龙头，带动了相关的生态乡村休闲旅游、居家养生养老、会展、餐饮、种植、养殖等多种业态的发展。

案例三　密云区：生态休闲与乡村改造——山里寒舍酒店

课题组调研的山里寒舍酒店是社会资本参与生态服务型经济发展的一个典例。山里寒舍建于密云区北庄镇干峪沟村，通过引入企业资本弥补资金缺口，利用企业管理弥补客户资源和从业经验不足，通过盘活农民闲置的农宅克服新增建设用地指标困难，再将山林、空气等生态优势发挥出来，将一个乡村旅游的白点村变成一个整村开发的乡村酒店。

山里寒舍的开发模式是政府运用市场观念，依托现行政策进行的规划设计，改善了农民的生存环境；实现了乡村经济管理制度和运行机制的创新，让旅游管理和经营充分满足村民利益，促进村民充分参与；增进村民对自身拥有的文化、自然遗产的自豪感和保护意识，使乡村的文化、自然遗产得到有效的保护；现代、文明的生活方式与农村田园牧歌式的传统生活方式得到有机融合，原本破败不堪的农家小院和杂草丛生的田地，摇身一变成为古朴厚重、野趣天然的高端乡村旅游基地，使乡村走上了可持续发展之路，以新兴休闲产业带动山区新农村建设。

案例四　延庆区：生态旅游与商品开发——柳沟豆腐宴

课题组调研的井庄镇柳沟村“豆腐宴”是京郊民俗游的著名品牌，更是生态旅游与商品开发的典例。柳沟村位于延庆区井庄镇，古称凤凰城，乡村旅游是村里的主导产业。井庄镇以生态发展为理念，不单以经济指标为考核指标，放弃影响生态发展的大项目，而是挖掘本地文化资源，以绿色发展为核心，结合生态建设、古城历史，创造出“凤凰城”“火盆锅”“农家三色豆腐宴”等特色品牌，打造出分工协作的产业链，避免一家一户分散制作与经营，形成整体特色品牌。在豆腐宴的基础上，井庄镇还开发出柳下醉酒、豆腐制作、果品采摘等产业，扩大商品消费。井庄镇充分发挥村官的专业能力与作用，如：毕业于首都师范大学的村官利用所学设计专业为旅游商品、环境导视开展设计；毕业于北京林业大学的村官考证、挖掘、撰写了当地的历史、传说，为村域的文化找到了落脚点，开发设计了具有当地特色的柳下醉酒，规范了豆腐宴餐饮户的品牌形象、村域导视等，使得生态休闲旅游环境、服务能力得到提高。这样的经验值得借鉴。

案例五　怀柔区：生态文化与设计提升——北沟国际村

课题组调研的怀柔区渤海镇北沟村，是"北京最美的乡村"之一，主打"文化牌"。北沟村在长城脚下，具备优质的生态资源和环境，通过国际设计师的改造，将生态文化与乡村旅游有机结合，成为有名的国际村。到目前为止，已经有10余户外国友人在此居住、经商，他们以生态休闲为理念，结合西方人的观念和专业知识，通过对传统民居的修复改造，为村子增加了极具特色的别致小院。他们建造的房子既绿色环保，又独具匠心，与北沟村满目的绿色、巍峨的长城相得益彰，更为村子增添了一抹异域风情。如改造过的三口之家休闲民居，市场报价一晚可达800美元，通过设计极大提升了生态服务型经济的价值。总体来说，中国传统文化、淳朴民风与西方现代理念、时尚元素有机融合，和谐共生，创造出生态服务型经济发展的新模式。

三、生态服务型经济下的"美丽乡村"创建存在的问题和难点

1. 生态服务型经济开发程度低，缺乏统一规划和管理

实现乡村的生态宜居，关键要加大对农村资源环境的保护力度，构建节约资源和保护环境的空间格局、产业结构、生产方式以及生活方式，建设人与自然和谐共生、富有生机活力的生态宜居乡村。重视绿水青山和文化传承，提升农民的参与度、获得感和幸福感。从政府层面来看，生态服务型经济没有统一的规划和管理。生态服务型经济是政府导向型的经济，但目前关于已经出现的沟域经济、生态补偿、碳汇交易等经济形态的生态服务本质并无统一认识，也没有针对乡村生态服务的特点做出区域性的规划以及对现有经济形态进行有效管理。

2. 生态资源质量参差不齐，有待进一步改善和提高

在人口膨胀和城市扩张的双重压力下，乡村生态系统遭到严重破坏，虽然经过一系列的生态工程修复，生态资源质量提升空间仍很大，但目前的质量尚不符合生态保护和产业发展的要求。

3. 部分生态发展方式定位不准，造成生态破坏和资源浪费

如很多乡村、乡镇依然将沟域经济当成某种旅游经济或传统产业对待，虽然人们在思想观念上已经接受生态优先的理念，但传统产业的发展模式对生态造成的破坏在很多情况下仍不以人的意志为转移。随着沟域内游客数量剧增，在一些地区超出了环境承载范围，一定程度上破坏了生态系统的合理结构，影响了生态系统功能的正常发挥。

4. 发展机制亟待调整和完善，需要市场化创新

在生态服务型经济的发展过程中，生态系统的规划、开发、市场化、运营、管理、补偿、评价等过程都需要完善的机制来支撑，如生态服务型经济发展机制、生态系统开发机制、生态服务型经济运营机制、生态发展融资机制、生态补偿金分配机制、生态效益评价机制等。

5. 农民在新型经济中参与度低，权益得不到有效保障

发展生态服务型经济是从根本上解决

农民问题、乡村问题的一大契机，如果不能保障农民、乡村的权益，也势必会阻碍生态服务型经济的健康和稳定发展。

四、对策与建议

1. 顶层设计，重视生态服务型经济研究、规划与管理

切实将生态服务型经济作为一种新型经济形态进行研究、规划与管理。要高度重视生态环境服务价值，引入市场机制，协调因自然资源开发而引起的各种经济利益关系。加大公共财政对生态涵养发展区的转移支付力度，完善生态补偿机制，坚持走符合生态文明要求的产业发展道路。要将生态服务型经济定位于乡村区域未来经济发展的战略高度，制订产业发展规划，包括生态建设规划、生态产品研发与推广、生态商品交易市场培育、农民转化步骤、农产品市场交易等方面，要着力解决好乡村产业发展的资源、资金、技术、人力和效益问题。根据乡村实际情况分区域分阶段制定发展方向，因地制宜，精准施策，坚持实施“千村示范、万村整治”工程，不搞“政绩工程”“形象工程”。

2. 统一规划，推动生态文明建设协同发展

实现生态环境一体化，关键在统一规划，上下一致，目标相同，措施相宜。制定共同的生态环境建设目标，统一实施标准，实现三地资源集成，优势互补，政策衔接，保证步调一致。

3. 辐射带动，构建京津冀生态服务型产业圈

关注以乡村为主体的生态发展区的特色发展，如“设计走进美丽乡村”，促进村域环境、民居品质、生态服务产业的提质增效的“沟域经济”“新三起来”等政策、经验，并在京津冀生态区推广。同时要总结乡村城市化的教训，如“无限占用土地的房地产、大拆大建、破坏古村落的规划模式，资源无序开发”等教训，使乡村生态保护、修复与发展共进。

建立京津冀生态服务型产业圈。在这一区域重点发展生态休闲旅游业、养生与养老服务业、农副产品的旅游商品开发等生态服务型产业。

4. 创新引领，发挥科技创新中心建设的核心作用

发挥首都科技服务、设计服务的产业优势、资源优势。支持开发设计服务企业为京津冀生态服务型经济和生态文明建设提供服务。通过资金扶持、税收优惠等导向，推动首都文化创意和设计服务与京津冀生态文明建设、美丽乡村建设融合发展。

重视社会组织的作用，通过学会、协会组织搭建专业化的资源共享平台，实现研发设计，科技服务集群优势，与京津冀生态建设实际需求相结合；支持学会、协会建设公共服务平台，用好互联网、大数据等技术，构建服务京津冀、辐射全中国的生态服务经济交易、交流、交互系统，使生态文明建设更具规范性、计划性、制度化、系统化。

5. 市场导向，建立多元化生态产品开发和交易机制

发挥资源价格的杠杆作用，按照“谁使用谁付费、多使用多付费、多排放多负担”的原则，完善资源环境价格体系，积极推行激励与约束并举的节能减排新机制，引导企业绿色生产、社会绿色消费。坚决放

弃依靠数量增长实现经济扩张的粗放型模式，针对不同市场游客的消费心理，实施多元化的产品开发策略，打造适合不同层次需求的生态旅游产品。重点支持各地因地制宜发展农产品精深加工、农产品及农产品加工副产物综合利用、休闲农业和乡村旅游等农村产业融合发展关键环节，通过延伸产业链，提升价值链，激发农民的主动性和创造性，或依托合作社等基本经济组织带动乡村产业发展。

6. 强村富民，在参与生态服务型经济的过程中获益

要根据各地区的自然条件、资源禀赋、历史渊源、文化传统、经济和社会发展水平因地制宜，科学规划，加快发展特色的生态服务型经济。出台优惠政策，鼓励支持民营资本加入生态产品开发行列，通过所有权、经营权、管理权的适当调整，逐步形成合理的种、养加产、供、销一体化的生产经营体系，打造"美丽乡村""沟域经济"等有特色的生态旅游经济，帮扶农民致富。同时，加快农村公共基础设施建设，提升公共服务水平，缩小城乡差距。

7. 制度保障，健全以生态法制为主导的刚性约束机制

建设生态文明，必须建立系统完整的生态文明制度体系。在法律上强化对企业、村、镇、个人的法律责任，并进一步加大违法的惩罚力度。对造成生态环境损害的责任者严格实行赔偿制度，依法追究刑事责任。此外，还应健全和完善环境信息公开制度、公众参与环境行政决策制度以及环境行政复议和行政诉讼制度，从而完善环境治理和生态修复制度，用制度保护生态环境，用制度促进生态环境健康有序发展。

8. 加强领导，建立符合生态发展需求的体制机制

加强党的领导，实现政府机制的转变，要解决好三方面问题：一是理念转变，从盲目追求经济速度向生态发展理念转变；二是从权力型政府向服务型政府转变；三是从生态就是绿化、就是原始，向生态保护与发展有机结合转变。在废除一切影响、阻碍生态文明建设的机制、体制、制度、政策的同时，更关键的是建立一套符合生态文明发展需求的新机制、新政策以及新的工作体系和方式。只破不立、乱破乱立的观念只会限制、阻碍社会文明的进步。

参考文献：

孔祥智，卢洋啸．建设生态宜居美丽乡村的五大模式及对策建议：来自5省20村调研的启示[J]．经济纵横，2019(1)：20－21.

吕德文．乡村治理空间再造及其有效性：基于W镇乡村治理实践的分析[J]．中国农村观察，2018(9)：96－110.

王新越，候娟娟．山东省乡村休闲旅游地的空间分布特征及影响因素[J]．地理科学，2016(10)：1706－1714.

孔祥智．改革开放以来中国农民合作社的创新发展[J]．中国合作经济，2018(8)：5－7.

基于城市化背景推动下乡村文化旅游再创新的思考

王健人 （民盟北京市委 北京 100035）

摘要：随着我国进入中高收入国家行列、城市化水平快速提升，我国旅游消费模式发生着显著变化，正在由传统的以游览景点为主题的“观光游”向以休闲度假为目的的“娱情游”转换，亟待以全域旅游的思路指导未来发展。大力发展乡村文化旅游，既要充分挖掘乡土特色资源，还要做好创新性转化，用足、用好城市和乡村两种资源，加强文旅服务的供给侧结构性改革，结合时代特点做好对乡村文化资源的提纯、设计、运营，全面提升服务档次、水平，推动乡村文化旅游的再创新，为乡村产业兴旺增添活力。

关键词：城市化；乡村文化旅游；创新；设计

2018年中央一号文件《中共中央 国务院关于实施乡村振兴战略的意见》指出：“乡村振兴，产业兴旺是重点。”“立足乡村文明，吸取城市文明及外来文化优秀成果，在保护传承的基础上，创造性转化、创新性发展，不断赋予时代内涵、丰富表现形式。”当前中国已经走到了“工业反哺农业、城市反哺农村”的历史阶段，城市化进程仍在快速发展阶段，预计到21世纪中叶，中国的城市化率将突破80%；大都市化和城市化扩散日趋明显，城市在区域发展中起到的轴心枢纽作用持续增强，乡村发展越来越依靠同城市的紧密联系。需要结合时代背景和当代消费者需求，推动乡村文化旅游的再创新。

一、乡村文化旅游再创新要做好“三个转化”

乡村文化旅游市场及资金在城市，经过40多年的发展，乡村文化旅游模式陈旧、表现雷同带来了客户群体的审美疲劳，进一步发展面临着升级压力。站在我国进入中等偏高收入国家行列、城市化水平快速提升的角度看，我国旅游消费模式发生着显著变化，正在由传统的以游览景点为主题的“观光游”向以休闲度假为目的的“娱情游”转换，需要以全域旅游的思路指导未来发展。乡村文化旅游既要充分挖掘乡土特色资源，还要做好创新性转化，用足用好城市和乡村两种资源，加强文旅服务的供给侧结构性改革，做到“乡村的风土环境”加“城市的服务设施”。这就要求结合时代特点做好对乡村文化资源的提纯、设计、运营，全面提升服务档次、水平，推动乡村文化旅游的再创新，为乡村产业兴旺增添活力。既要因地制宜、错位发展，也要形成整体品牌、扩大影响。

乡村文化旅游的再创新需要做好“三个转化”：从产品服务的同质化竞争向差异化竞争转化，从景点旅游向全域旅游转化，从乡村文化资源禀赋的原始、粗浅利用向集成、创新利用转化。

从产品服务的同质化竞争向差异化竞争转化，就是要凸显乡村文旅的地方特色和项目优势。特别是在集中连片发展乡村文化旅游的区域，容易形成有整体规模但缺少特色品牌的情况。这就要注意客户群体的需求，在做好细分甚至微分市场上下功夫；要突出资源禀赋的独特性，精选品牌项目，形成村域文旅特色；要强化综合效应，通过文化、景观、基础设施、从业者、旅游者等的有效关联，提升乡村文化旅游的影响力。

从景点旅游向全域旅游转化，就是要让作为原住民的普通村民，也融入乡村文化旅游。重点解决居民生活同文化旅游发展的关系。乡村文化旅游大多以乡土民俗、休闲体验、民族风情、传统文化为主题，“人在景中、景因人异”是其突出特点，不能脱离原住村民的生活情境。这就要在村庄规划、村民生活中体现和保留适合旅游要求的乡土文化元素。

从乡村文化资源禀赋的原始、粗浅利用向集成、创新利用转化，就是要用设计和运营的思想，深入挖掘原始素材，不断深加工、再创作，不断开发新项目、吸引新人群。要体现时代特色，满足当代人群需求，增强服务能力和创新能力，特别是要重视现代传媒技术的应用，增强品牌效应。

二、主要问题

1. 区域级的乡村文化旅游产业规划不明晰，存在同质化、低质化竞争

乡村文化旅游本质上是城乡融合发展，其吸引客流的能力很大程度上取决于该地域的交通、住宿、通信等基础设施建设水平，同时也和地域的整体规划有紧密关系。受限于乡村面积，乡村文化旅游景点往往内容较少。国内有许多地方的乡村文化旅游点“孤立”存在，没有同其他旅游景区配套，没有形成集群效应。这样既造成游客能观赏、可体验、愿意深入了解的景点较少，在旅游目的地停留时间短，消费有限，盈利能力薄弱；又不利于塑造美誉度和品牌形象，不利于增强游客黏性和保持游客流量。因此，要丰富乡村文化旅游的形式和内涵，就要变“单景”为“群景”，变“景观组团”为“文化组团”，促进区域内系列化景区、多元化游客类型的形成，实现乡村文化旅游带动关联产业发展，为提高经济效益提供持久动能。

2. 全域旅游的理念尚未树立起来，乡村旅游的文化塑造进程缓慢

应当看到，从“景点旅游”向“全域旅游”转化是一个漫长的过程，要不断充实旅游的文化内涵，从欣赏景观转向体验文化，激发游客对文化的兴趣。目前来看，乡村文化旅游的文化气息还不浓，一些人为造景、片面观景的现象比较明显，简单复制城市文化旅游模式、破坏原有的乡土特色的项目比较多见。但一旦没有了乡土味，乡村旅游的精华也随之消失。对乡村文化旅游的塑造，应当是在提纯乡村文化的前提下，集中展示乡土之美、村域之美。既要有景观、有商业、有游览、有休闲，还要有文化、有设计、有展示、有体验。

3. 乡村文化旅游的品质不高，缺乏深度内容

在“吃、住、行、游、购、娱”六大方

面，目前乡村文化旅游大多处于相对低端、粗浅的状态。一方面体现在品质低劣，如设施落后、餐饮单一、服务水平低劣、文化产品单调、娱乐项目缺失。特别是城郊农家乐，多年来进步不大，早已不能满足当前消费者的需求。另一方面体现在深度游不够，文化内涵开发不足，同非物质文化遗产、农业科普、民俗风情、红色旅游、古村落保护等的结合不够紧密，导游、展示、体验的品质有待提升，需要从单景点转向深度开发多种文化资源、形成多种乡村文化旅游消费模式转变。

4. 基础配套设施落后，外部性不足

乡村文化旅游发展离不开城市化的支持，一般旅游地点距离市中心的单程时间不宜超过 2 小时，要符合城市居民的生活标准，满足城市居民的日常出行需要。目前看，交通、餐饮、住宿、厕卫问题成为制约乡村文旅发展的关键因素。单程超过 2 小时的旅游地点普遍存在，特别是在无轨道交通支撑的地区，距离远成为关键性制约因素；餐饮环境恶劣、卫生条件差的旅游地点比比皆是；住宿条件简陋、缺乏现代化生活设施的旅游地点为数不少；更有很多旅游地点厕所卫生条件不达标，缺少冲水、洗浴等现代卫生设施和除虫、去味、消毒措施。这些因素造成了游客不愿再来、不愿带人来、不愿推广传播。

5. 文旅资源禀赋利用不充分，有待深度开发

乡村拥有丰富的文化旅游资源，但是开发利用不够充分。大多乡村旅游项目局限在农耕、游览、餐饮等方面，不同区域、不同地段的乡村文化旅游服务大同小异，没有将本土的特色文化体现出来。文化旅游衍生品开发不足，有限的开发集中在农产品或者手工艺品制作销售上，文创产品单一、过时的现象比比皆是。如：包装傻大粗笨，缺乏现代感，不容易吸引游客特别是年轻游客购买；文化展示和旅游项目设计单调，体验感不强；商业化浓重，乡土气息不够，阻碍了文化资源的深入开发。

三、对策与建议

1. 加强区域文旅产业规划，塑造区域整体品牌

政府要加强市、县区域内的文旅产业规划，把乡村文化旅游同区域文化产业发展、区域规划联通起来，深入挖掘乡村的传统文化内涵，在发展乡村文化旅游的地域综合打造“宜居、宜游”的村落。把村民生活同旅游发展统筹起来，再现传统，精炼传统，让村民的工作生活既是旅游的对象，也是旅游的组成。在村落规划、空间设计、项目内容、游览形式上，尽量保持浓厚的历史风格和乡土特色，使游客具有身临其境的感觉，满足游客对于传统文化的向往和追求。选取有特色、有基础的村落，开发系列游、组团游产品，集中优化宣传，塑造区域内的乡村文化旅游品牌。

2. 完善基础配套设施，重点解决交通、餐饮、住宿、厕卫等难题

要完善旅游地的基础配套设施，着重强调“游居一体”，实现高水平、现代化的服务条件。要重点解决交通、餐饮、住宿、厕卫等农村难题。在达标的基础上，采取特色化的设计，适度配套高端民宿、酒店、商业、会所等设施，满足某些高端游客的观赏、居住、娱乐、休闲消费的需求。需要注意的是，服务设施的布局需合理，其

外观风格应同当地特色相统一，材料选择要贴近乡村常见物品，自觉融入乡村整体环境，尽量保持村落的统一性。

3. 充分发挥村集体组织作用，增添乡村文化旅游发展持久活力

乡村文化旅游发展，不仅要有商业和资本，还要有乡土资源的承接落实。要特别注意发挥村集体组织在组织动员、宣传推广、改进规划、树立观念上的基础性作用。要通过集中规划、统一组织，改善乡村环境，提升公共服务设施水平。要积极发展各种合作社，优化营销、宣传渠道，凸显系列品牌，提升乡村承接资本能力。要以村集体组织为抓手，强化村民的文化旅游产业观念，积极提高乡村文化旅游从业人员素质，塑造乡村文化氛围，将发展乡村文化旅游内化为村民的工作与生活。

4. 重视运用设计理念，对乡村原有元素再创作、再开发

在产业规划上，通过创意开发，将传统的农、林、牧、副、渔业转变为高附加值的文化旅游产业，实现乡村产业体系的转型升级。在公共服务和基础设施建设上，凸显“游居一体”理念，同时满足游客和原住民的需求，并在外形风貌上与村域环境保持统一。在空间布置上，要做到静态空间形态和动态空间形态的统一，形成完整、有序的乡村景观链条。在文化旅游衍生品开发上，要抓住村域特色，积极同专业机构合作，开发相应的衍生产品，培育 IP、培养品牌。

5. 从“低成本 + 低价格”向“差异化功能 + 合理定价”转变，增强市场适应能力

要转变传统的以量取胜的思路，凸显不同村域旅游的差异化，合理定价，增加旅游附加值。要按照“生活、旅游、体验”三位一体的理念，将乡村中的生活、生产场景和活动，通过设计策划转化为可供游客体验的各类旅游活动。要凸显不同地域、不同乡村的独有特点，从风景差异向文化差异、项目差异、服务差异扩散。既要在市、县范围内整体塑造乡村文化旅游形象，形成统一规划，又要积极推动“一村一品”，让游客在区域内发现、分享不同的旅游点，获得不同的旅游感知。要抓好“互联网 +”时代的营销推广特点，有效利用互联网等现代传播媒介，积极扩展乡村文化旅游的社区、“朋友圈”，拓展游客范围，增强市场竞争能力、适应能力。

参考文献：

朱洪端，张宗书，蒋敬．成都乡村旅游景观特色营造研究［J］．合作经济与科技，2019，（8）：32－34.

徐婧堃．企业参与乡村旅游景区开发运营机制研究［J］．合作经济与科技，2019，（7）：42－45.

刘长江．乡村振兴战略视域下美丽乡村建设对策研究［J］．四川理工学院学报（社会科学版），2019，（1）：1－19.

宋慰祖．用设计方法论科学地破解社会经济发展中的问题［J］．设计，2019，（6）：80－87.

吴杰，苏维词．以“文化＋旅游”推进我国乡村旅游创新发展的思考［J］．农业经济，2019，（3）：35－36.

宋慧娟，陈明．乡村振兴战略背景下乡村旅游提质增效路径探析［J］．经济体制改革，2018，（6）：76－81.

张薇，秦兆祥．以互联网＋乡村旅游为抓手推动农村产业升级的思考［J］．农业经济，2018，（11）：27－28.

唐用洋，代宇．乡村文化与旅游产业融合发展研究［J］．智能城市，2018，4（21）：103－104.

“杂合共存”中的生命力：河南省南马庄村田野考察与思索

曹　田（南京理工大学　南京　210094）

摘要：乡村需要设计，是当今社会各界的共识。习惯于城市设计的设计师们如何走进乡村，真正为乡村作出贡献，是一个值得思考的问题。笔者在河南省兰考县南马庄村进行了人类学田野调查。从调研中发现：“杂合共存”并非乡村在城市化进程中的被动性状态，其中蕴含着具有主动性、适应性的“乡村生命力”。物质化、固化这种“乡村生命力”，将概念化、抽象化的“生命力”转化成现实的环境或产品，是设计适应乡村、融入乡村、改善乡村的原动力和突破口。

关键词：杂合共存；南马庄田野考察；乡村设计；乡村生命力

一、设计与乡村的基本关系

乡村需要设计，是当今社会各界的一个共识。自从2004年国务院颁布《中共中央 国务院关于进一步加强农村工作 提高农业综合生产能力若干政策的意见》以来，上涉国家发展战略，下至农家切身利益，“三农”问题引起了广泛的关注。十多年来，政府和民间都在研究如何解决好“三农”问题，设计界也积极地参与其中，产生了一批致力于扶持乡村、改善乡村的设计实践项目。

通常来说，设计往往在商业市场十分成熟、基础设施比较完善的城市，才能够获得较大的创新空间。城市的飞速发展得益于设计，同时，设计也由于城市的支持，才有了今天的成就。但在乡村，无论是商业环境、人群意识、基础设施条件，都比不上城市。习惯于城市设计的设计师们，走进乡村就会遇到许多意想不到的阻力。事实上，如今有些设计不仅没有改善乡村，反而陷入不可持续、后患重重的困境。

如何“走出摩天楼、走进篱笆墙”，成为当今设计界都在思考的一个问题。

2014年，在许平教授的指导下，我们选择河南省开封市兰考县南马庄村，进行了田野调查，力求从设计学的角度，利用人类学田野调查的手段和思路，探寻设计如何适应乡村。

人类学是从生物和文化的角度对人类进行研究的一门科学。田野调查的具体手法多为现场的访谈、问卷、录音、录像等，最终的结果，可以是文字，也可以是影像。不管是访谈、问卷，还是文字、影像，田野调查关注的都是调查对象的整体，是要通过对具体的甚至是琐碎的生活细节的了解和分析，把握调查对象的特征和本质，从而为研究提供服务。设计学对人类学的借鉴并不是一件新鲜事。设计学的专业学科中，对用户体验的调查和访谈、对社区生活问题的观察和分析等，都经常用到人类学的方法。但是，平时用作产品开发或者市场调研的田野调查，更多的是利用人类学研究的形式，并没有触及人类学的本质——一种观察的视角。换句话说，人类学的核心是研究者作为“他者”来观察调查对象的性状、变化以及特征，在此基础上形成完整的认识，从而把握调查对象的特征和本质。这一点在产品设计调研中较少用到。在河南省南马庄村，抓住人类学的这一核心来进行田野调查，对调查对象进行生产状态、生活状态的全面分析，是人类学与设计学之间的一种深层次的对接。

选择河南省兰考县南马庄村，主要缘于田野调查的基本要求：一要有特色；二要有代表性；三要有特殊的关系；四要有一定的影响力。河南省是中国的农业大省，也是人口最多的省份之一。这里的乡村既不像偏远地区或是少数民族地区那样个性化太强，不具备普遍意义，也不同于中国东部、南部沿海发达地区的乡村，淡化了传统农业的特征。在河南省的乡村进行调查，兼顾到典型性和普遍性，可达到乡情有代表性、资料有说服力、论述有典型意义的目标。而选择河南省开封市兰考县三义寨乡南马庄村，还有以下这些特殊的原因：

(1)南马庄村所在的兰考县，是全国著名的贫困县。当年全国著名的优秀干部焦裕禄在兰考县担任县委书记时①，虽然率领全县人民战天斗地，与自然灾害作斗争，但最终因客观条件的限制，未能根本治理这一历史上屡遭黄河泛滥的灾区。至今，黄泛区的盐碱和水灾依然是兰考县的头等自然灾害。事实上，我国由于自然环境恶劣导致贫困的乡村仍然很多，自然灾害致贫是全国很多农村面临的共同问题。

(2)国家十分关心贫困老区。2009 年，习近平曾专程到南马庄村调研，并将这里确定为他本人的乡建工作联系点。这也使得原先并不出名的南马庄村一跃成为国家重点关注的新农村建设试验点。有这样一个政治背景，使得南马庄的村民不再保守与闭塞，“见了世面”的民众更易于沟通交流，更利于田野调查中的访问和采录。

(3)中国农业大学何慧丽教授曾在兰考县挂职副县长，曾将南马庄村的大米推销到北京，由此产生了轰动一时的“教授卖米”新闻②，让这个小村庄成为了全国性的明星村。贫困村和明星村的强烈反差，增强了田野调查的典型性，更有利于我们接触到农村生活的“虚”与“实”、“内”与“外”，更能接触到这个村庄真实的一面。

二、项目的调查与展开

笔者在兰考县南马庄村的田野调查，是与河南大学合作进行的。

---

①焦裕禄(1922—1964)，山东省淄博市人，共产党员，1962 年任兰考县县委书记。期间带领群众与当地的内涝、风沙、盐碱三害作顽强的斗争，因病逝世在岗位上。去世后，被誉为“党的好干部”“人民的好公仆”“县委书记的榜样”“共和国的脊梁”。如今，“焦裕禄精神”已经成为艰苦奋斗、无私奉献、爱党敬业等精神的代名词。

②何慧丽(1972—)，河南省灵宝市人。“三农”问题研究者，新农村建设实践者，中国农业大学人文与发展学院教授，曾挂职兰考县副县长。

河南大学位于兰考县所属的开封市，是当地著名的高等院校，学校师生对兰考县以及南马庄村比较熟悉。河南大学艺术学院摄影专业派出了3名研究生，视觉传达专业派出2名研究生，与笔者共同组成了6人小组①，进驻到南马庄村（图1、图2）。

到当地村委会了解了南马庄村的整体概况后，调查小组最终选择在村民张卫东家进行定点采访。张卫东在村中属于中等收入户，既外出打工又有农田照料，属于比较典型的中原农户。同时，他家是村支书的亲戚，村支书为我们进驻张家提供了便利(图3、图4)。

图1　田野调查小组与农户张卫东全家合影

图2　田野调查小组及指导老师在张家开会

图3　笔者在田野调查现场工作

图4　笔者在田野调查现场采访

兰考县位于开封市以东约45 km，南马庄村位于兰考县西北约10 km。村庄有一条南北向的主干道，村口位于主干道北端，住宅多分布在主干道的两侧。从北口进入村庄后，道路西侧是村委会和一个小型广场，张卫东家住宅在道路东侧，位于村委会的斜对面。村中有养老院，养老院在张卫东家住宅西侧。

张卫东全家有5口人。男主人张卫东，46岁，小学文化，平时在外务工，农忙时回家；妻子付桂荣，47岁，小学文化，在家务农；大女儿张胜男，22岁，就读于郑州化工学院，是电子商务专业本科三年级学生；二女儿张胜娟和小女儿张梦莹，分

①河南大学参与调研的5名研究生分别是：摄影专业的付月、王星隆、张浩，视觉传达专业的张文英、刘佳。

别在南马庄村小学读五年级和三年级。

张卫东的家是河南中原农村常见的一个小院落，院墙围合，长方形，占地约400 m^2。院门开在院落东侧，进门可见三间正屋、两间厢房和一个车棚。三间正屋位于院落后侧，坐北朝南，中间是堂屋，东边一间是张卫东夫妇的卧室，西边一间是二女儿和三女儿合用的卧室。两间厢房坐东朝西，一间是大女儿单独的卧室，另一间是存放粮食和种子的储藏室。车棚坐西朝东，紧挨着正屋的西侧，用来存放家里的一辆柴油三轮农用车、一辆电动三轮车和一些农具。厨房位于正屋东侧的院角，内有一个淋浴间。厕所位于院落西南角，是旱厕。院落南部是一片菜地，种植一些时令蔬菜。

田野调查小组于2014年的岁末来到张卫东家，当时正是种麦的季节，张卫东家有三块农田，约21亩，一块高地种玉米、小麦，两块低地种水稻。农田耕作需要劳动力，张卫东特意从外地赶回家中，帮忙种麦。同时，在郑州读大学的大女儿也赶回来帮助父母。全家五口人在这段农忙的时间里团聚，为我们田野调查提供了难得的便利。

运用影像技术来记录日常生活是人类学田野调查的一个重要手段，其长处是能真实地记录和还原采访对象的生活状态，比访谈和描述更直观、更可信。2014年11—14日，调查小组在张卫东家采用了连续72小时的影像拍摄手段。拍摄工作从11日中午13时开始，至14日中午13时结束。共分为5个机位(图5)：1号机位架设在院落的东南角，靠近大门口的位置，面对院落中心；2号机位架设在院落西南角位置，

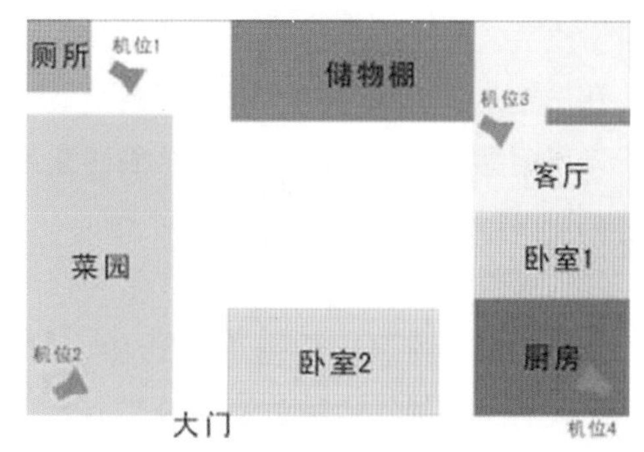

图5　拍摄机位分布示意图①

靠近厕所，面对三间正屋和厢房；3号机位架设在堂屋内，用于观察堂屋和卧室；4号机位架设在厨房中；5号机位是移动机位，跟随农户下地、采买、赶集等活动。

采用5个机位、72小时拍摄，主要是想真实地记录张卫东一家人的生活状态。要详细观察采访对象的生产、生活状态，有几个要素必须考虑：一是真实性；二是全面性；三是针对性；四是连续性。5个机位的方位设置主要是考虑到前三项要素，72小时不间断拍摄主要是体现第四项要素。这样的安排，可以全方位地看到采访对象所有的生活细节，完整地观察到张卫东一家五口人在三天内的全部活动，为调研提供足够、全面而细致的资料。

为了便于观察和分析，我们以张家院落为观察中心，将其生产、生活的种种行为分为四大类，分别是：起居与衣食、工作与环境、信息与娱乐、亲情与交往。这四大类基本涵盖了张家生活的绝大部分内容。

1. 起居与衣食

起居与衣食主要是指张卫东一家的日

①图片来源：调研小组根据现场环境绘制。

常生活，包括一日三餐、生活整理（洗漱、洗澡等）、休息睡眠、外出采购等行为，以及所用的时间。起居与衣食是农户最基本的生存需求。

2. 工作与环境

工作是指家中劳动力进行田间劳作、副业加工、货物运输、设备修理等，孩子上学、在学校学习或在家温习功课等。环境是指上述工作与学习所处的客观环境和工作（包括学习）条件，如：在菜园栽植蔬菜，使用农具；修理物品、设备、工具；孩子上学的途经路线，是否需要接送；等等。这些方面构成了农户的生产、生存环境。

3. 信息与娱乐

信息与娱乐主要是指一家人获取外界信息和娱乐的方式。包括每天看电视、玩手机、孩子打闹嬉戏的时间、地点、频率、强度等。这些方面构成了农户的闲时生活。

4. 亲情与交往

亲情主要是指一家人的互动与情感交流，其标志是相处的时间、频率、地点等，内容包括独处、夫妻相处、亲子相处、姐妹感情等；交往主要是指一家人内部以及与外界（如邻居、亲戚、朋友、陌生人等）的日常交流的次数、时间、地点以及交流的心情、态度等。亲情是指家庭内部，交往是指全家与外部社会。

为了更准确地把握张卫东一家人的生活状况，除与张卫东妻子、女儿进行交谈外，我们还特意邀约男主人张卫东进行了专访，详细询问他日常生产、生活的相关问题，特别是注意了解他们一家人的生活特点和行为习惯。

通过调查，我们基本获得了张卫东一家人的生产、生活的基本数据。张卫东一家人的生活很有规律，比如：一家人仍然保存着乡村农耕的生活习惯，日出而作，日落而息，且睡眠时间都比较长；张卫东和妻子付桂荣仍有“男耕女织”式的“男主外、女主内”的家庭分工，张卫东主要承担家中经济性的劳作，也就是他自己所说的“养家糊口”，他在家的活动空间多是田地、院落、车棚；妻子付桂荣仍是传统的家庭妇女，带有“夫唱妇随”的特点，做事常征求丈夫的意见，她承担的家务活较多，因而在家中的活动空间比较大，在厨房中和菜地里的时间较长；二女儿张胜娟和小女儿张梦莹是小孩，经常在一起玩耍，由于姐妹年龄相差不大，常是姐姐带领着妹妹，玩耍中互动较多。

获得初步的访谈和拍摄资料后，我们根据不同的空间、时间对调查资料进行分段，记录每段时间的活动情况。再将这些活动所持续的时间、频率等信息汇总到一张表中，进行数据的核算和比对。并将活动情况编辑成表格目录，根据时间段统计出家庭成员的活动轨迹、空间使用密度、设施使用频率等数据化信息，绘制成相应的饼状图（图 6—图 11）。饼状图用不同的颜色代表不同的分项。

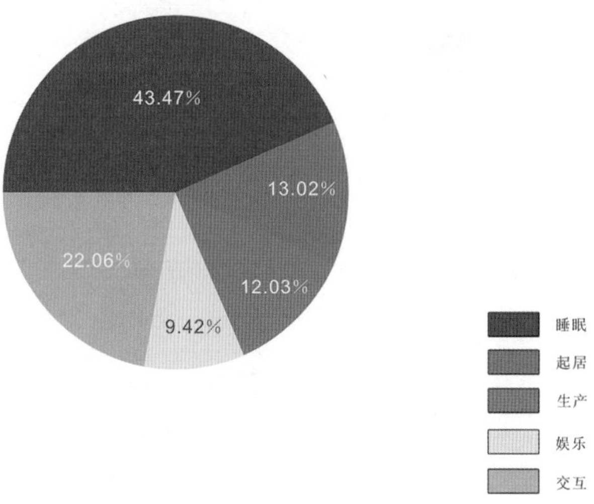

图 6　所有家庭成员 72 小时平均在五个方面的活动时间分配图

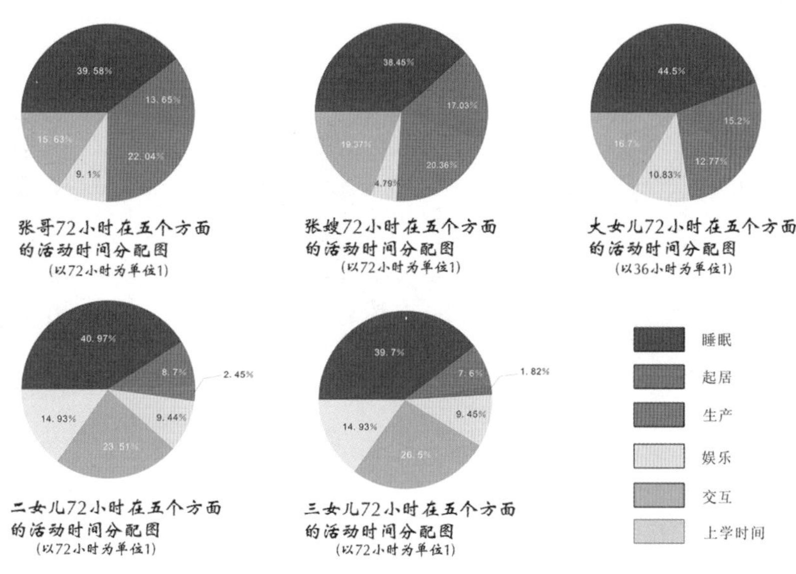

图 7　每个家庭成员 72 小时在五个方面的活动时间分配图

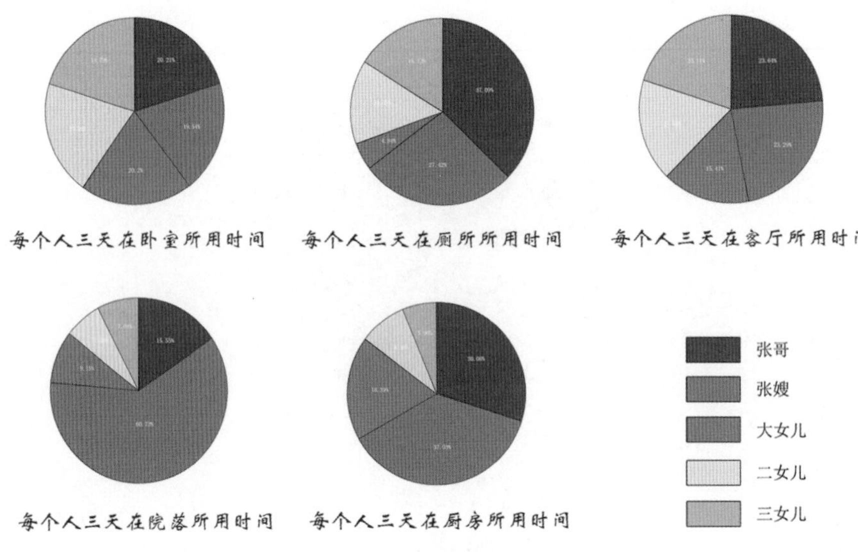

图 8　起居与衣食分析图

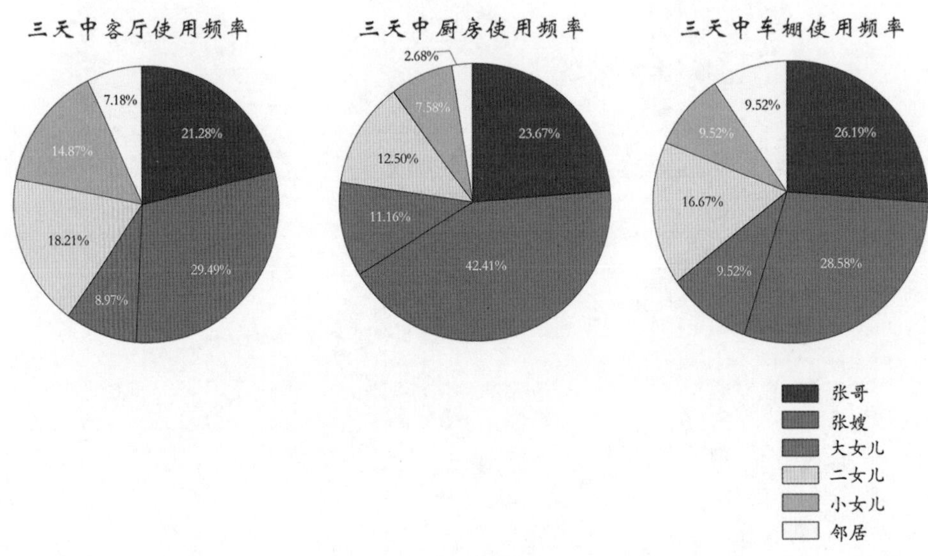

图 9　信息与娱乐分析图

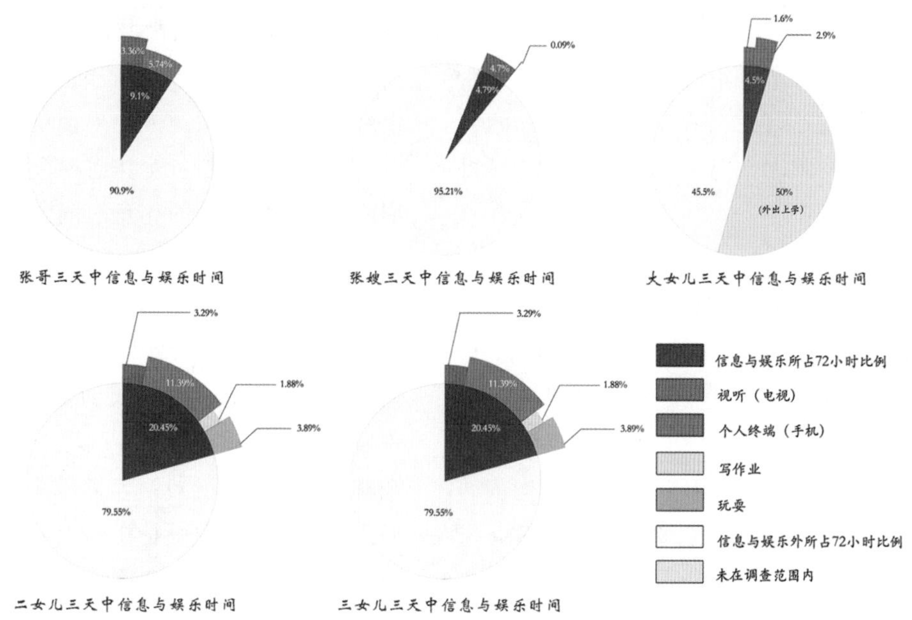

图 10　工作与环境分析图

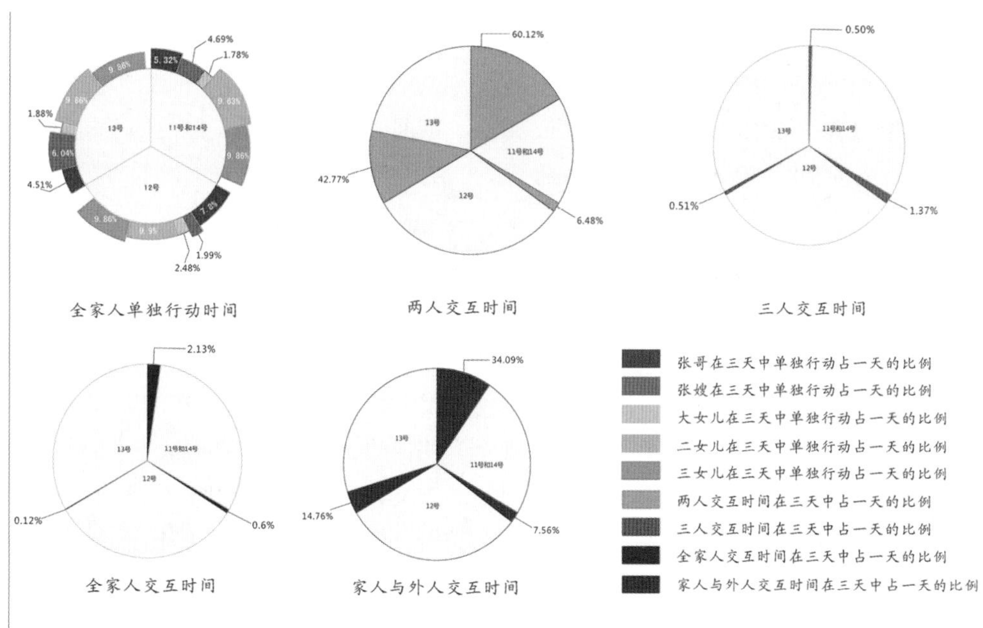

图 11　交往与亲情分析图①

①图 6—图 11 来源：72 小时人类学田野考察小组成员及河南大学艺术学院部分师生绘制。

三、发现乡村“杂合共存”

初步完成了基本的数据整理和图表绘制后，我们结合在调研对象家观察到的实际情况，与图表信息进行比对分析，获得了一些发现：

1. 起居作息

张卫东一家人睡眠时间较长，占 72 小时的 43.47%，换算成每一天的 24 小时，达到 10.43 小时/天。一家人大约在晚上 10 点开始洗漱、整理、睡觉，早晨大约是在日出后的 7 点至 8 点起床。熄灯睡觉时间的早迟，多是根据电视连续剧结束的时间来定。而早晨起床时间，则是由两个小女儿上学的时间来定，一般是提前大半个小时起床，让小女儿吃了早饭去上学。

我们的田野调查是在 11 月中旬，当时兰考县一带正值冬小麦播种季节，虽说张卫东家有一块高地用于种麦，但总的来说，农村的大忙已过，进入冬闲的初期。因而张卫东家也有中原农村“猫冬”的习惯，睡觉休息的时间相对于其他季节相应地延长。图表的数据正对应了农村的季节变化，说明张卫东家在很大程度上保持着传统的农耕作息时间的季节性周期变化。每天的早睡晚起，也对应着农村里“日出而作、日落而息”的生产、生活习惯。

张卫东家较长的睡觉时间，与都市生活有很大的不同。很多现代化的城市，往往晚上 10 点以后才是社会交往“夜生活”的开始，而张卫东家则完全没有都市人那样的“夜生活”。然而，张卫东家在晚上 10 时左右睡觉，又是受电视剧结束时间的影响，早上起床的时间也受小孩上学时间的制约，从这也可以看出，他们作息时间的分配，不再是原先农耕社会的“日出而作、日落而息”，而是具有了现代城市生活的某些因素。而城市人，早已没有“猫冬”一说，即便是兰考县城的城市人也不会“猫冬”。工业文明改变了农耕社会作息时间的季节性周期变化，城市人的作息时间几乎一年四季都是恒定的。

2. 休闲娱乐

张卫东一家人的总娱乐时间占 72 小时的 9.42%，换算成每一天约为 2.26 小时。张卫东平时的休闲娱乐主要是在晚上看电视新闻和玩手机游戏；妻子付桂荣的娱乐形式最为单一，主要是在晚上看电视连续剧；两个上学的小女儿除了陪妈妈看电视剧，放学后还在院子里玩跳皮筋、跳房子等儿童游戏。当地还没有有线电视，张卫东家 24 寸的台式电视仅能收到中央台的一套、七套、十一套及地方电视台的节目，内容不太多。他本人喜欢看新闻，多为中央一套的《新闻联播》和当地电视台的地方新闻。家中无电脑，但他的手机可以上网，有空时，他也经常看手机上的新闻。

2.26 小时的休闲娱乐时间，在一天 24 小时中不算少，可能与农闲及张卫东外出打工回来的休息放松有关。但休闲娱乐方式相对单一，家中的那台老式电视是最主要的娱乐载体，张卫东自己觉得很满足，用他的话来说“已经不错了”。他说这话的含义，一是与过去比，生活有了很大的改善，能有电视看，已经比前辈人“先进多了”；另一层含义，是与村中其他人家比，他家在村中算是中等收入，有的人家还比不上他家，每天能看电视，又有手机能上网，还能玩游戏，已经算“高人一等”了。

很显然，南马庄村至今仍然相对贫穷、

闭塞，与外界的信息交流较少。张卫东有手机是这几年才有的事，是为了便于与在外的大女儿联系，是在学电子商务专业的大女儿的要求下才购置的。但手机为他打开了一扇通向外部世界的窗口，让他看到了现代科技的阳光，这的确是“先进多了”。张卫东喜欢看新闻，说明张卫东关注外部世界，他用手机打游戏，说明他乐于接受新鲜事物，这又是另一层意义上的“先进多了”。一部可以上网的手机，让作为中原农民的张卫东接受了现代工业文明的辐射。

3. 家庭分工

图 7 是每个家庭成员在 72 小时中的活动类型的统计。图 8 显示家庭成员使用各个家庭空间的频率。结合这两张图可以明显看出，妻子付桂荣最为忙碌，她起床最早，让两个小女儿吃了早饭后去上学。接着进行洗衣、做饭等家务，室内室外、厨房厕所，各个角落都有她的身影。她在厨房中忙碌的时间更多，院中的小菜园也是她照料的。她的休闲娱乐时间最少，仅在晚餐后看电视剧。张卫东更多地在院落和车棚中忙碌，车棚里有一辆柴油三轮农用车、一辆电动三轮车和一些农具，张卫东在车棚进进出出的次数最多。

农用三轮车是张卫东的生产工具。外出打工回来，他也闲不住，常用这辆车接一些短途运输的活儿，有时也租给他人使用。电动三轮车是代步工具，张卫东常用这辆车外出采购家中生活用品，也常用这辆小车在农田里运送农药、肥料等，因而车棚既是停车处，又是车辆的维修保养处，张卫东多在此忙碌。妻子付桂荣也经常使用电动三轮车外出。

张卫东家“男主外、女主内”的特点鲜明，是传统农村人家的典型家庭分工。男人干活挣钱，女人照顾老小，在传统的乡村社会里是天经地义的事，张卫东家仍然保存着这种传统。这不能看成封建社会的“男尊女卑”，而是与农耕生产中男女体质特点、性格特点相对应的习惯。但如今南马庄村的其他人家，50 岁以下的夫妻全都外出打工的情况比较普遍，家中仅有老人和小孩，产生了所谓的“留守老人”“留守儿童”现象。夫妇全都外出打工，不仅是“男主外、女主内”的家庭分工的改变，更重要的是改变了乡村最基础的家庭结构。家庭是社会最小的细胞，细胞的原生态改变了，社会肌体必将产生连锁反应。

4. 信息交互

图 9—图 11 是针对三个观察单项分别进行统计的图表。在图 9 中，我们可以看出一家人在娱乐方面所占 72 小时的比重、不同娱乐活动在娱乐时间中的比重以及不同家庭成员娱乐情况的相互比较。可以看出，看电视和玩手机是一家人主要的娱乐方式，其中，张卫东和妻子付桂荣看电视和玩手机的时间比较均衡，而三个女儿则是玩手机明显多于看电视。

电视、手机、电脑，被看作是乡村信息化的“三大件”。“三大件”在南马庄村的庄户人家中比较常见，这一点已接近城市。张卫东家虽说没有电脑，但手机使用频率高，上网次数多，也基本上加入了信息化的行列。

从信息学视角看，电视属于单向接受信息的媒介，张卫东家主要用于休闲；手机属于接收和输出共存的信息交互媒介，张卫东多用于打游戏。可见张卫东家休闲娱乐重于信息交互，休闲娱乐是其“真实需求”。由于电视、手机能够满足目前的“真实需求”，故而张卫东暂时未购入电脑（主要不是经济原因）也就可以理解了。南马庄村虽然已经具备各级政府所倡导的信息化的基础，但由于农村“真实需求”的限制，要实现各级政府期望的信息化，还需一段时日。

5. 空间环境

图10是在72小时中三个不同的家庭空间使用频率的比较图。堂屋、厨房和车棚分别是起居、餐饮和生产（维护）空间。可以看出，张卫东和妻子付桂荣在厨房、堂屋和车棚的时间较多，两人加起来占到全家使用时间的一半以上。而三个女儿则在堂屋和卧室的时间较多。值得注意的是，三个空间中都有乡邻出现。

张卫东和妻子付桂荣出现在厨房、堂屋的时间较多，说明家务劳动都是张卫东夫妻二人承担，三个女儿主要靠父母照料。车棚使用比较频繁，尤其是乡邻经常“串门”来借还农具、修理车辆等。乡邻也时常走进堂屋、卧室和厨房，多为闲聊。乡邻“串门”的时间，累计达全天的10%，有2个多小时。说明张卫东家人缘较好，乡邻关系融洽。

从空间功能的角度来看，张卫东家堂屋的人员进出次数最多，使用率最高，是因为张卫东家的堂屋集起居室、餐厅、客厅、过道等住宅功能于一体，是一个开放的多功能空间。据了解，旧时南马庄人家的堂屋，多置有高约1.2m、宽约0.8m、长约2m的一个大柜，又叫“老爷柜”。柜内用以存放各种物品，柜面上多放置“先人”牌位和香烛台等，每逢清明、大冬等时节予以祭拜。如今，堂屋最显眼的位置处是一台大电视，堂屋增添了娱乐室的功能。使用频率其次高的是厨房，张卫东妻子在厨房的时间最长，说明张卫东家仍保留着农耕时代的“以食为天”的生活方式。车棚的使用频率位于第三，车棚不仅仅用于存放车辆，更像是工厂里的小车间，张卫东外出打工回乡，车棚成了他创收的“作坊”。张卫东家堂屋和车棚空间功能的改变，反映了城市工业文明向乡村农耕文明的渗透，虽说不那么“显性”，但潜移默化的作用不可忽视。

6. 交流互动

图11是反映一家人交流与互动的饼状图。从图中可以看出，家庭成员单独活动的时间很多，两人交流也常有发生，但三人以上及全家聚在一起的时间就十分少。全家人聚在一起主要在午餐、晚餐和晚餐后看电视的时间。同时还可看出，一家人与外界的交流较多，除了前文所说的乡邻前来“串门”外，张卫东一家人也经常出门与乡邻闲谈。两个上学的小女儿也常与村中小伙伴一起在外玩耍。

人们通常认为农村生活保守封闭，这仅是对外人而言的。从张卫东家可以看出，他们家对外相对封闭，对内却十分开放。这里的“对外”是指对南马庄村外部的世界，“对内”是指对南马庄村内的乡亲。乡亲们之间，对每一家的情况相互间都十分熟悉，交流互动频繁。张卫东家虽说有大门，但大门常开，乡亲时常径直走进堂屋、卧室。前文说到乡邻到张卫东家“串门”的时间，累计达全天的10%，有2个多小时，除了说明张卫东家人缘较好，乡邻关系融洽外，更可以看出中国农村是一个“熟人社会”，乡亲们的任意“串门”，说明农耕文明的血缘、亲缘关系仍然存留在南马庄村的内部世界里。而城市居民住在同一幢楼内多年，却是“相逢不相识”，不知对方姓名的情况十分常见。相比南马庄村，封闭程度高、排他性强的却是具有现代工业文明的城市，且城市越大，这种家庭生活的封闭性和排他性也随之而越强。

我们在张卫东家调研时，除了作出上述分析外，还发现了诸多值得重视的细节，这里举一些例子：①张卫东家的客厅里有一个大衣橱，衣橱里衣物叠得整整齐齐，衣橱不同的格子，将衣物逐一分类存放。②厨房是利用院落的一角盖上玻璃钢瓦搭建的，内部陈设十分简陋。但在厨房一角的墙上掏出了一个方形的壁橱，安装了一面镜子，模仿城市住宅的洗手间。③厨房一角的一块非常狭小的空间内，用塑料布隔出了一个小淋浴间，安装了浴霸(尽管浴霸与简陋的淋浴间极不相称)。④厨房顶部的玻璃钢瓦上有一块方形的“天窗”，用一块透明的亚克力板盖着。按照张卫东的说法，是给厨房增加采光，是“学学城里人时髦的阳光屋”。⑤客厅的角落里，摆放着一台红色的饮水机，桶壁上泛着白色的碱花。但是，每天家里人(尤其是几个女儿)都会来这里接水喝。⑥张家的主屋是三间尖顶砖瓦房，在南马庄农村，这种瓦房空间大，通风良好。可是张卫东却安装了城市楼房常用的石膏天花板吊顶，让原本比较通透的室内空间显得有点低矮局促，为了解决通风问题，他又在吊顶上安装了一台吊扇。

综上所述，我们发现，调查对象张卫东一家人保持着农村生活的各种特点，与城市有较大差异，但也有诸多与城市生活相同的细节，两者处于“杂合共存”的状态。所谓“杂合共存”，是说有“杂”“合”“共存”三方面特点。

“杂”，指的是乡村生活的特点与城市生活的特点交杂在一起，上述简陋的棚屋式厨房和精心构思的壁橱、宽敞的平房和低矮的石膏天花板等，都杂糅、交织在张卫东一家的生活之中。

“合”，是说这些城乡杂糅的生活要素，却又融合在一起，有效地组织成张卫东一家注重效率、节约、简便的农家生活，这从精明的张卫东对自家生活井井有条的安排就可以看出来。

“共存”，是指在张卫东家(在其他农户家走访时，我们同样发现了这一点)，城市文化和乡村文化似乎都有存在的合理性。这种合理性看起来带有某种妥协、无奈、权宜的成分，但实际上，它又包含着一种积极的安排和主动的适应。

事实上，“杂合共存”，是当下中国乡村生产生活的一个普遍性特征。在不同的地区，“杂合共存”的“度”不一样，一些偏远地区，城市的影响力弱，农村传统的生活要素保存较多，而江、浙、闽、粤等沿海地区，城市化程度高，乡村则更像小型城市。

四、乡村的生命力

“杂合共存”，是在南马庄村调研的一个重要发现。很多人认为，在当今城市文明不断吞噬乡村的汹涌浪潮中，城市最终会改造和同化乡村，城乡文化的“杂合共存”是一种“理所当然”的过渡性状态，不需要去通过田野考察来“发现”。

然而，通过设计调查才能看到，在这种人们熟视无睹的“杂合共存”的状态中，乡村蕴含着一股顽强的消化能力，使得城市文化和乡村文化趋于某种平衡。换句话说，乡村在现代城市化环境中仍然处于“杂合共存”的状态而未被城市文明完全吞没。这似乎并不是因为城市化力度还不够，或者城市化进程还不充分(中国的城市化进程已经经历了30多年，事实上不少乡村在本质上已经变为城市，这种力度不可谓不大)，而是因为乡村社会还保留着坚韧的生命力，来不断地进行自我适应，在包容和适应中保持着乡村的本质特征。

张卫东家的一些生活细节，如他自己改造的简陋厨房，加盖了“阳光屋顶”，增设了石膏天花板等，看似是他受到城市文明的影响而做出的“土设计”，但包含了他的主动性和适应性，既保留城市生活的某些标志性要素，又符合农村生活生产的低成本、组合性、功效性等特征。显然，张卫东所做的“土设计”不只是一种个性化的偶然行为，更是一种群体性的社会行为。“土设计”的背后是乡村社会在受到城市侵蚀的过程中，做出的一种“主动求变”的适应。也就是说，乡村不只是被动地遭受城市的盘剥和掠夺，乡村在困境中依然有着主动性和适应性，我们不妨称之为“乡村的生命力”。

在对张卫东的采访中，我们也能觉察到这种“生命力”。张卫东不仅是“土设计师”，他对生活还有着自己的观念和主张。他长年在外打工，闯荡过北京、上海、海南等地，对城市生活有所了解。他家里条件并不好，但为了改善生活条件，他自己动手做了一些改进，比如天花板和厨房天窗等。张卫东花钱费劲做这些布置，是不是模仿城市的生活设计？笔者就此专门询问他。他的回答是：“现在形势好了，国家要忙‘大家’，我们老百姓就忙‘小家’。”他的意思是说，现在生活条件比过去要好些，自己有点能力，就要对家庭生活档次做些力所能及的提升。张卫东的模仿，其实早已突破了物质的层面，“用手机打游戏”“阳光屋”等，都是对城市设计价值的主动吸纳和在地化尝试。稍有空闲的时候，张卫东还谈了他对城市生活和农村生活的看法。他说：“如果我有能力，进城打工能赚不少钱的话，在城里生活当然是好。但是我能力有限，回家来自力更生，过过小日子也很不错。”再追问为什么过小日子也很不错，他的回答是：“自己忙活自己用，舒服啊!”这里的“舒服”，既包含物质上的满足(按照张卫东的能力，目前还未得到与城市人相同、相等的物质条件)，也包含着一种精神价值上的自我肯定。这种“肯定”带给他们价值观上的崇高和愉悦，生成一种积极的精神力量，鼓励他们将感兴趣的事继续做下去。在城市化铺天盖地的今天，乡村仍然留存有这样的生活观念和态度，从另一个侧面印证了乡村的确存在着这种“生命力”。

设计发现乡村生命力，不是我们南马庄调研项目的首创，前人早有发现。民国年间，乡村建设先驱晏阳初先生曾振臂高呼“开发民力，建设乡村”，用教育来激发民力，才能让凋零的乡村重塑生命。“民力”是一种什么样的力？虽然晏先生没有作全面的解释，只是用“脑力”“智力”“忠诚力”等词来替代，但他当年也真切地意识到了乡村存在一种顽强的“力”。

如今，著名的乡建团体北京“绿十字”组织，在河南信阳郝堂村也有类似的感悟。“绿十字”组织领导者孙君曾经说道：“当地村民在参与家乡改造建设的过程中，逐渐建立起一种‘劳绩感’”。所谓“劳绩感”，就是村民们在付出辛勤劳动后的一种“自我肯定”及“相互肯定”。这与张卫东自己动手改善家庭生活条件和他口中的一句“舒服”有着异曲同工之处，都蕴含着一种原始的乡村生命力。也许正是这种“力”，构成了张卫东对现实生活的信心和对未来的期望，使得千千万万个与张卫东类似的“农民工”在闯荡过大都市后，带着对工业文明的追求和梦想回到原本属于自己的农耕文明的家乡，凭借着本能来“设计”自己的生活，也就是所谓的“土设计”。

乡村在“杂合共存”的现状中隐藏的“生命力”，也是设计适应乡村、融入乡村、改善乡村的原动力。考虑到“乡村生命力”的存在，顺应这种“生命力”来开展设计活动，设计师才能更好地适应乡村的特殊条件和环境，真正做出符合乡村需求的、可持续的设计。为此，人类学田野考察由于其在地性、真实性、现场性、细致性等特点，可以成为一种值得借鉴的重要方法。

但仅仅是田野考察还远远不够。乡村设计，还应当不断地物质化、固化这种“乡村生命力”，将较为概念化、抽象化的“生命力”转化成现实的环境或产品，才能达到逐步完善乡村环境、促进乡村发展、树立乡村价值的目的。换句话说，田野考察只是乡村设计这个系统性工作的第一步。笔者在河南省兰考县南马庄村所做的田野调查，是一个发现“生命力”的过程，同时也是一个尝试着为乡村设计拓宽思路、打开突破口的过程。

诚然，进一步的调研和观察还要继续，但有了尝试的基础和顺应“乡村生命力”的意识，我们就离“美丽新乡村”的理想又靠近了一步。

参考文献：

吴相湘. 晏阳初传［M］. 长沙：岳麓书社，2001.

晏阳初. 平民教育与乡村建设运动［M］. 北京：商务印书馆，2014.

晏阳初，赛珍珠. 告语人民［M］. 桂林：广西师范大学出版社，2003.

孙晓阳，王佛全. 回家：郝堂村新农村建设纪实［M］. 北京：中国轻工业出版社，2015.

许平，陈冬亮. 设计的大地［M］. 北京：北京大学出版社，2014.

何慧丽，古学斌，贺雪峰，等. 城乡链接与农民合作［J］. 开放时代，2009(9).

服务乡村 振兴培养 一懂两爱 时代新人

——“科技小院”模式探索与实践

李成成　李晓林　（中国农业大学　北京　100094）

摘要：“科技小院”是高校研究生扎根农村和生产一线，与政府、企业、农民“零距离”开展科技创新、技术服务和人才培养的新模式。本文对“科技小院”模式的形成背景进行了介绍，提出“科技小院”模式将农业科技人才培养、服务“三农”和科技创新三者有机结合，有效地促进了乡村人才振兴和产业振兴，并对该模式的主要做法以及取得的成效等进行了说明。

关键词：乡村振兴；科技小院；人才培养；精准扶贫

党的十九大报告鲜明地提出实施乡村振兴战略，这是党在新时代解决好“三农”问题的重大战略。如何通过乡村振兴，实现农业更强、农民更富、农村更美，是社会各个阶层关心的重大问题。实现乡村振兴，关键在于农村的产业振兴，产业的振兴依赖于科技和人才。人才作为实施乡村振兴战略的主体，是乡村振兴的关键和基石。培养造就一批懂农业、爱农村、爱农民的“三农”人才，显得尤为重要。因此，各界都在努力探索如何培养造就这样一批“一懂两爱”的新时代“三农”队伍。

本文就中国农业大学经过十年探索所提出的农业研究生的培养新模式——“科技小院”，来阐述这一模式是如何将农业科技人才培养、社会服务、科技创新三者统一，并服务于乡村振兴的。

一、“科技小院”培养模式创新的背景

随着我国经济社会迈入新时代，农业也正由传统农业向现代农业转型升级。在新时代中，新的“三农”也体现出了新的特点。在农业生产上，生产端到销售端正在形成全产业链相互融合、全面升级的格局，通过新的组织方式将政府、企业、高校、农户联合到了一起，形成“政、产、学、研、用”五位一体的农业发展新途径，从而促进农业全产业链的绿色发展。然而在现实过程中却面临着许多的困难，其中“三农”问题最大的三个困境便是三个环节的脱节：一是科技人员与农民脱节，农民急需服务却找不到能够指导生产的科技人员，从而影响农业增产增收；二是科研与生产需求脱节，在生产一线能真正解决产业及实际生产问题的研究不足，从而影响农业

的发展；三是人才培养与社会需求脱节，社会上缺乏有实践技能和“三农”情怀的人才，影响农业产业进步。

作为担当起国家科学研究和农业科技人才培养的农业高校来说，也面临着两大困惑：一是如何培养有情怀、有实践能力，能够服务“三农”的研究生；二是如何做出国家需要、生产需要、能够解决实际生产问题的前沿科学研究。为了解决“三农”面临的三个环节脱节的问题以及解答农业高校所面临的两大困惑，2009 年，中国农业大学在河北省邯郸市曲周县依托高产高效（“双高”）基地开展技术研究、示范推广的基础上，逐步探索出了全新的农业人才培养、农业科学研究、技术创新与示范推广的模式——“科技小院”模式。“科技小院”模式是高校在探索解决“三农”面临的困境背景下的一次大胆尝试，通过组织高校教师、研究生深入田间一线，围绕农业产业发展急需解决的技术问题开展研究和攻关，采取驻地研究，零距离、零门槛、零时差和零费用地服务农户及生产组织，不仅在提高农民科技文化素质、推动高产高效现代农业技术传播和促进农民、农业企业增产增收方面发挥了重要作用，同时也在“三农”人才的培养上取得了重大进展。

二、“科技小院”模式的做法与成效

（一）建立了育人与用人一体化的农业研究生培养新途径

“科技小院”人才培养模式的核心是：研究生长期驻扎生产一线，零距离地接触农业生产实际，并针对生产实际问题开展科技理论和技术创新研究；在研究创新的同时，通过开展农民培训、开办农民田间学校，组织各种示范、推广等活动，服务“三农”。“科技小院”培养模式将课内教学与课外教学有机结合在一起，要求研究生在开展研究的同时参与社会服务，既培养了研究生对“三农”的感情，又全面提高了研究生的理论水平、实践技能和综合素质，还促进了农业科技成果转化，直接促进了当地农业发展。

1. 农业研究生三段式教学

科技小院培养模式通过把偏重理论教学的两段式（理论—实践或理论—理论）人才培养方式，改为以实践为核心的三段式（实践—理论—再实践）人才培养方式，促进了理论学习与生产需求的紧密结合，研究生在开展科学研究和技术创新、解决生产实际问题的过程中提升了专业实践技能。

（1）学前实践阶段

研究生利用入学前两个月，深入农村，住农家、吃农饭、干农活，与农民同吃、同住、同劳作；接受生产实践锻炼，发现“三农”问题，深入农村，了解三农现状，培养“三农”情怀。在切身感受“三农”现状的同时，激发他们服务“三农”的责任感和从事农业科研的使命感，塑造正确的人生观和价值观。

（2）理论学习阶段

研究生利用入校后的第一学期，进行理论课程学习，掌握研究方法；参加学术会议，听取学术报告，认识学科前沿，培养科研视野；此外，还运用现代网络手段，将学校开展的学术报告等重要学术活动通过视频同步传送到“科技小院”，使“科技小院”的学生与学校保持同步学术交流，掌握最新的科技动态，以保证学生的理论研究水平。

(3)再实践阶段

第2至第5学期，“科技小院”研究生深入生产一线，针对农业生产问题开展技术创新研究，针对农村发展模式进行革新探索研究，针对农民生活方式实施宣传引导活动。再实践阶段让研究生在多角色(学生、科技农民、农技员、培训教师、挂职干部等)转换中开阔视野、体验人生、磨炼意志，全面锻炼实践技能和综合素质。

2. 全方位培养研究生

“科技小院”模式下，研究生培养地点从封闭的校园/学校实验站转移到开放的农村一线，为培养农科学生“知农、爱农、为农”的情怀提供了有效载体，人才培养更符合农业、农村、农民的发展需求。研究生走出“象牙塔”、走出学校/实验站的“围墙”，通过建立田间学校、组织田间观摩、开展科技培训等多种方式，以研究生和农技人员的双重身份参与农业科技服务、发展现代农业。同时，研究生还组建舞蹈队和秧歌队，举办中秋联谊会、“六一”联欢会等多种形式的文化活动，丰富群众文化生活；组织“红色1+1”、研究生与农民“结对子”等活动，开展“一对一”帮扶；举办苹果和西瓜采摘节，探索精准扶贫新模式；开办识字班、厨艺大赛、才艺展示、母亲节等活动，提高农村妇女幸福指数，形成尊老爱幼的村风。这些活动提高了农民的幸福指数，促进了乡村文化振兴，同时研究生在这些活动中更锻炼了自己的各项能力。

由此可见，“科技小院”实现了教书与育人、理论与实践的紧密结合，不仅培养了研究生较为扎实的科研能力和解决生产实际问题的能力，而且培养了研究生独立思考、分析和解决生产、科学问题的能力，以及扎实的工作作风和严谨的科学态度，较强的组织协调能力和语言表达能力，实现了全方位培养综合性农业人才的目标。

(二)培养出一批“一懂两爱”的“三农”技术骨干

“科技小院”不仅在研究生培养中发挥了重要作用，也在其他各类农业人才培养中表现出了很强的优越性。“科技小院”开办农民田间学校，推动了农民科技骨干的成长。如：曲周县三八“科技小院”培养的农民科技带头人王九菊被评为“邯郸市最美女性”；梨树县“科技小院”培养的农民科技带头人郝双被评为首届“吉林省乡土农民专家”及“首届CCTV杯全国三农人物候选人”；“科技小院”研究生进入当地小学和中学支教，提升了当地中小学教育水平；“科技小院”为黑龙江八一农垦大学培养了大批专业学位研究生，提升了当地农业科技水平；“科技小院”为印尼肥料工业协会和国内洋丰、司尔特等肥料企业培训员工，提升了企业员工的专业水平。“科技小院”为乡村打造并留住了一支“永久牌”的“懂农业、爱农村、爱农民”的工作队伍。

(三)创建科技人员与农民面对面的技术服务新模式

“科技小院”围绕如何解决农业技术传播应用的制约因素，积极促进“知识”转化为“行动”。大学在政府和企业的支持下，将科研、教学和服务相结合，充分调动科研人员和研究生的积极性，集成创新绿色、增产增效的农业生产技术。针对技术应用中的农业生产主体——农民群体的行为、需求的特点，通过培养科技农民、组织合作社、促进农民与科研人员之间的信息交流等多种组织与培训形式，形成科技人员研究的科技“知识”能够顺利转化为农民“行动”的方案，促进知识传播应用，提高技术到位率，解决农业技术推广的“最后一公里”问题。

“科技小院”突破了国家农业技术推广体系只注重推广单项成熟技术和企业推广单一产品技术的传统做法，建立了一套从种到收、从整地到施肥灌水、病虫害防治、全生育期管理，一直到最后收获整个过程的系统的服务推广新模式，获得了“中国三农十大创新榜样”第一名。“科技小院”研究生白天下地搞调查、做示范，晚上给农民做培训，帮助农民解决生产问题，开展零距离、零门槛、零时差、零费用的技术服务，为脱贫增收、转变发展方式和推动农村文化建设作出了贡献。

（四）探索出了在生产一线开展技术创新与应用“零距离”的农业科研新思路

“科技小院”科技创新以“3F（Field，Farm，Farming system）”和“三农（农业、农民和农村）”为对象，以“探索农业科研新思路，服务三农可持续发展”为目标，遵循“从生产中来，到生产中去”的原则，立足农村和农业一线，围绕生产迫切需要解决的问题，在地方农技员和农民的参与下，在农民地里布置多点试验，开展高水平科学研究，在试验的基础上揭示科学规律，挖掘限制作物大面积高产高效的关键因子，集成创新作物绿色高产高效的生产模式。并把研究成果直接应用到农民地里，推动当地生产发展和技术应用。10年来，“科技小院”先后引进了105项各类农业生产技术，集成了65套作物“双高”模式，获得国家授权专利16项；“科技小院”研究生先后发表了一批学术论文，起到了科技传播的作用，其中一篇论文在*Nature*杂志上发表，受到了国际上的广泛关注。

三、结 语

自2009年曲周县白寨乡第一个“科技小院”成立以来，“科技小院”模式在高校、全国科研院所、地方政府、企业和社会各界的支持下，积极在全国范围内开展了探索实践。以研究生驻扎生产一线，以“零距离、零门槛、零费用、零时差”为核心的农业技术推广和服务模式，在促进农业生产经营方式转变、农村生产关系发展方面做出了有益的探索，同时在培养“一懂两爱”的农业科技人才方面取得了可喜成果，得到了广泛好评。今后，随着全国“科技小院”网络、队伍和社会影响力的不断扩大，相信会有越来越多的有志于从事“三农”事业的有识之士加入“科技小院”行列中来。相信以“实”为基、以“四零”为宗旨，科研、服务、人才培养“三结合”的“科技小院”模式必将在助力精准扶贫、保障国家粮食和环境安全、推动乡村振兴中发挥越来越大的作用，作出更大的贡献。

参考文献：

韩长赋．大力实施乡村振兴战略[J]．中国农技推广，2017，33(12)：70－72.

李晓林，王晓奕．“科技小院”助力小农户增产增收[J]．农民科技培训，2018，200(6)：27－29.

孔祥智．产业兴旺是乡村振兴的基础[J]．农村金融研究，2018.

祁红亭．新乡贤助力乡村振兴的实践与思考：以浙江省海宁市为例[J]．贵阳市委党校学报，2018(6)：34－38.

张福锁．科技小院实现教学科研推广与农民“零距离”[J]．营销界(农资与市场)，2017(6)：39－40.

杨建昌. 科技小院让中国农民实现增产增效[J]. 中国科学（生命科学），2016，46（12）：1451－1452.

赵紫燕，吴宜超，饶静．以大学为依托的农业科技推广新模式分析：“科技小院”的调查与思考[J]．安徽农业科学，2015，43（21）：318－320.

张宏彦，王冲，李晓林，等．全日制农业推广专业学位研究生“科技小院”培养模式探索[J]．学位与研究生教育，2012(12)：1－5.

“设计走进美丽乡村”
马栏村“乡村十二间”设计探索

韩居峰 （北京侨信装饰工程设计院 北京 100053）

摘要：本文通过马栏村建筑居室“十二间”改造设计提升活动，展开了乡村建筑与环境设计形式的实践与探索；用12个富有探索意义的方案，诠释乡村建筑与环境设计的当地性、自然性特色，强调设计在乡村中扮演的角色。同时总结了“十二间”设计的特色和面临的问题，为同类的乡村建筑环境设计提供参考和借鉴。

关键词：“美丽乡村”；乡村设计；建筑环境；设计创新

一、项目的背景与概况

“设计走进美丽乡村”是民盟北京市委与中共北京市农工委于2012年发起的，依托北京“最美乡村”的设计活动。通过整合设计人才资源，调研和社会服务，提升北京乡村的环境设计、民居品质和乡村产业发展水平。“乡村十二间”概念设计展是一个以公益设计形式展开的设计提升活动，与“设计走进美丽乡村”中马栏村传统村落建筑环境设计提升活动合并，为北京市门头沟区马栏村的村民进行居住空间环境的改造设计。本次项目的所有设计均秉承高品质、低造价的原则，将“设计为民生”的理念贯穿始终。同时，参与设计的12位设计师，也将此次“乡村十二间”的设计版权对外开放，让百姓真实感受到设计带来的愉悦体验，为高端设计走入寻常百姓家构建了崭新的平台。

北京市门头沟区斋堂镇马栏村位于109国道83 km处的南边，村域面积13.68 km^2。马栏村南北长1 000 m，东西宽200 m，村落面积为19 277.5亩。整个村子建立在一处山地上，这里不仅是一处古老的村落，也是八路军冀热察挺进军司令部所在地。挺进军司令部和其他一些抗战时期的团部旧址都保存完好。1997年，马栏村全体村民捐款，修缮旧址房屋，建立起了全国第一个村级抗战陈列馆，也是北京市第一家由农民集资建立的陈列馆。

“设计走进美丽乡村”中的马栏村建筑居室改造设计提升活动，是在马栏村建筑室内外原有状态的基础上进行研究设计的活动。马栏村的建筑格局与建筑形态属于典型的北方山村的自然发展形成的散乱格局，有各种风格的民居，农民的院落与室内形态杂乱无序。村子里的农民有强烈的改善居住环境与居住条件的诉求。本次设计活动的组织方选出12户村民的院落进行改造，组织了来自深圳、广州、香港、上海、北京等地的著名设计师为马栏村的民居进行了建筑改造与居室装修初步概念设计。

二、项目的设计目标与理念

“设计走进美丽乡村”这个题目，交给设计师一个全新的设计课题，设计师需要重新定义“设计目标”“设计方法”“设计实质”等设计哲学问题，要重新思考设计创新与设计保护的关系。设计师要真正理解设计，不仅仅要关注设计本身元素问题，更要关注“生态平衡”的大设计问题。这个“生态平衡”应该包括三个层面的内容：自然生态平衡、人文生态平衡、建筑生态平衡。只有完整地从这三个层面进行基础思考，才能真正地解决乡村建筑环境的设计问题。设计师要关注“民俗与民生”的协调，既要考虑历史文脉的完整性，又要满足农民享受现代科技成果与现代文明生活方式的诉求。这里有很难解决的矛盾，需要设计师深入地进行调研与思考。

“建筑生态平衡”即村落建筑的完整性与多样性。每个自然村落的发展，既有历史文化的印记，也有农民生活状态的不同阶段的印记。设计师要保护传统村落的完整性与可识别性，同时兼顾村落发展的可持续性。这里又存在诸多的矛盾需要设计师解决与平衡。

“人文生态平衡”是设计师以“服务设计”的方式进行设计服务的一种目标。设计师要关注马栏村的生活方式、村民的邻里关系、村民的传统文化、传统的非物质遗产类活动，建筑的存在都是以人的活动为依托的，要设计有血有肉的建筑，而不是僵尸建筑。

“自然生态平衡”是马栏村村落的自然形成，是周围自然生态的组成部分，要充分考虑马栏村自然生态环境的特征与完整性，对村落公共建筑、民居建筑与村落环境的关系进行优化与升级，对公共戏台、公共厕所、红色纪念馆等场所进行重新设计与改造，对垃圾桶以及排污等设施进行改造升级。

我们通过“设计走进美丽乡村”这个活动，在研究马栏村的自然生态环境与原有村落建筑格局，考虑传统村落的建筑环境完整性和历史可识别性的基础上，充分地保证村落的经济与生活的动态发展性，提升村民的生活品质与村民的地域文化认知感。通过设计师的研究与分析，平衡设计创新与文化传承的关系，平衡原始村落保护与现代生活模式的关系。

12 个设计团队研究了北京市门头沟区的地理环境特征，充分考虑地域性材料的可行性，运用新技术与新措施，让本土材料发挥出独特的艺术生命力。在环境保护和新能源、新材料、新技术应用上进行探索与实践，形成了可实施的整体性解决方案，探索出北方地区传统村落发展提升改造的示范模式，并在北方地区的农村进行推广，真正实现“设计走进美丽乡村”的目标和价值。

三、项目的设计内容与实施过程

这次“设计走进美丽乡村”乡村十二间设计活动中，12 个设计团队在设计总监韩居峰先生的统一协调下，各自诠释了对“美丽乡村”设计的理解，但是，设计内容与目标具有以下统一的内容：

（一）建筑室内装修设计研究

（1）研究马栏村新型村落居民的生活模

式与行为，进行民居建筑空间关系的再定义。

(2)研究马栏村新型村落建筑室内风格的多样性与文化识别性，对建筑造型及其室内装修风格进行指导性定位。提供马栏村新型民居建筑造型及室内装修设计指导性文件。

(3)研究马栏村民俗材料与民居建筑空间的关系，研究现代生活设备与农村生活的关系。研究马栏村建筑的门窗、室内装饰、家具风格等配套的应用。研究马栏村村落的采暖、通风、采光等设计问题。

(4)研究马栏村村落建筑与院落的关系，对室内外的空间与功能进行扩展。

(5)对马栏村民居的门窗与保温的新材料、新技术进行应用研究。对农村的厨房与卫生间的空间及其功能进行设计研究。

(6)对马栏村村落建筑室内的水电布局与技术应用进行设计研究。

(二)建筑室内装修技术应用设计与研究

(1)对马栏村村落的门窗与保温的新材料、新技术进行应用研究。

(2)对马栏村农村的厨房与卫生间的材料技术应用、设备应用进行重新设计研究。

(3)对马栏村村落建筑室内的水电布局与技术应用进行设计研究。

(三)设计实施过程与成果

“设计走进美丽乡村”乡村十二间设计活动的设计过程分为四个阶段：

1. 第一阶段：设计调研与村民走访

12位设计师带领团队对马栏村村民进行走访，并整理出大量的图像资料与测绘资料。

2. 第二阶段：设计创作与设计模型制作

在这个阶段，每位设计师从创作草图开始，对每户住宅院落进行分析研究。

3. 第三阶段：展览与研讨

经过了前两个阶段的努力，乡村十二间设计团队分别制作了不同的设计展板与设计展示视频资料，于2015年10月在马栏村进行了“设计走进美丽乡村”乡村十二间设计展览，马栏村的村民对12位设计师为自己的居住环境进行的设计反响强烈，大家纷纷前来观看展览并与设计师进行了互动与交流。

4. 第四阶段：设计深化与实施

北京建筑设计师韩居峰先生及其团队承担的是村民杜保民的院子。该户因为自家院子为坡地，冬天下雪地滑，杜保民的妻子把自己的腿摔断了，没有及时治疗，现已经残疾。为了能够为这户有残疾人成员的家庭重新设计居所与院落，韩居峰的设计团队对杜保民所处的坡地进行了测绘与测量。并在原有宅基地的基础上重新设计了院落、廊道、居室与厨房卫生间的布局。韩居峰采用融合与冲突的设计手法，对北方冲突建筑进行现代重构，设计出新型北方农村院落建筑(图1)。

北京建筑设计师谢剑洪先生的团队承担了村民艾成江家住宅与院落的设计，该村民是一位盲人。为盲人设计住宅与院落，对于谢剑洪来说是一个巨大的挑战。谢剑洪以他的职业敏感度，很好地把握了盲人的需求与特征，研究了盲人的生活起居习惯与行为特征，结合他对“美丽乡村”的认识，成功地创作出一套完美的设计方案(图2)。

图1 韩居峰设计作品

图2 谢剑洪设计作品

来自广州的设计师林学明先生的设计团队承担了村民陈文忠家的设计。他凭借自己对中国文化的深刻理解与多年的环境设计实践与研究经验，巧妙地利用“廊”的概念，对中国北方新农村作了新鲜的诠释。他结合这户村民的经营需要，把该村民的院落设计成一个村民可以自住的民宿客栈，有效地平衡了建筑改造与村民生存发展之间的关系(图3)。

上海建筑师沈立东先生承担了村民于庆云家的设计。沈立东利用朴素的设计语言，融入中国传统的色彩与建筑语言符号，为马栏村民居设计出稳重、大气、简朴的设计方案(图4)。

来自中国台湾的设计师连自成先生，以尊崇生态为出发点，引入自然概念，在瓦砾屋顶上铺设麦秸稻草，凸显出北方乡村的原生态特色，同时增强了建筑本身的质感，并在居所与院落之间，引入景观的概念。他的设计融入了南方设计师特有的细腻与清新(图5)。

图3　林学明设计作品

图 4　沈立东设计作品

图 5　连自成设计作品

中国香港室内建筑师黄志达先生主张“生活需要无限可能”，他善于在设计与生活之间搭建灵感的桥梁。他理解的农村里农民的生活应该更田园、更休闲，因此，他的设计的中心思想是让使用这个建筑与院落的村民获得更大的幸福感。因此，黄志达用香港设计师特有的设计语言，为马栏村的村民住宅改造与提升献上了一份厚礼(图6)。

李益中先生是来自深圳的设计师，他的设计主张是设计应该尊重文脉、环境与人。他的设计方案在最大限度上尊重原有建筑的结构制式，同时在院落中加入了现代的材料与设计语言，将内外空间有机结合和拓展，形成独特的视觉效果(图7)。

上海室内建筑师吕邵苍先生将自己承担的院落设计成民宿小酒店，他以多年的酒店设计经验与设计思想，提出北方农村进行民宿酒店设计改造的设想与分析，满足村民未来民宿经营的需求(图8)。

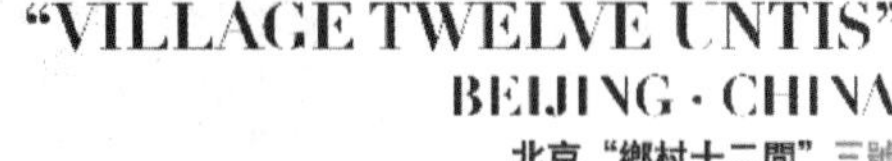

图6　黄志达设计作品

图7　李益中设计作品

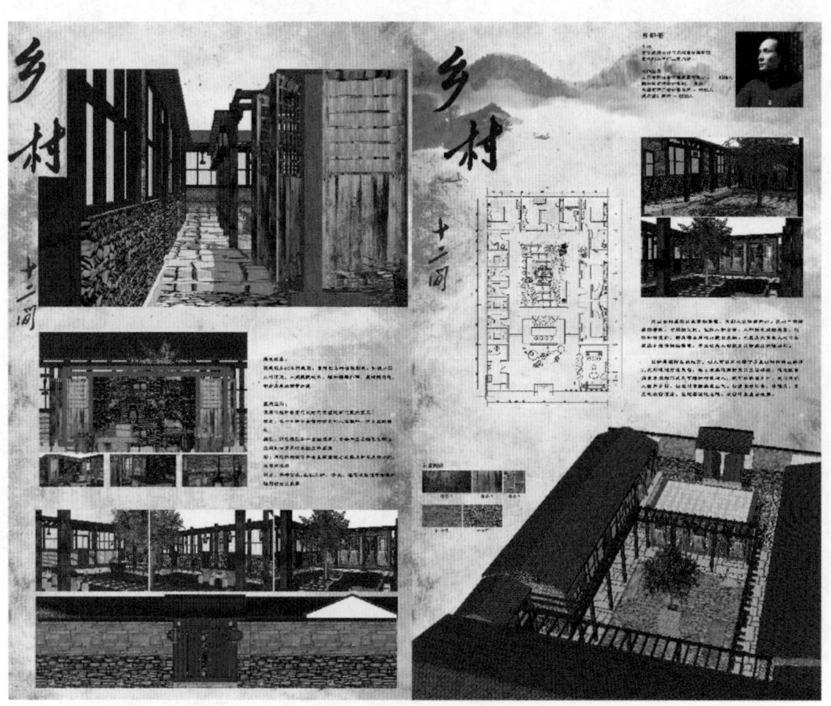

图8　吕邵苍设计作品

图 9　王湘苏设计作品

王湘苏先生的设计团队来自湖南，他们对农村建筑的“功能”进行了重新定位与分析。尊重建筑的原真性，还原农村建筑朴素与原生态的特征，他的设计最大限度地使用了当地的地域性建筑材料，创造出独特的农村建筑与环境面貌(图 9)。

经过“乡村十二间”的设计探索与实践，我们有了许多体会，也发现了许多问题，这些体会与问题是“设计走进美丽乡村”建设和发展过程中所必须面对的现实。

四、“美丽乡村”建筑环境设计的思考

(一) 解决乡村建筑设计矛盾需考虑的问题

“美丽乡村”要力求平衡发展，要解决传统乡村生活与现代生活方式、生产方式、经济模式的矛盾，需要充分考虑下面几个问题：

第一，建筑与关系构成的要素要有系统性。

第二，建筑与环境的形态，即不同地区、不同时期的建筑形态，要有可识别性。

第三，要考虑历史文脉传承性。

第四，建筑与人文生态、自然生态要有动态性、活态性。这一点我们常常忽略。我们应充分考虑建筑资源、文化资源的不可再生性。哪些房子、哪些文化是不可再生的，需要保护；而哪些又需要发展、传承、再造，要进行区别对待。

(二) 乡村建筑与环境关系的特点

乡村建筑与环境的关系应具有原真性、

整体性、可识别性、永续性、活态性的特点。

原真性，就是要保留原格局、原形式与材料，还有原住民、原风俗。

整体性，是这个村落的建筑格局、历史风貌、空间尺度以及依存的空间要保持整体性。

识别性，就是建筑与环境内在的文化与历史符号。不同时期的建筑、图样、形成的特征以及肌理都需要保留。

永续性，是指通过平衡历史与现代的矛盾，平衡现代生活跟传统生活方式的关系，来解决乡村发展的社会动态问题。

活态性，是指建筑与环境必须与原生态的社会主体相结合，营造有机的建筑环境。

（三）乡村整体建筑与环境设计的层次关系

第一个层次是村周生态风水环境，包括山水风光。

第二个层次是村边临近的田园环境，包括道路、桥、亭、田以及村边的树林。

第三个层次是街巷格局、结点、空间，包括村口、街巷、小广场、井台、集市以及戏台等。

第四个层次是建筑风貌、院落空间，包括建筑外部空间、院落、天井、邻里空间等。

（四）“美丽乡村”实施的层次关系

第一个层次是产业结构的调整、特色经济的发展，特色经济要体现地域特色、民族特色、历史特色、人文特色。

第二个层次是治理与提升，即治理环境、卫生，包括公厕等。

第三个层次是保护与发展、继承与协调发展的关系。设计服务的范围应该扩大，设计与社会价值、经济价值充分融合，才能体现设计的价值。

五、结　语

通过调研与设计实践，我们发现北方村落在创建“美丽乡村”时具有一定的难度：第一，华北乡村建筑相比华东、西南等地的乡村建筑而言，缺乏自身特点；第二，北京市和河北省乡村，地处华北地带，受国家政策影响大，农民多样性应对国家政策，农村现状呈现多样复杂局面，整体情况不容乐观。

“美丽乡村”设计目前还处于进行时，“乡村十二间”不是一个结束，而是一个开始。乡村建筑应充分考虑乡村原住村民与乡村当地环境的因素。设计怎样介入建筑，怎样借助环境，如何去整理、梳理农村的地域特色、文化符号，如何传承历史发展中的时代特色，这些问题都有关我们对于设计的“度”的把握，值得更加深入地探讨。

参考文献：

于明辰，陈修颖．乡村振兴背景下农村宜居人居环境现存问题与建设优势[J]．江苏商论，2019(3)：139－140.

李宇．体验式景观视角下的乡村景观营造研究[J]．学研探索，2019(1)：134－135.

赵慧峰．改善人居环境、建设美丽宜居乡村是乡村振兴的关键[J]．农业经济问题，2018(5)：143－144.

王冬．族群、社群与乡村聚落营造[M]．北京：中国建筑工业出版社，2013.

周建明．中国传统村落保护与发展[M]．北京：中国建筑工业出版社，2014.

浅析哈尼族《惹罗古规》对于云南省元阳村落规划选址的意义

谭人殊　邹　洲　（云南艺术学院　昆明　650504）

摘要：本文以哈尼族传统的《惹罗古规》为研究蓝本，解析《惹罗古规》的核心思想，并结合我国现有的城乡规划法，阐述和论证出一套富有云南元阳本土意愿的村落选址依据，为该地区今后的地域性乡村规划活动提供参考信息。

关键词：惹罗古规；元阳哈尼族；村落规划；乡村设计

村落选址总是体现着民间智慧和传统文化的核心精神，蕴含着当地居民对于人地关系的理解，亦反映着原住民的生活习惯、经济制度以及文化认同。《惹罗古规》作为云南省哈尼族部落代代相传的“选址规范”，不但为聚落营造活动提供了技术层面的指导，更在文化学意义上对哈尼族的“风水观”和“自然观”予以传承。

一、《惹罗古规》的定义以及其对选址方法的诠释

“惹罗”即哈尼族语中的“惹罗普楚”，泛指当今的大渡河以北及四川盆地与川西高原交会处的山区。在哈尼族的迁徙与发展历史中，“惹罗普楚”是哈尼族人结束了部落战争与颠沛流离之后第一次安寨定居、开垦田地、过上幸福生活的地方。因此“惹罗”作为哈尼族历史中的精神家园，被后人赋予了至高的文化学意义，而在“惹罗普楚”时期便已成形的《惹罗古规》更是作为村落选址与营造的技术指导，一直被哈尼族人沿用至今。

《惹罗古规》写道：“上头山包像斜插的手，寨头便靠着交叉的山冈；下面山包像牛抵架，寨脚就建在这个地方啦。寨心安在哪里呢？就安在凹塘的中央吧！寨头安下了神林，先祖们便来这里祭拜；寨脚安下了高秋，远处也能望见。安居的基石是寨子的父母，它们来自遥远的惹罗普楚。最直最粗的树选作神树，它为这哈尼子孙的繁衍提供庇护。大寨要安在那高高的凹塘，寨头要栽三排棕树，寨脚要种三行金竹，吃水要吃欢笑的甘泉，住房要住好看的蘑菇房。”

细品《惹罗古规》全文，有三个重要的地点统领着整个村域的格局，即寨头、寨心和寨脚。寨头是“寨神林”，静谧而深邃的树丛寄托着哈尼族人对于原始自然宗教的敬畏。寨脚为“磨秋场”，一片开阔的坝子上架构起数根类似秋千的民俗器械“磨秋”，这既是孩童们玩耍的地方，又是村民们集会议事的场所。而最富有规划学意义

的选点在于寨心。首先，“凹塘”在地理空间上相对封闭而隐秘，寨心落足于此能够给予村民足够的安全感并免受外界侵袭；其次，“凹塘”所处的谷地更容易蓄水从而形成塘渊，这又从民生层面上满足了村寨的用水需求。因此，根据《惹罗古规》的核心思想，从当代聚落学的角度，可以将哈尼族的村寨选址方式诠释为以下四点：①背靠山凹，寻找合适的塘渊作为村寨中心。哈尼先祖们早在千年以前便将这一诉求谱写在民族的歌谣里，可见水源点的确定是哈尼族人村寨形成的根本条件。②开垦适宜的空地，修建磨秋场，保留相应的树丛作为寨神林。磨秋场和寨神林都是哈尼部落重要的活动场所，并在空间和精神上限定着古村的疆域范围与边界。③注重植被的栽种。④建筑形式以蘑菇房为主。

二、在《惹罗古规》与我国村落规划法规双重作用下的哈尼新村选址方式

《惹罗古规》在选址方式上的考量更多侧重于哈尼族人在传统文化层面上的精神寄托。尽管居民的生活用水早已被便捷的入户自来水所取代，但“凹塘寨心”所带来的聚集效应却依然真挚地表达着村落族群的社交诉求。此外，如磨秋场、寨神林等场所也都承载着精神交流和民俗文化传承的意义，从而不难看出哈尼族人在村寨选址活动中，将情感层面的诉求置于物质空间之上，这是一种颇具感性色彩的意识表达。但也正因如此，《惹罗古规》作为部落社会时期的选址规范，虽较多地展现了哈尼族人的精神内涵，可对实体空间中的物理要素却关注较少，譬如自然气候、地质灾害、坡度坡向等问题，这又将直接影响到村民居住环境的安全性与舒适性。

反观当下我国村落规划的相关法案和条例，对于选址的侧重点则主要集中在地质评估、各级保护区圈定、基础设施营建等物质空间的选择上，这种纯粹理性的指导方式虽然在建构安全和制度规范上为村民提供了舒适与便捷，但却在文化传承和情感诉求层面弱化了原住民的归属感。

因此，鉴于《惹罗古规》和我国现行的村落规划指导各有权重，如何更为合理地为云南省元阳地区的哈尼居民制定一套新村建设的选址规范，既考虑到国家法律所倡导的安全性，又融入原住民的文化情怀，这将是设计师所进行的一次极富人文关怀的尝试。经过梳理、对比与整合，我们可以总结出以下几点要素便于后期参考：

(1)村落总体选址与布局应首先尊重具有国家法律效应的规划文件，不能只考虑人为需求，而忽略了法规限制。譬如，由于经济介入和建筑扩张所导致的侵占基本农田等做法，便是法律法规明文禁止的。

(2)选址地块内应有良好的水源点。哈尼传统村落总是围绕着天然塘渊或泉眼而兴建的，因为适宜的水源点不但满足了居民的生活需要，更无形中生成了社交和活动的公共空间，这也为地域文化和传统习俗的保留提供了先决条件。

(3)在排除地质灾害隐患的前提下，择优选用凹谷区域作为新村用地。凹谷不但具备了地理汇水条件，增加了水源点的发掘概率，更因为其天然的藏匿效应加强了原生部落的归属感和安全感。

(4)开垦和营造具备寨神林和磨秋场性质的区域。对于村落首尾两处精神场所的保留，既从情感层面满足了原生居民的传

统文化诉求，也有利于村落范围的空间限定，从而控制了村域的环境容量，避免了无序生长，使得村寨能够可持续发展。

(5)方便村寨与梯田的交流。元阳哈尼聚落的精神核心是民族文化与稻作文化的融合，而梯田这一兼具自然地理和人文地理的历史产物则凝聚着元阳哈尼族人关于地域性特色的所有表达。因此，作为新村选址的外环境，方便村落与梯田交互的布局形式应作为重要的参考因素。

三、云南省元阳哈尼梯田范围内新建村寨的选址实践

随着元阳哈尼梯田申报世界文化遗产的成功，大量外来人群和本土返乡人群纷纷涌入，于是各种诉求和经济行为也开始在这片古老的山区中蔓延开来。初始阶段的乡村建设是无序而散漫的，充斥着个人意志，这对梯田遗产保护区的民居风貌传承与发展极具威胁性。从民生的角度而言，遗产区的人文资源和景观优势急需转化为地区经济的增长动力，并使得原住民的人居生活条件得到最大改善。但同时，原生环境中的民居建筑风貌也必须得到完善的保护与传承，因而另选地址、拟建新村成为一个理想的策略。

通过实地踏勘与地质比较，位于普朵上寨东南方向，毗邻梯田景区旅游环线附近的普高老寨和硐浦新寨两个地块具有较高的选址价值。虽然被划分为两个独立的行政村落，但普高老寨和硐浦新寨同属于一块相对完整的山地版图，且西南低、东北高，地势走向从东北向西南递减，中部低洼，并有一条山谷径流汇入，形成天然的水源涵养区。

从《惹罗古规》的角度来看，拟选址地块在地理环境上自然形成了山谷凹地，且原生的地表径流足以供给村寨内的用水需要，这为促成寨心提供了先决条件。而溪流的滋润又有助于周边植被的栽种，并可持续供养地块北部的原生树林，从而为寨神林的设定奠定了基础。

此外，该地块最南端相对平坦，适合于新村磨秋场的修建，并由于地块本身的高差走向在空间上对村寨的规模进行了约束，使其不能无限扩张，这也有效地维护了遗产区内新老建筑的数量平衡，从而起到了相应的保护和制约作用（图1）。

只是就当前地质状况而言，也由于原生地块内拥有天然径流，导致了径流周边形成了一定面积的沼泽区，这对区域内的建筑基础会产生一定的影响。为此，在后续建设活动开始之前，需聘请专业的地勘机构进行详细的评估与修建指导。但总体而言，该拟选地块无论从社会人文还是自然地理层面，都相对满足了哈尼新村选址的各类诉求，是较为理想的一块新建用地。

四、总结与思辨

回顾元阳哈尼村寨的选址实践活动可以看出：基于生存、繁衍、安全、健康等诉求，人类总会创造出各种相应的文化措施来满足其精神需要，这种感性层面的诉求和理性需要相辅相成，最终成为了构建乡村永续发展的基础条件。《惹罗古规》等一系列本土经典的文献应与我国当下践行的村落规划法案一起被注入乡村建设中，不仅在选址阶段，并且在后续的规划实施和民宅建设等环节中，也应融合与贯彻。这既是设计师对于地域性文化的尊重，也是

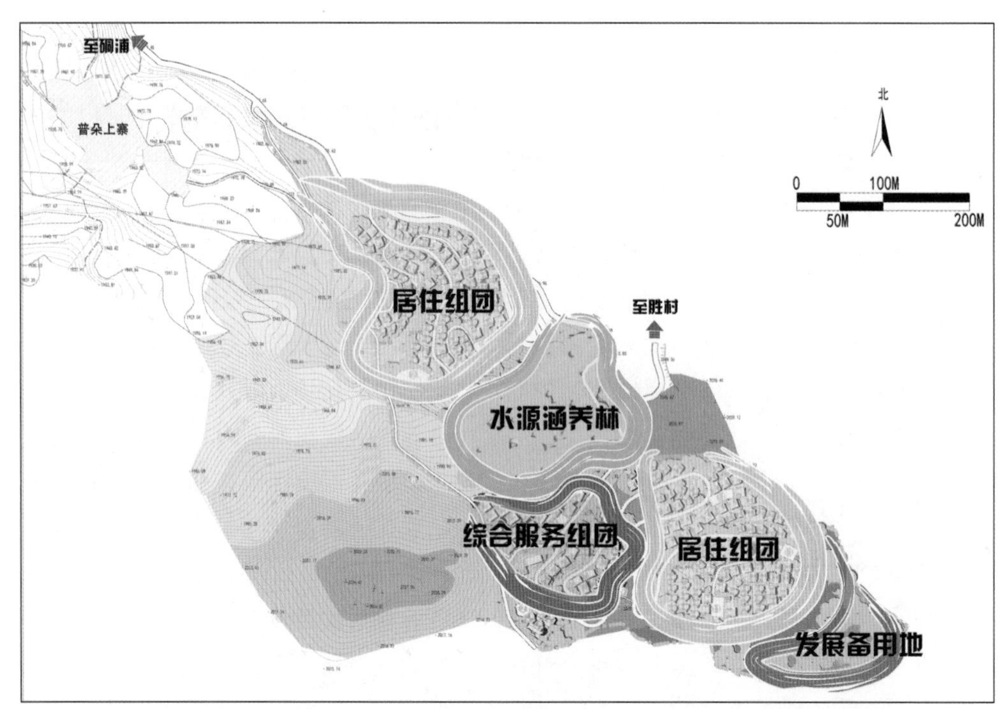

图 1　选址地块分析图

我们对于民族文化保护与传承的一种责任。

参考文献：

王清华．梯田文化论：哈尼族生态农业［M］．昆明：云南大学出版社，2010.

罗德胤．一个哈尼族村寨的建成史：以云南省元阳县全福庄中寨的形成和发展为例［J］．住区，2011(3).

邹辉．哈尼族村寨的空间文化造势及其环境观［J］．中南民族大学学报，2012(6).

曹贵雄．生态文明与少数民族特色村落建设：以哈尼族传统村落为例［J］．红河学院学报，2014(1).

校地联动下的乡村营建模式

——晋江市英林镇“一村一景”乡村振兴实践

丁　铮　吴小刚　范训瑞　李唯唯

（福建农林大学　福州　350002）

摘要：本文以英林镇“一村一景”微景观营建活动为例，介绍了新时代背景下如何探索乡村振兴新模式，通过营建“微景观”的形式打造更美好的乡村社区生活，采用大赛的模式调动人们参与新时代乡村建设的积极性，为实现“美丽乡村”建设提供了优质的参考样本。

关键词：“美丽乡村”；乡村设计；乡村营建活动；微景观

引　言

乡村建设是一项针对乡村发展的系统工程，是促进乡村政治、经济、社会、文化以及环境等全面发展的各类建设活动。近几年来，晋江市英林镇响应党中央的号召，大力推进“美丽乡村”建设，培育了一批特色突出的美丽乡村。自2017年起，英林镇开启了“美丽乡村”建设新模式，大力推动乡村微景观建设。在积极发动村民参与晋江市开展的各类微景观创建活动的同时，更率先在全市开展了“一村一景”微景观创建比赛，激发了英林镇20个行政村参与“美丽乡村”建设“创微”活动的热情。

2017年11月15日，英林镇启动了第一批“一村一景”微景观营建活动，福建农林大学的20个学生团队在老师的带领与指导下进行微景观的创作，建设成果显著。

2018年，英林镇深化与福建农林大学艺术学院园林学院（合署）的合作，双方正式签订了合作协议，计划开展两批“一村一景”创建比赛活动。至此，英林镇创建的微景观已经达80余个。

实践证明，校地合作开展的微景观创建活动是建设乡村生态宜居环境、推进乡村振兴战略的一种有效而新颖的方法。活动对于实现景观的生态化与人性化而言，既能保留乡村环境的生态价值，又能满足村民的生产与生活需求，实现乡村的和谐统一与可持续发展。

一、“微”风吹遍各村

自2017年11月，英林镇开展首次“一村一景”微景观创建活动以来，为了保证工作的顺利推进，参赛学生团队与各村负责的领导干部组建了微信工作群，群里每天都在即时更新每个村庄场地的工作进度。村两委的认真对待，参赛学生团队的专业负责，施工团队的积极配合，让每个村庄和团队对微景观的创建都充满了信心和斗志，英林镇的微景观营建活动进行得热火朝天，呈现一片如火如荼的景象。

活动前期，福建农林大学的学生团队先与村两委进行了对接探讨，根据创建地块、村风、文化、风土人情等设计方案，把握村庄特有的在地性文化是此次营建活动的重点。文化景观是附加在自然景观上的各种人类活动形态，是特定时间内形成的自然和人文因素的复合体。活动以当地的文化背景为主题，叠加了文化特质构成景观，营造符合当地文化的景观。方案设计出来后还要再探讨、再修改，与施工队对接，看方案可否实现。方案设计好之后，村两委和学生团队走街串巷寻找建筑材料，搭木架，手绘装饰品，边施工边完善方案。

经过前几期微景观的创建，英林各村的村民对每一次微景观的创建也有了期待。一到傍晚，不少村民就去微景观创建的地块转一转，看看进度，和学生们聊聊天，提提建议，更有村民直接捐出家中的老物件，为微景观建设出一份力。开展乡村微景观创建活动，不仅贯彻落实了党中央的精神，还对于帮助村民生活起到了实质性的作用。“每创建一个微景观，就少了一处闲杂地块，多了一道风景。”

“教育、慈善、强村、敬老、生态”是本活动秉持的原则。在公益慈善事业方面，英林心公益慈善基金会的兴办对资助社会公益和社会福利起到了很好的表率作用。它在发展社会公益慈善事业的同时，针对“美丽乡村”的建设与生态修复，捐赠出了一定的资金用于各村的建设。2017 年，英林心公益慈善基金会正式启动了“环境生态年”活动，助力英林镇“一村一景”创建活动，对于创建活动给予一定的资助，为提高各村的乡村建设以及团队参与的热情起到了很大的作用。英林镇还将持续开展更丰富、更多元的微景观创建活动，把微景观串成线、连成片，力争把 20 个村都打造为晋江市最美乡村。同时，英林镇还要求各村做好微景观的日常管护工作，巩固好微景观创建成果。

因此，英林镇党委、镇政府决定把这项活动持续举办下去，打造更多优秀的乡村微景观，将微景观由点扩散，形成一个统一的整体，打造出“美丽乡村”示范基地。

二、微景观成为乡村建设新模式

微景观的创建活动，在英林镇掀起了新的村建热潮，是英林镇探索乡村振兴的新模式。其中，沪厝垵村和港塔村目前就有 10 余个微景观，扮靓着村庄的角落。沪厝垵村更是将微景观建设作为旧村改造的契机，通过改造利用村内破旧废弃的古厝，盘活地块，打造出一个个古色古香、极具闽南特色的休闲娱乐场地。村内的古厝产权关系比较复杂，一般涉及多家的祖产分割问题，这就为场地的争取造成了一定的困难。但是，村两委干部对微景观营建活动大力支持与配合，努力地对产权涉及的村民做思想工作，为微景观场地的创作提供了基础和保障。随着第一期微景观营建活动显现出显著效果，一个个气质质朴、古韵深厚的微景观逐渐成形，村民群众也从一开始的质疑态度大幅度转变，并给出一致好评。之后几期的微景观营建的场地问题就迎刃而解了，后期甚至有一些村民主动提供自家的古厝进行微景观创作。在现今的农村建设中，因为村庄规划的滞后和宅基地产权复杂的问题，新建住宅主要集中在村庄外围，废弃的老宅和闲置宅基地主要集中在村庄内部，存在着严重的“空心化”问题。而沪厝垵村就利用这些村庄内部破旧荒废的古厝进行微景观创作，让微景观连接成片、和谐统一、特色突出、主题各异，一种独具特色的古厝微景观类型已经初具规模。这种利用农村旧居、废弃老屋进行微景观建设的方式，有效地解决了现今农村建设中存在的“空心化”难题，也是探索新农村建设的一种创新方式。

前期的成果对于微景观的建设起到了推动的作用，村民态度的改变是对微景观成果最好的认可。微景观工程虽小但效果显著，大学生团队的创作，让村民看到整个项目从无到有的过程，他们更有参与感，更容易接受创作成果。微景观的创作往往都会考虑村民的休闲需求，所以经过前期的微景观创作，可以说村民对微景观是从不理解到接受再到期待。英林镇“一村一景”微景观创建活动以比赛的形式开展，英林镇和英林心公益慈善基金会在资金、政策上对其给予支持，这种形式也激发了村两委和村民的荣誉感，形成了一种良性的竞争氛围。在这种氛围下，不少村主任亲自“上阵”，在现场当起了“督工”和“小工”，共同参与到此次微景观营建活动当中。

微景观创建工作为英林镇各村改造工作带来了新灵感，村民自发动手创建微景观，更有村民捐赠自家古厝的材料。古民居微景观已经成为不少村庄的特色。旅外的乡贤回来了，看到村庄的变化甚是欣慰，微景观不仅方便了居民，还为他们留住了乡愁。

三、多方共赢，微景观有大效应

英林镇的乡村微景观创建活动模式是多方共赢的。对于村里来说，赢得了生态，赢得了景观；对于村民来说，赢得了好的生活环境和休闲场所，营造了乡村建设的氛围，创建“美丽乡村”更有劲；对于学校和学生团队来说，赢得了实践机会，得到了技术提升。

随着党的十九大报告提出乡村振兴的指导方针，福建农林大学也一直在积极探索如何将乡村振兴与学生的实践活动结合起来。福建农林大学艺术学院园林学院和英林镇合作的乡村微景观创建活动，是学校融入乡村建设项目的落地实践活动，有实实在在的成果，是校地合作的一种好模式、好方式。通过数期的乡村微景观建设活动，学生们与镇里、村里进行了有效的磨合，得到了很好的锻炼，在每一次实践活动中都有进步，逐渐能够独立解决问题，作品一次比一次成熟，得到了社会各界的关注和肯定。

通过几期的实践，团队创作经验更丰富了。很多团队表示，初次参加活动设计出的作品理念性比较强，落地效果比较差。通过几期的锻炼，设计理念和施工队配合得更好了，设计出来的作品落地效果明显要更好。而且在植物、小景、空间格局等方面，都有了很大的提升。不少团队表示，会继续参加英林镇的乡村微景观创作活动，为英林镇添姿增彩。

英林心公益慈善基金会高度肯定了“一村一景”创建活动，结合 2018 年“一村一景”创建活动开展了“环境生态年”活动，协助各村开展微景观创建。英林心基金会不仅对宣扬乡村微景观建设活动起到推动的作用，而且拿出资金奖励参与微景观建设的学生团队以及乡村。英林心公益慈善基金会还将助力英林镇党委、镇政府开展生态修复和“美丽乡村”建设。

四、结 语

由晋江市英林镇举办的一系列乡村微景观营建活动，打造了“一村一景”的视觉盛宴，围绕“人、文、地、产、景”等元素，充分挖掘了晋江的乡土内涵，传承了乡村之美，对晋江市“美丽乡村”的建设由常态向长效转变具有一定的借鉴、带动作用，为乡村景观营建提供了基础。晋江市开展乡村景观营建活动，根据地域性传统文化，从不同层面、不同角度进行了寻找文化地标、实现当地文化传承的尝试和探索。

校地合作开展微景观建造是一种可持续、可复制的乡村建设模式，而且可以创新、延伸到多种形式的微景观。通过此次乡村微景观营建活动，英林镇借助新生力量助推最美乡村创建工作，村委、群众以及大学生团队的共同参与，无形中增加了团队的凝聚力，也达到了预期的效果，对深化、完善校地合作振兴乡村的模式提供了模板。

参考文献：

王伟强，丁国胜．中国乡村建设实验演变及其特征考察［J］．城市规划学刊，2010（2）：79－85.

方程，陈广宇．地方及地方活化：南京近代基督教文化景观演化及保护策略研究［J］．城市发展研究，2014，21（11）：60－66.

激活古村，以建筑为触媒
——福建省建宁县上坪古村复兴计划记事

何 崴 （中央美术学院建筑学院 北京 100102）

摘要：本文以福建省建宁县溪源乡上坪村为例，通过对案例总体思路，各空间节点建筑改造的概念、方式、方法，以及与建筑相关的文创设计进行介绍，阐述了建筑作为“触媒”，在乡村复兴过程中的作用。

关键词：古村复兴；乡村营建；建筑环境；复兴计划

一、项目背景

上坪村地处福建省三明市建宁县溪源乡，是中国传统村落，福建省历史文化名村。上坪村历史悠久，文化底蕴深厚，大部分村民姓杨，族谱记载他们是汉代太尉杨震的后人。村庄空间格局完整，两条溪流绕村，并在村口汇聚，形成完整的风水格局(图1)；现存建筑多为明清时期民居，村中有多处省级文保单位，如大夫第、杨家祠堂、社祖庙、赵公庙等；此地民风淳朴，耕读传统浓厚，据传朱熹也曾到过上坪村，在此地讲学，并留下墨宝。因此，上坪村有“书香水村，明水绕古村”之美誉。①

与大部分古村落情况类似，随着现代交通的发展以及农业的衰败，上坪村留守情况严重，常驻村民多为老人。村庄缺乏活力和公共生活，村民观念也非常闭塞和保守。2015 年，溪源乡委托清华同衡规划设计院为上坪村编制了《保护和发展规划》，对村庄的历史元素和未来发展提出了详尽系统的说明。2016 年，溪源乡又启动了上坪村重要节点落地项目的设计和建设工作。笔者团队正是在此背景下，开始了“上坪古村复兴计划”工作。

二、总体原则

作为历史文化名村，保护是村庄复兴首先强调的原则，但保护不等于不发展，也不等于历史符号的固化，毕竟村庄如同生命体一样，是活的。本案例力求在保护的前提下，寻求古村落发展的契机，保护是基础，发展是目的。根据保护和发展规划，设计团队在对整村进行详细研究后，选取了水口区域、杨家学堂区域和大夫第区域作为突破点，对区域内的部分建筑进行整理、改造(图2)，并赋予它们新的使用功能——公共活动和旅游服务配套设施。因为上坪村的群众基础弱，村民对改造工作并不十分支持，所以改造活动没有使用

①《古中带新，艺术介入——上坪古村村口改造》，载《设计新潮——乡建回归》，中国商务出版社，2017，第 52 页，部分文字有调整。

图 1　上坪村原貌鸟瞰图（摄影：陈龙）

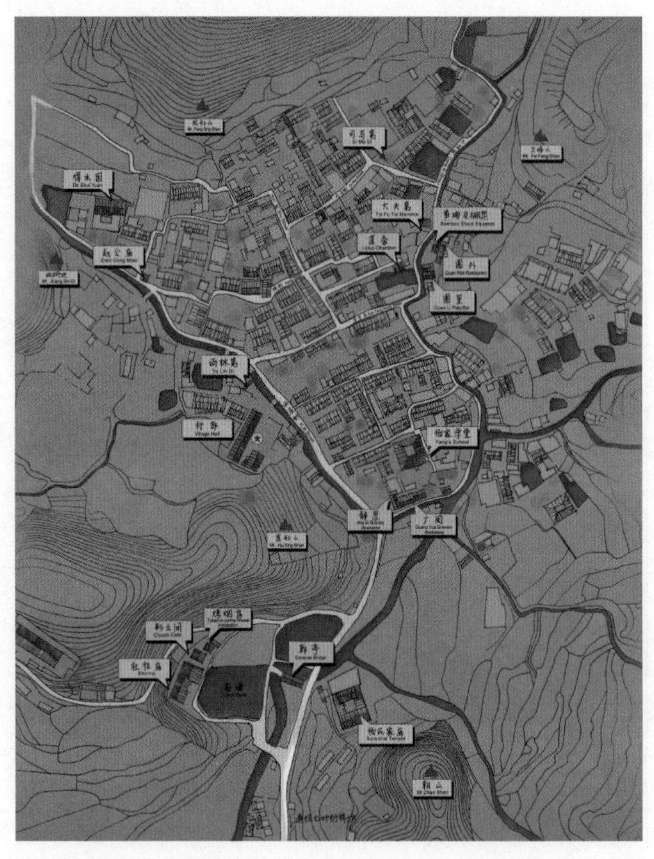

图 2　上坪村地图，黄色标记是本案改造的建筑点

民居或宅基地，而是选择村中小型的闲置农业设施用房，如猪圈、牛棚、杂物间、闲置粮仓等入手，将它们作为一种“触媒”(catalysts)①，以点带面，带动全村的活力和复兴。

在建筑风格上，不刻意追求复古而是因地制宜，在在地性、乡土性的基础上，强调当代性、艺术性和趣味性。此外，在空间营造的基础上，强调后续的有效经营和与原有农业和手工艺的结合，乡村文创产品的跟进，以及相关的宣传推广，形成从产业规划到空间营造，再到旅游产品和宣传推广的融合设计。

三、改造实践

(一)水口区域改造

上坪村村口也是水口(图3)，是村民祭拜祖先、神灵的地方。场地中的空间元素包括社祖庙、杨家祠堂、廊亭、古桥、古玉兰树、荷塘，以及闲置的烤烟房和杂物棚。

根据调研，建筑师发现廊亭、烤烟房和杂物棚可以作为该区域改造的突破口。廊亭(图4)是20世纪80年代农民为了把守水口(因为当时修建机动车道，破坏了原有的风水格局)草草兴建的，主体结构为毛石垒砌，厚重、粗劣且封闭的形态既不利于内部的使用，又阻隔了人们入村时候的视线；烤烟房和杂物棚(图5)则位置醒目，但长期闲置，使用效率低。针对此情况，建筑师决定对它们进行空间和功能再造，并借此“增加服务设施，重塑村口场域”。

廊亭位于杨氏祠堂和社祖庙的中间，

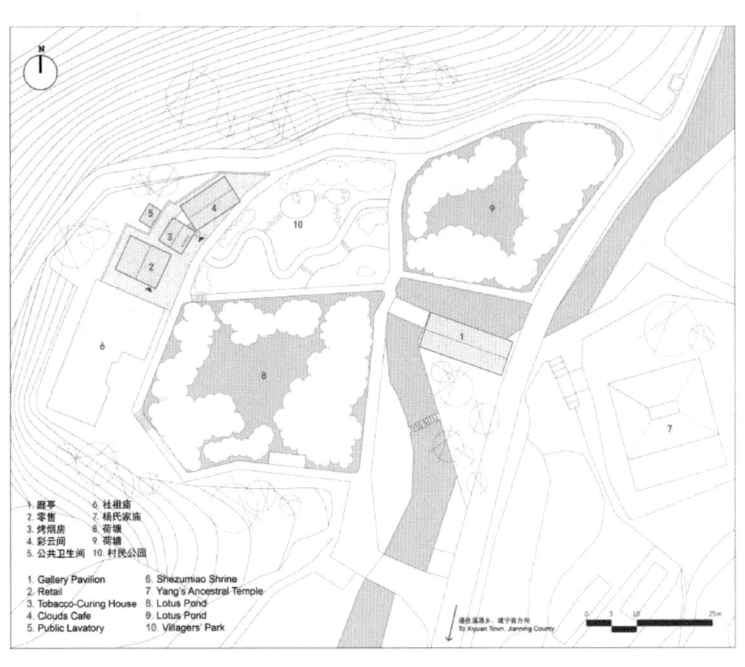

图3　水口区域总平面图

①韦恩·奥图、唐·洛干：《美国都市建筑——城市设计的触媒》，王劭方译，创兴出版社，1994。

图4　20世纪80年代兴建的廊亭原貌(摄影：何崴)

图5　社祖庙和旁边的烤烟房与杂物棚(摄影：赵卓然)

毗邻入村道路和水系，位置极其重要。原建筑封闭、粗陋的特性给区域带来了负面的影响，一个更通透、可供人休息的新廊亭成为村民们长期的诉求。杂物棚具有很好的景观视野，被改造为水吧；毗邻的烤烟房因其独特的外形和内部空间，建筑师希望将其塑造为一个具有艺术氛围的场所，成为吸引客人前来的"磁石"。

在设计手法上，并不刻意地追求复古的形式，也不使用过于现代、城市化的形态，希望在保持村口节点的几个新建筑在地性的同时，于局部呈现新的气象，从而使新建筑身兼古与新的双重个性。

1. 廊亭改造

将原建筑拆除，新廊亭使用木材建造，主体结构为地方传统的举架结构；立面利用格栅形成半通透的效果，在半高的位置开了一条通长的“窗”，形成框景。这样的处理，既满足了阻隔视线、锁住水尾的风水格局，又能让坐在廊亭里的人看到周边的景色。廊亭中村民自发供奉的神像被妥善保留，并重新安置回原来的位置，建筑师希望通过对原有信仰的尊重，使新老廊亭建立起一种联系，也让当地人更容易接受这个村中的“新成员”（图6—图10）。

图6 改造后的水口区域（摄影：金伟琦）

图7 新廊亭外观（摄影：金伟琦）

图 8　新廊亭内部，村民供奉的神像被重新安置回原来位置（摄影：金伟琦）

图 9　新廊亭等待上梁（摄影：赵卓然）

图 10　新廊亭的上梁仪式（摄影：赵卓然）

2. 杂物棚改造

彩云间水吧（图11）由杂物棚改造而成。新建筑基本保持了原棚架的格局，半高架约1.5 m，下面可以供儿童玩耍，上面是水吧，可以俯视面前的荷塘，有很好的视野。立面材料为木板，但中轴的木窗板（图12）并没有墨守成规，而是一面保持木材本色，另一面漆成七彩的颜色。如此处理，让建筑在呼应传统之余，又平添了一抹妩媚。室内使用了老木板制作吧台，装饰灯则更为乡土，直接取材于村中的柴火木，新旧材料之间形成了强烈的对比（图13）。设计师希望，这个新的服务设施能为古老村庄带来一点戏剧性的“冲突”。

图11　改造后的彩云间水吧（摄影：金伟琦）

图 12　彩云间水吧鲜艳的窗板为古村增添了一抹亮色（摄影：金伟琦）

图 13　彩云间水吧内部就地取材，并采用了传统工艺，旧中有新（摄影：金伟琦）

3. 烤烟房改造

作为当地农业的传统工艺遗存，烤烟房具有一定的旅游观赏价值，可以满足城市人对传统制烟工艺的好奇心。但设计团队并不希望把改造停留在原有工法的简单再现上，一种艺术的手法被引入，通过一个装置，阳光被分解和强化为彩色光(图14)，从天窗照入室内空间，奇幻的光影效果为简单的空间提供了浪漫的色彩(图15)。设计师希望这里成为一个仪式性的场所，反映人类对太阳的一种膜拜。

图14　由亚克力板组成的装置将阳光“分解”为彩色光(摄影：金伟琦)

图15　改造后的烤烟房，光色创造了奇幻的效果(摄影：金伟琦)

(二)杨家学堂区域改造

杨家学堂(图16、图17)位于上坪村两条溪水的交汇处，是村中的私塾，据传朱熹曾来这里讲过学，它在上坪村具有非常重要的文化地位。建筑师没有直接针对学堂本身，而是从其旁边的牛棚(图18)和杂物间入手，将之改造为书吧和乡村图书馆。

图16　杨家学堂区域原貌(摄影：赵卓然)

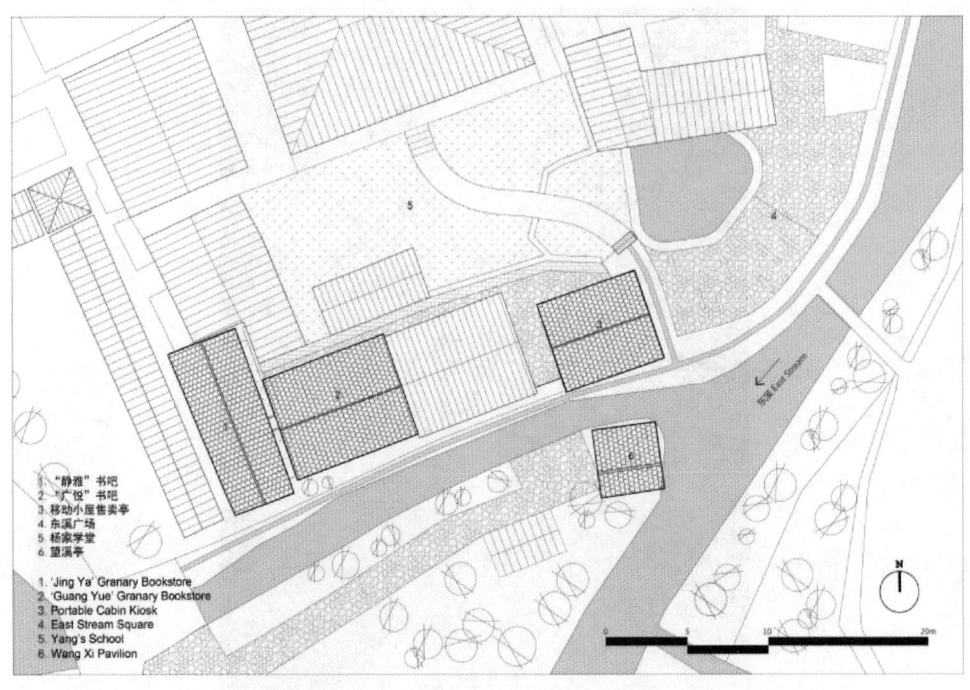

图17　杨家学堂区域总平面图

图 18　杨家学堂区域牛棚的原貌（摄影：赵卓然）

1. 杂物间改造

建筑师根据原有建筑的空间特性，因势利导，完成了改造工作。原杂物间（图 19）空间高大、空旷，改造后（图 20—图 22）这里相对热闹，可以借书、休息、喝水，以及集中展示、销售上坪村文创产品。它是上坪村对外的一个窗口，外来人可以在这里阅读上坪古村的“前世今生”；村里人也可以透过物理性的窗口（建筑朝向村庄的一面采用了落地玻璃窗的方式，将书吧和村庄生活连在一起）和心理上的窗口与外面的世界进行对话。大家称之为“广悦”（图 23）。

原有建筑朝向溪流一侧是封闭的毛石墙，开窗很高，但溪流和对面的田园景观又是很好的景观。建筑师并没有降低原有窗口，而是在室内加设了一个高台，人们需要走上高台才能从窗口看到外面。这样做既尊重了原有建筑与溪流、道路、村落的关系，保持了建筑内部和溪流之间“听水”的意境，也满足了人们登高望远的要求，还丰富了室内空间。建筑面向村庄的一侧，原有的围墙已经倒塌，设计师利用一面落地玻璃来重新定义建筑与村庄的邻里关系，还解决了建筑的采光问题。

图 19　杨家学堂区域杂物间原貌（摄影：赵卓然）

图 20　杨家学堂书吧和图书室剖面图

图 21　改造后的杨家学堂区域(摄影：周梦)

图 22　从溪流对面看改造后的杨家学堂区域(摄影：周梦)

图 23　广悦空间内部(摄影：何崴)

2. 牛棚改造

牛棚分为两层，一层养牛，为毛石墙，空间矮小、黑暗；二层为木构，架于毛石墙上，用于存放草料。设计沿用了原有的空间模式，但将上面的“木房子”稍微抬起，一方面增加下面空间的高度，另一方面将阳光引入原本黑暗的牛棚。改造后这里将成为阅读者的新窝(图 24)，安静、封闭，不受外部的干扰，唯一能打扰人读书的是从两层空间之间缝隙射入的一缕阳光。原有的毛石墙面(图 25)被保留，懒人沙发被安置在地面上，柔软对应强硬，温暖对应冰冷，“新居民”对应“老住户”，戏剧性的冲突在对比中产生。

二层的草料房被重新定义：原来的三个隔离的空间被打通，草料房的一半空间被吹拔取代，在吹拔空间与新草料房之间采用了阳光板隔墙，形成了半透明的效果。草料房仍然保持原有高度(图 26)，进入的方式也必须从户外爬梯子进入(这呼应了原来进入的方式)，很是不舒服，但这是有意为之：建筑师希望人们在对空间的使用中保持一种类似苦行僧的状态，使用者需要小心地体味身体、时间与空间的关系。

图 24　由牛棚改造而成的阅读空间（摄影：周梦）

图 25　牛棚原有毛石墙被刻意保留，广悦与静雅两部分之间的连接通道有意保留了原来的高度，成年人需要弯腰通过（摄影：周梦）

图 26　二层空间保持了原有高度，人居于其间有包裹感(摄影：周梦)

(三)大夫第区域改造

大夫第是上坪村中的重要文物点之一，曾经是周边人家举行重大活动的地点(图27、图28)，是该区域的物理和心理中心；区域内原有文化元素、景观元素丰富，有水塘、古井、笋榨、大夫第门楼、古戏台遗址等。改造后，建筑的具体功能和业态包括：由废弃猪圈改造的酒吧——圈里；新建会议室——圈外；由杂物间改造的茶室——莲舍(寓意清廉)；以及用于展示传统榨笋工艺的笋榨和用于表演的场所。

1. 猪圈改造

由废弃猪圈改造的酒吧“圈里”是区域内最主要的新建筑。保留了原有建筑的毛石围挡，上部木构屋架被抬高，满足新的功能。建筑内部刻意保留了原猪圈的田字形平面，将吧台、散座和炕席分别置于田字的四个格子中。慵懒、戏剧性是酒吧圈里希望传达的气氛，撞色和碎花的靠枕、炕桌、石槽、由钢 筋条焊成的走廊地面、

图 27　大夫第区域原貌(摄影：赵卓然)

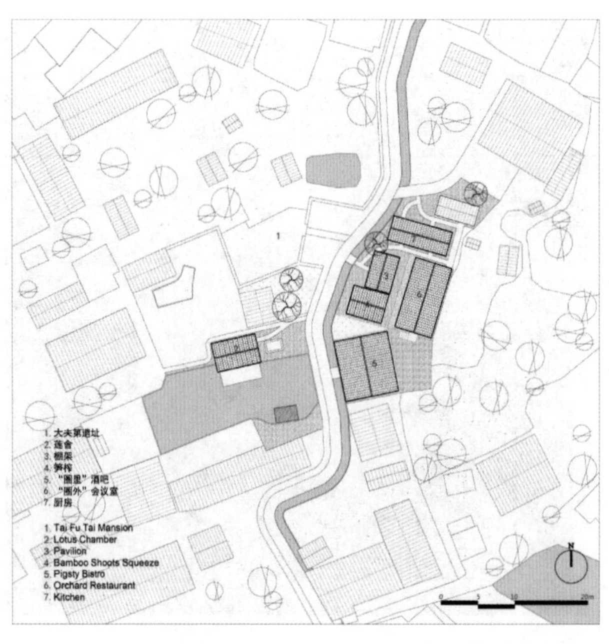

图 28　大夫第区域总平面图

可变色的 LED 地灯……设计师希望在古村中创造一个“异类”，为原本平静的环境增添少许“波澜”(图 29—图 32)。

2. 新建会议室

在酒吧的旁边，新建了一座小型会议室(图 33)。建筑为单坡顶，朝向大夫第门楼的一面使用了落地的大玻璃，与大夫第门楼以及两者之间的戏台形成了很好的对视关系。因为和圈里酒吧相邻，设计师将之取名为圈外。会议室和酒吧分别服务不同的人群，但都从不同的角度解决了古村对外服务不足的问题。

莲舍是由杂物间改造而成的茶室。原本的杂物间位于大夫第旁边的一个水塘边，水塘的存在使杂物间成为区域内最显眼的视觉焦点。设计保留了原有建筑的毛石围挡，只对上层的木结构进行了整修，将之改造为一个水边的茶室。原有的老木材被尽量保留下来，重复使用；在朝向水面的一面，落地门窗和架在水上的平台加强了建筑与水景的关系，也给新的使用者一种临水而居的感觉。

3. 棚架改造

在大夫第门楼、圈里酒吧和圈外会议室之间，原场地中有两处棚架，它们原来的用途是榨笋、制作笋干。建筑师认为它们的存在很好地诠释了乡村的气氛，于是棚架被保留下来，对其进行适当的整修，但力求保持一种乡村搭建的随意性。安放笋榨的棚架仍然作为制笋的空间(遗憾的是原来的笋榨农民不肯留下，只能从别处移来另一架笋榨)，在清明节前后，它仍然可以进行生产，同时也为村庄旅游提供了一种体验活动。对另一座棚架的用途进行了调整，平时它可以作为一个凉亭(图 34)被使用；在特定时间，它又会变身为乡村传统戏剧的表演舞台，而此时周边的建筑窗口则成为观赏表演的最佳位置。

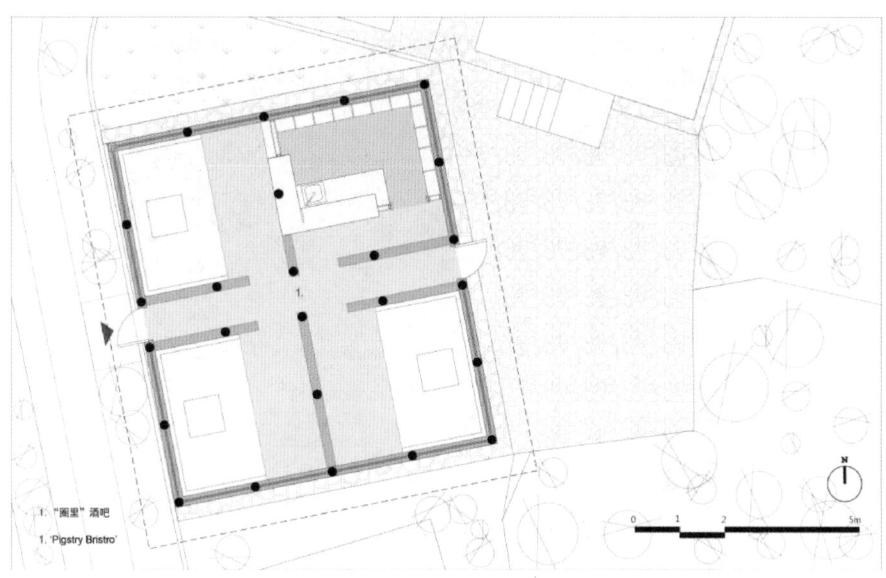

图 29　圈里酒吧平面图

图 30　圈里酒吧外观（摄影：周梦）

图 31　圈里酒吧室内（摄影：周梦）

图 32　圈里酒吧室内，新构件被塞入老空间中(摄影：周梦)

图 33　新建的会议空间圈外(摄影：周梦)

图 34　村民在改造后的棚架下玩耍(摄影：周梦)

四、结　语

自 2016 年 10 月第一个建筑改造完成后，三个区域的建设工作陆续展开。伴随着建筑的改造，设计团队也完成了一系列乡村文创设计，如：村庄的标志、衍生品设计，围绕农产品的一系列新包装设计，与村庄建筑和文化传统有关的明信片、景点图章和文具设计等(图 35—图 39)。这些延伸设计与建筑互为表里，一软一硬，共同服务于上坪村的复兴计划。

随着新建筑的出现，新功能的植入，新产品的面世，上坪村的面貌也有了新的变化。这种变化不仅是物理上的，也反映在村民的精神态度上：随着公共场所的重塑，村庄公共生活逐渐复活；随着收入的提高，和外部世界交流的增加，村庄的活力也大大提升；同时，村集体和村民对于乡村复兴的信心也得到了改观，这些都为村庄后续工作的开展提供了有力的保障。万事开头难，但有了开始，后面的路就会越走越顺。

图 35　上坪村标志

图 36　上坪村标志相关衍生品

图 37　上坪村景点图章

图 38　上坪村农产品包装

图 39　由朱熹留字衍生的文具文创

宾阳县黎润香水柠檬生态农业观光园规划设计

蓝婉仁 （福建农林大学 福州 350002）

摘要：黎润香水柠檬生态农业观光园是以生态开发为宗旨，集科普、种植、养殖、旅游、休闲于一体的绿色生态园。据此，根据生态农业休闲园区规划的技术方法，遵循“密切资源基础，优先生态产品，展示种植特色，开发致富一方”的原则，对黎润香水柠檬生态农业观光园进行生态景观规划，将黎润香水柠檬生态农业观光园建设成集生态种养、科普体验、生态休闲于一体的区域性现代农业生态休闲示范景园。

关键词：休闲农业；乡村旅游生态；生态农业；规划设计

前 言

现代生态休闲农业已经成为当前生态旅游中的重要产品类型，最近，国家旅游局针对当前生态乡村建设提出了通过挖掘乡村现代农业资源发展乡村生态旅游具体对策和实施步骤，明确了生态旅游开发在乡村致富中的现实意义。因此，国家旅游局要求有一定资源基础的村屯，要摸清资源情况，在政府的扶持下，通过多方面引资，建设有自身特色的生态旅游点，因地制宜确定各类乡村旅游建设发展类型。

一、产业背景及规划原则

（一）产业背景

生态观光农业是一种以农业和农村为载体的新型生态旅游业。伴随着农业产业化的发展，现代农业不仅具有生产性功能，还具有改善生态环境质量，为人们提供观光、休闲、度假的生活性功能。回归乡村田园的观光农业成为人们最好的生态旅游方式，吃农家饭、住农家屋、做农家活、看农家景成了新的热点。

黎润香水柠檬生态农业观光园（图1）位于广西壮族自治区宾阳县黎塘镇，园区处在黎塘镇三和村委会布宁村铁路南侧、韦垌村西北侧旱岭地，用地面积约为1 000亩。其以发展养殖、种植园为主要经营项目，养殖和种植品种力求做到新、奇、特。在养殖品种中，引入了市场销售情况较好、人人爱吃的特色品种。种植项目引进了抗病丰产、好看、好吃或外观奇特的产品。在园区内游客不但可以吃到各种山珍野味，品尝到珍奇水果、蔬菜，还能烧烤、垂钓、采果、制作栩栩如生的标本，使农产品在各种休闲、体验项目中被就地消费。

图 1　宾阳黎润香水柠檬生态农业观光园局部鸟瞰效果图

(二)规划原则

1. 总原则

利用资源基础，优先生态产品，展示种植特色，开发致富一方。

2. 定位原则

以健康生态农业产品为基础，融入乡村生态休闲旅游，针对目标市场，挖掘与策划客源市场，成为区域性生态、有机、无公害示范性生产园区。

3. 内涵原则

发挥用地空间优势，彰显生态农业特色，突出生态种养内涵。

4. 产品原则

以香水柠檬名优果品种植为核心，发挥其种苗及果品优势，整合优化原有园林绿化苗木资源，辅助园区生态养殖，形成系列健康生态产品。

5. 发展原则

注意环境、经济、社会协同发展，打造宾阳生态农业品牌。

二、园区总体规划布局

(一)功能分区

根据园区用地现状及功能要求，将黎润香水柠檬生态农业观光园分为三个功能区：生态休闲体验活动区、园林绿化苗木区、香水柠檬种植示范区，见图 2。

1. 生态休闲体验活动区

生态休闲体验活动区布局园区休闲娱乐功能，通过花海、荷塘、垂钓、园道、体育、烧烤、食宿、娱乐等设施和活动，体现休闲品质，突出园区功能特色，保证进园游人有玩有乐。主要景点有黎润农庄、四时花海、润景荷塘、垂钓鱼塘、温室大棚、五人足球场、桃花路、樱花岛、百果香廊架、润荷亭、润畅桥、立体果蔬园等。

2. 园林绿化苗木区

园林绿化苗木区主要布局园林绿化苗木栽培功能，培育如秋枫、罗汉松、桃花、紫薇、风铃木、洋紫荆、小叶榕、蓝花楹等植物。主要景点有木棉路、园林苗木园、香猪养殖场、三角梅长墙等。

3. 香水柠檬种植示范区

香水柠檬种植示范区为园区核心种植区，布局香水柠檬果树种植，开发特色果品园地，开展种植示范、科普培训、果苗选育等项目。主要景点有香水柠檬园、秋枫路、蓝花楹、洋紫荆路、梧桐路、观景平台、园区大门、土鸡养殖场、三角梅花架等。

(二)规划设计框架

整个园区采用“一带、一轴、三片区”的设计框架进行空间规划(图3)。

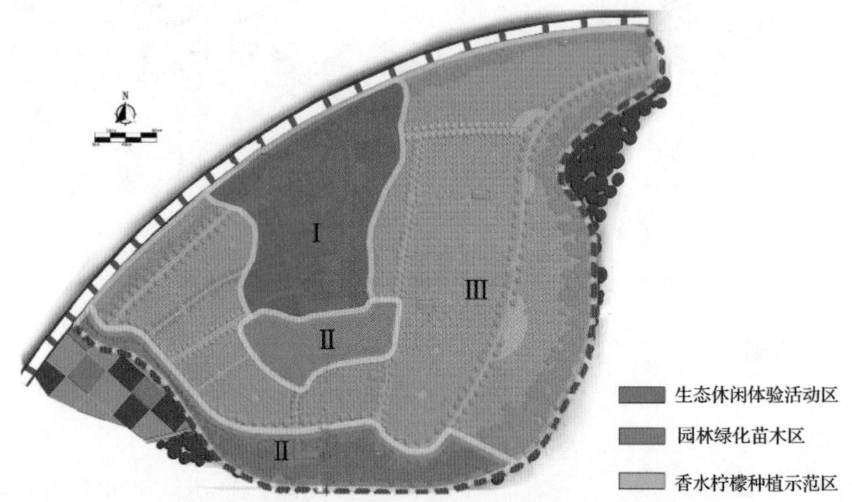

图2　宾阳黎润香水柠檬生态农业观光园功能分区图

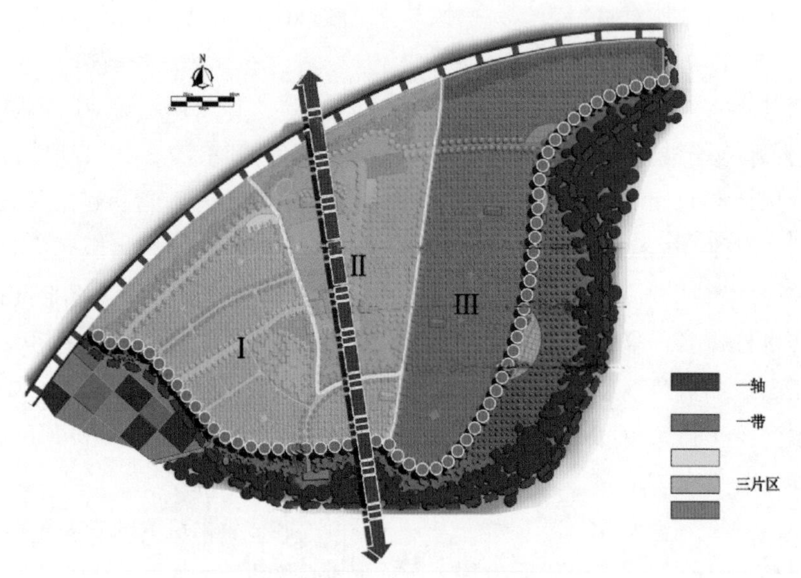

图3　宾阳黎润香水柠檬生态农业观光园景观设计框架

1.“一带”

“一带”为东南沿道路景观控制带，即从园区西侧铁路口至香猪养殖场再转到东北主入口一带。该带呈“U”形环道，以种植香水柠檬果树为主，道路两侧种植景观树种如梧桐、梘伞枫等。同时沿道适当布局休息或观景平台。

2.“一轴”

“一轴”为南北向生态休闲功能控制轴。由香猪养殖场向北经生态停车场、黎润农庄，再到花海、润景荷塘、立体果蔬园，为主控制轴。这一轴线景观特色鲜明，是园区重要的休闲活动区，包括如黎润农庄、篝火广场、花海、温室大棚、景润荷塘、垂钓鱼塘、樱花岛、儿童游乐园、立体果蔬园等。

3.“三片区”

“三片区”包括特色名优果树一片区、生态休闲娱乐活动片区、特色名优果树二片区。特色名优果树一、二片区以种植香水柠檬为主，突出园区种植特色。生态休闲娱乐活动片区配套体育健身、农业体验、生态采摘、农家餐饮、娱乐休闲活动，成为进园游客主要的休闲活动区域。

(三)园区布局特色

从功能区划分到规划设计框架的考虑，园区布局总体上体现了整个园区的空间功能与空间序列，因此在特色建构方面，突出表现在以下几点：

1. 生态农业种植与展示特色鲜明

黎润香水柠檬生态农业观光园以种植香水柠檬果树为主，种植面积占全园面积的约65%。香水柠檬树形漂亮，果实品质佳，富含营养物质，具有很好的保健养生功效，园区引进高品质水果栽培，说明业主对现代生态农业有高度认识，并能全面展示园区农业特色，成为一方水土的示范栽植工程。除此，园区内还种植大面积花卉，如油葵、马鞭草等；水体中有荷花、睡莲；道路旁有桃花、梧桐、紫荆、木棉、秋枫等，彰显了园区现代生态农业的优良环境。

2. 生态休闲活动融入园区自然环境

将休闲生态旅游功能适当导入园区，打造成休闲娱乐片区，布局民众喜爱的体验型设施和景点，诸如休闲垂钓、体育球类、棋牌品茶、纳凉采摘、园区游步、花海观赏、篝火烧烤、农家餐饮、科普实验等，使整个园区既能进行水果栽培生产，又能开发生态旅游体验，让游客感悟乡村生态田园与文化风情。

3. 生态科普功能挖掘与布局到位

黎润香水柠檬生态农业观光园最大的特点就是融入生态科普体验活动，游客通过生态科普体验，了解熟悉香水柠檬种植流程及生产环节，认识香水柠檬功能及价值，同时还能从花海、绿化苗木、生态养殖等方面获取知识、技能。无论是对科学研究，还是对科普活动，都具有特殊意义，园区在这方面提供了示范。

三、园区生态保护规划

(一)生态保护规划原则

(1)资源环境保护优先，融入乡村生态田园风情，坚持可持续发展的原则。

(2)种植用地资源保护为重，兼顾园区水资源保护的原则。

(3)铁路沿线防护性保护与环境生态保护相结合的原则。

(4)园区生态养殖卫生保洁与游憩空间

建构的原则。

(二)生态保护技术措施

1. 实施分区分层次保护

(1)分区保护

根据园区建设规模与保护原则，将园区生态保护区域分为三个区域类型：核心休闲活动保护区、生态种植保护区及园区生态保护带(图4)。

①核心休闲活动保护区：对园区主要休闲区域进行保护，该保护区是休闲活动的主要场所，为园区休闲核心功能区，布局有丰富的休闲内容，也是园区水景区域，因此必须对其进行重点保护。

②生态种植保护区：是园区香水柠檬种植区，面积大，多属于缓坡地，土壤蓄水能力较差，因此应加强用地管理、土壤改肥，保证果树生长环境。

③园区生态保护带：环园区周边绿化带，多为桉树林带、园林苗木构成的线状种植带，应优先保护，并适当改造。

(2)分层次保护

分层次保护即根据分区分为重点保护与一般保护两个层次。

①重点保护：一是水环境保护(包括现有水体、水源、取水点、蓄水点和用水点)。方法是依据国家、地方性法规建立保护制度，严格水资源地管理，确保现有的荷塘水域面积，不得破坏现有坡岸，出水口要有保护栏；取水点设置保护栏、保护房，加强植物种植；蓄水点(池)采用高位水池，水池加盖保护，周边设置保护栏；垂钓鱼塘因新施工，坡岸还不稳固，塘基堤坝比较窄，必须适当加固，种植塘基植物。

二是果树种植地保护。种植用地非常重要，关系到园区的生产功能，主要做好用地规模不变，用地土壤增肥，用地灌溉到位，同时做好自然排水，通过园区边沟(明沟)、道路系统确保雨水流向畅通(导向到荷塘水体)。

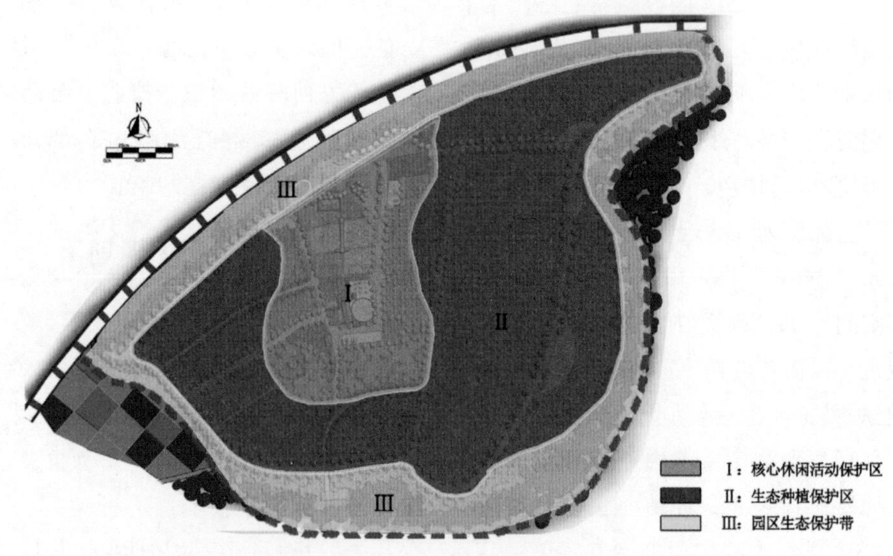

图4　宾阳黎润香水柠檬生态农业观光园生态环境保护规划图

三是休闲环境保护。园区休闲环境构成比较综合，功能比较丰富，赏花看荷、垂钓娱乐、烧烤采摘、玩球打牌、就餐品茶、游戏健身，均可在休闲区域开展，因此要做好环境保洁，增强卫生意识，保证污水科学处理、垃圾及时清理，打造优美的园区游憩环境。

②一般保护：园区外围（沿周保护带）采用常规性一般保护，通过防护带改造，增加植物种植。如外围设计三角梅、马甲子、云实等植物作为防护带，结合园区大门在经常有人出入点设计小段式墙体围墙，墙体沿边带种植保护性树种，如竹类。

适当保留原有的桉树防护林带，清理林下空间，对林下土壤整地后种植本地草种，如假俭草、竹节草等，利用桉树空间营造吊床、帐篷等休闲设施，也可利用桉树及大苗木开发遛鸟带。

园区道路系统也多采用一般保护，根据规划，打造颇有特色的道路系统，对已有道路的绿化树种保留不变，其他规划种植道路必须加紧建设，按树种进行绿化。同时要根据建设进度对道路路面进行水泥硬化（或其他材料铺地），保证道路质量。

2. 制定生态环境保护措施

（1）收集环境污染物

污染物主要包括各种生活垃圾、植物枯枝落叶、餐饮残物、落果残果、养殖垃圾、清理出的杂草等。将这些生活垃圾先收集起来，然后集中到园区内垃圾堆放池，再通过城市（黎塘镇）垃圾车外运。因此，要在园内建设一个垃圾堆放池，池周种植棕竹等植物加以保护。

（2）分点回收垃圾

在各景点、建筑点及园区道路根据需要放置垃圾桶，垃圾桶不得选用城市现代垃圾桶，宜设计成仿木、仿竹等自然式或由大块卵石垒成的样式。材料可以是防腐木，也可以是仿竹、仿松木，垃圾桶外形要自然，与放置点环境协调。

（3）防治环境视觉污染

园区内东南侧分布着比较多的民间墓地，每到特定节日都会产生视觉污染，平时也因墓地影响了游憩环境。建议在墓地周边或分散点建设植物屏蔽带，如种植竹类、高竿棕竹、丛生鱼尾葵、黄槐等植物。

（4）噪声环境控制

园区北面是铁路，每天都有很多列车通过，对园区造成了一定噪声影响。为此，规划中保留了原有沿铁路防护林带，同时为提升景观，沿铁路线园区内侧建设了三角梅种植带，形成长条状花带景观，既能起防护作用，又能优化丰富沿线景观、强化立面效果。

（5）养殖环境卫生控制

除了养殖污水处理外，养殖点卫生状况控制也非常重要。一是要做好污染物清理，保证日常卫生；二是要清除杂味，做好环境通风，增强排气能力；三是要将鸡粪、猪粪（含一定污水）综合应用，建设沼气系统，对其就地应用或生态化处理，部分粪土要转化成肥料，用于果树培育；四是要经常清洁维护养殖建筑空间，保证空间环境的规范卫生；五是养殖人员要有环境意识，上班要穿统一的工作服，按养殖规范操作。

四、园区生产种养品种规划

根据园区生态休闲农业布局，在特色生态农业种植、养殖方面下足功夫，按园区功能规划要求整体布局(图5)。

(一)突出生态休闲体验与科普

园区内各种养(殖)的流程、技术、方法均注重生态、有机、无公害。在黎润生态农庄设置园区种养(殖)动植物标本观赏间，制作鱼类、蝴蝶、禽鸟、花卉、果品等标本，或通过融合中草药形成养生式泡酒来展示生态养生的功效，突出生态农业观光园的示范性。

(二)开发系列生态养生保健食材

以黎润土鸡、黎润香猪、本地山鸡、各种鱼类等作为园区养生食材，加之遍地的野菜、特色瓜果、中草药、名优果品等，打造出园区特色膳食，形成养生名菜。特别要挖掘香水柠檬的价值，形成泡酒、泡茶、营养汤及干品系列，并与其他食材设计成名菜，以丰富黎润生态农庄的餐饮菜品。

(三)形成生态游纪念品

开发生态游纪念品及产品包装，可以是新鲜产品，也可以制作成干品，创新园区产品市场化，形成园区系列特色旅游纪念品，并积极策划品名、申报品名知识产权，如“黎润生态香水柠檬(包装)”“黎润香土鸡(包装)”“香水柠檬饮料(包装)”“香水柠檬酸片”“香水柠檬含片”“香水柠檬鸭”“柠檬汁烤鸡”“现烤香猪”“柠檬土鸡蛋”等。

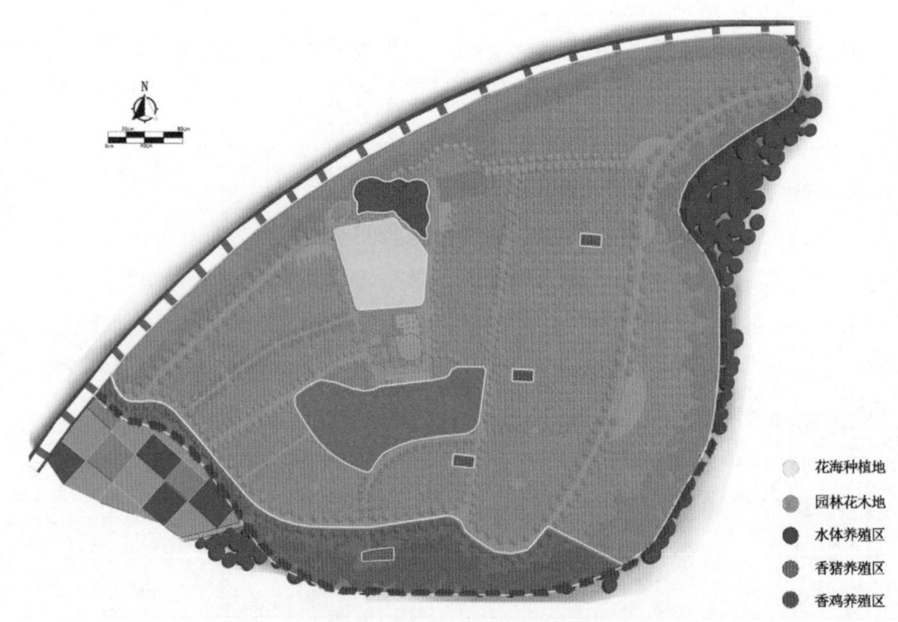

图5　宾阳黎润香水柠檬生态农业观光园特色生态种植养殖规划图

五、总　结

黎润香水柠檬生态农业观光园突出园区生态开发与展示的建设宗旨，布局生态种养、科普体验、生态休闲功能，彰显项目建设对乡村优美人居环境及人们对生态田园的渴望，充实与优化黎塘镇周边休闲资源与旅游环境，全面提升宾阳特色生态农业产品文化内涵，倡导体验农业与观光农业相结合，从产业上形成高端生态产品。

依据用地范围内现有资源类型和景观现状，在生态种植示范园的基础上，立足生态园“绿色环保”以及生态休闲园的特点，充分利用生态园的自然景观，发挥土地空间优势，通过合理布局与科学规划，将园区打造成“可游、可玩、可购”的空间环境，成为集生态种养、科普体验、旅游休闲于一体的区域性现代农业生态休闲示范景园。

基于环境科学格局视野下的传统村落人居环境设计策略探究

曹福存 （大连工业大学 大连 116024）

摘要：传统村落是承载和体现中华民族传统文明的重要载体，在其选址、空间布局、营建过程中，传统风水理论起着重要的作用。本文通过对风水理论在传统村落人居环境营建过程中应用的研究现状进行分析，提出传统村落人居环境设计的三大策略，继而为“美丽乡村”建设、传统村落保护、特色小镇发展、传统文化传承等新农村建设方向服务。

关键词：风水理论；传统村落；环境设计；设计策略

自2012年以来，国家住建部等部门根据《中共中央 国务院关于加快发展现代农业活力的若干意见》文件精神，联合审批并公布了4批次共4 153个中国传统村落名录。近年来，对传统村落的研究成为了热点话题，继而引发了不同领域的专家学者对传统村落的保护与发展研究高潮。毕晓莉 等(2016)对近十年国内传统村落研究成就进行了总结，指出：国内学术界主要从传统村落的价值、公共空间、物质及非物质文化遗产、旅游发展、空间分布特征、个体保护等方面对传统村落展开了研究。本文通过对我国传统村落在选址、空间布局、营建过程中传统风水理论应用的论述，对我国传统村落的人居环境设计策略进行探索分析。

一、风水理论在传统村落人居环境营建过程中应用的研究现状

自20世纪50年代以来，考古学界泰斗宿白先生结合古代墓葬考古来探析风水理论；张惠民(1993)从电子微观科学、生物细胞、天文、历法、河图、洛书、地理以及人体科学等方面的相互联系入手，解释了风水与现代科学原理的一致性；刘沛林(1995、1997)对村落的选址与风水进行了深入研究，并论述了古村落空间意象与文化景观，同时提出建立“中国历史文化名村”保护制度的构想；孙彦青(1999)对徽州聚落与江浙水乡聚落的风水景观进行了比较研究；张正春 等(2003)提出的“中国生态学十大原理”中的“阴阳平衡原理”“阴阳互补原理”“相生相克原理”等都是对风水理论很好的论述；王其亨 等(2005)编著的《风水理论研究》一书中收集了国内外关于风水理论研究的文章，其中尚廓的《中国风水格局的构成、生态环境与景观》一文论述了村镇选址与生态的关系，以及风水格局的空间构成等，梁雪在《从聚落选址看中国

人的环境观》一文中论述了村落选址的要求及其影响要素；王鞲（2005）在其博士学位论文中阐述了聚落空间与“风水”空间在聚落形态发展历程中的重要作用及其意义；陈怡魁 等（2006）、杨文衡（2007）、林徽因（2007）、何晓昕 等（2008）、于希贤（2010）、金身佳（2010）的著作都对风水在村落选址、布局等过程中的作用进行了详细的论述；程建军（2014）通过对传统村落典型的理想选址模式进行计算机模拟分析，综合探讨了在中国传统风水理论的指导下进行选址对村落良好物理环境的创造所作的贡献；刘托 等（2015）对我国目前风水研究现状进行了翔实的调研与分析，对改革开放后风水文化成果进行了统计。在“百链”官方网站上搜索“村落”“风水”两个关键词，显示出与村落、风水相关的文献有1 156种，其中期刊论文 494 篇、图书 426 种、学位论文 164 篇、会议论文 35 篇及其他 37 篇。从文献资料可以看出：“村落与风水”方面的研究得到了各专业领域学者的关注。

目前，国内对传统村落风水格局方面的研究呈现出细致化、量化、科学化的发展趋势。

二、基于风水格局视野下的传统村落人居环境设计策略

1. 运用现代科技手段进行量化分析策略

随着各种高新科技的不断发展，信息化和数字化越来越多地被应用在村落的研究之中。高云飞 等（2007）利用计算机模拟分析了理想风水格局村落的生态物理环境量化数据；王昀（2009）通过绘制聚落总体配置图的矩阵图表对其进行定量化和类型化的分析；张杰 等（2010）以山西省平遥县的梁村和河北省邢台市的英谈村为例，对其选址、轴线、尺度与视域角度 4 个方面进行量化研究；浦欣成（2013）采用景观生态学、分形几何学、计算机辅助等方法，以图底关系为视角的二维总平面图对聚落进行整体形态的量化解析；吴瑶（2013）采用层次分析法，结合 GIS 空间分析功能，对研究区域内乡村聚落的综合发展实力进行了评价；霍耀中（2013）、刘沛林（2014）等应用 GIS、RS、WEB、VR 等现代技术对传统聚落景观基因图谱进行了深层解读；佟玉权（2014）以 2012 年住建部等国家四部委联合评审认定的 646 家“中国传统村落”为研究对象，利用 Arcgis 10.1 和 GeoDa 技术平台，对中国传统村落的空间分异特征进行综合分析；谢丹 等（2015）运用图底分析的方法，借助景观生态学中斑块形状指数，分别对海南省琼北地区的 20 个传统乡村聚落进行量化分析，进一步研究琼北地区乡村聚落的形态特征；傅娟 等（2016）应用 GIS 空间分析方法，对广州市增城区的传统村落空间形态进行研究。目前，对于传统村落人居环境设计的研究呈现量化、科学化的发展趋势。因此，运用现代科技手段对村落人居环境设计进行量化分析策略是未来的发展趋势。

2. 研究传统村落人居环境能量影响要素策略

无论是“美丽乡村”建设、传统村落保护与发展，还是特色小镇建设，首先应该解决的都是“宜居”问题，也就是人居环境的“能量”问题。传统村落的人居环境“能量”主要指光、风、温度、水、空气、振动和电磁波等。关于村落人居环境能量的研

究方面：高云飞 等(2007)利用计算机模拟分析了拥有理想风水格局的村落的日照环境、风环境、温度环境、湿度环境、空气负氧离子分布环境等生态物理环境；关乃侨(2011)详细说明了影响环境“能量”的几大因素，同时说明了“八卦体系”与环境的关系；董芦笛 等(2013)从绿色基础设施的角度，对聚落的“传统风水格局模式”进行了气候适宜性分析；薛俊杰(2015)对照遥感影像图，运用数学模糊综合评价方法，以最高日气温、相对湿度和风速作为评价夏季舒适度的指标，对徽州4个传统聚落的气候舒适度进行了定量评估。

传统村落原生的营建体系所生成的人居环境“能量”能否满足现代人的生活目标且能否持续发展下去，村落内生态物理环境能否符合现代人的生活质量标准，以及村落现有的空间关系与形态特征能否适应新的生活等问题，都是目前传统村落保护与发展研究中的瓶颈。因此，研究传统村落人居环境能量影响要素是进行村落人居环境设计的基础。

3. 传统风水理论科学量化模型应用策略

我国的传统村落是在居住者自下而上的自组织机制下建造生成的。在传统村落的选址、空间布局、营建过程中，传统风水理论起着重要的作用。传统风水理论是我国传统文化的重要组成部分，影响着人们对传统村落自然环境要素的选择，如地理位置、地理高程、水文、植被、土壤、周边环境条件等；同时也影响着人们对村落人文环境要素的确定，如传统村落的空间形态、规模、轴线、尺度等。因此，应用3S(RS、GIS、GPS)科学技术手段与方法，结合村落自组织机制下营建过程中应用的传统风水理论知识，通过VR数值模拟形成的三维空间图像，研究确定影响传统村落人居环境能量的空间环境要素，探索建立传统村落的理想风水格局科学量化常规性描述方式，既是对传统村落的科学量化研究，又是对传统文化的继承与应用。

三、结　论

对于我国传统村落的保护与发展建设，科学量化手段的应用是进行人居环境设计的基础。如何解决传统村落自组织机制下营建体系构建过程中传统风水理论应用与科学技术手段应用之间的关联性是关键问题。因此，提出传统村落人居环境设计的三大策略，即运用现代科技手段进行量化分析策略、研究传统村落人居环境能量影响要素策略、传统风水理论科学量化模型应用策略。这些策略也是“美丽乡村”建设、传统村落保护、特色小镇发展、传统文化传承等新农村建设方向的基础。

参考文献：

毕晓莉，杨仕恩，刘奔腾，2016. 国内传统村落研究十年[J]. 工业建筑，46(10)：126－130.

张惠民，1993. 中国风水应用学[M]. 北京：人民中国出版社.

刘沛林，1997. 古村落：和谐的人聚空间[M]. 上海：上海三联书店出版社.

张正春，王勋陵，安黎哲，2003. 中国生态学[M]. 兰州：兰州大学出版社.

王其亨，2005. 风水理论研究[M]. 天津：天津大学出版社.

杨文衡，2007. 中国风水十讲[M]. 北京：华夏出版社.

林徽因，等，2007. 风生水起：风水方家谭[M]. 北京：团结出版社.

程建军，2014. 风水解析[M]. 广州：华南理工大学出版社.

刘托，黄续，施经纬，等，2015. 风水研究现状调研与分析[M]. 北京：文化艺术出版社.

关乃侨，2011. 环境能量[M]. 武汉：武汉大学出版社.

董芦笛，樊亚妮，刘加平，2013. 绿色基础设施的传统智慧：气候适宜性传统聚落环境空间单元模式分析[J]. 中国园林，(3)：27－30.

杨鑫，段佳佳，2015. 北京城市街道空间夏季小气候环境实测研究[J]. 中国人口(资源与环境)，(A2)：398－401.

陈宏，李保峰，张卫宁，2015. 城市微气候调节与街区形态要素的相关性研究[J]. 城市建筑，(31)：41－43.

浅析现代建筑语境下的乡村公共建筑设计

——以华宁县碗窑村陶文化交流中心为例

谭人殊　邹　洲　（云南艺术学院　昆明　650504）

摘要：本文由中国现代建筑设计的宏观视野入手，在梳理和领悟了当下乡土营造的趋势之后，秉承“保护与发展”“汲取与重构”等理念，对云南省玉溪市华宁县碗窑村交流中心的设计进行诠释，并期望对云南本土乡村公共建筑的创作提供相应的参考样本。

关键词：华宁县碗窑村；公共建筑；交流中心；乡村营造

乡村是一个活体，其间蕴含着自然地理与人文社会之间的种种联系，而乡土公共建筑作为村落文化传播的重要载体，也肩负着历史信息记录与乡土聚落文明对外推广的双重意义。伴随着城市空间的扩张与现代化生活方式的植入，越来越多的原生村落不可避免地演化为一种城乡胶着的状态。基于对传统风貌与人文乡愁的怀念，也基于对原住民内心机制和生活方式蜕变的关注，乡土公共建筑的营造则更应以一种既严谨又饱含创作激情的设计理念来进行。

一、乡土公共建筑概述

1. 乡土公共建筑的社会意义

原生状态下的乡土公共建筑多以村公所、居委会或公房等性质呈现，较有渊源的村落则会有祠堂甚至寺庙，其社会职能也主要以村落管理和民俗活动为主。当前一般性质的乡村公共建筑主要表达为一种“内治”的状态，即其营造方式、服务对象和事务管理全都聚焦于村落本身的封闭环境，而对外界视野的关注与交流却很少提及。

但随着社会发展的演化，一些富含文化品质和历史传承的村落开始主动寻求与时代的契合，并努力地展现出一种积极的姿态。于是在乡村复兴的大背景下，“村落博物馆”或“民俗传习馆”等大批拥有展示性功能的新型乡土建筑开始在当代设计语境的介入下逐步出现。这些由城市建筑师与乡村本土诉求共谋而成的作品极具“外延”性，不仅对村落自身的民俗信息和历史脉络进行了梳理，更为关键的是这种做法增强了乡土世界与城市文明的交流与传播。

2. 乡土公共建筑的典型案例

无论是改造还是新建，我国新乡土公共建筑的营造都时刻展现着“汲取与重构”的理念。

2010 年，建筑师华黎在云南省腾冲市界头乡设计并修建了“高黎贡手工造纸博物馆”（图 1），其目的是向更多的外访人群展示腾冲本土的古老手工造纸技艺，并借此推广相关的文创产品。建筑格局模拟原生聚落，将村庄肌理的精髓浓缩于仅数百平方米的空间之内，并设置了接待厅、茶室和客房等“外需”功能空间。杉木、竹条和原浆纸板等可自然降解的材料在建构形式上真实地反映出乡土博物馆的地域性逻辑，但简洁而干净的直线却又体现出营造本身的时代性特质。

浙江省丽水市松阳县的平田村农耕馆（图 2）落成于 2015 年，建筑师徐甜甜以“嵌入式”的改造手法将一所原生状态下的破损民居修复成了如今的农耕馆和手工作坊。原有的农舍、猪圈和夹挤在隔墙巷道中的消极空间成为创作的亮点，而夯土与木构则蕴含着全新的设计表达，嵌入在老屋之中。最终完成的建筑被赋予了更多的传播学意义：农耕展示、竹艺加工、村民活动、文化交流……而将普通民房转变为乡土公共空间的做法也为传统民居的保护与发展提供了实践性样本。

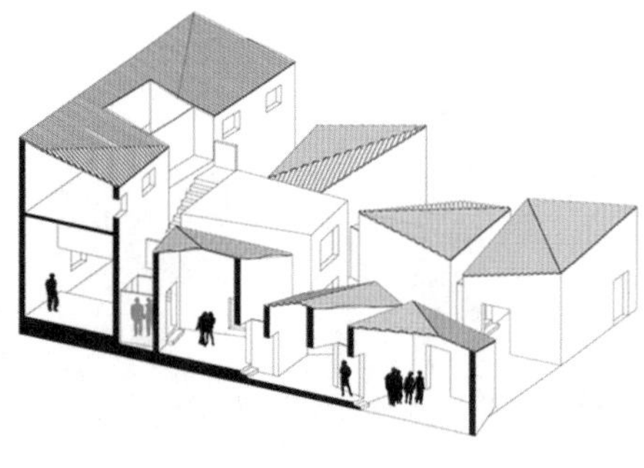

图 1　高黎贡手工造纸博物馆

图 2　平田村农耕馆

二、华宁县碗窑村原始信息研究

1. 华宁县碗窑村的传统产业与文化传承

碗窑村制陶，以绿釉闻名。据慈云寺碑文记载："明代洪武年间，景德镇陶匠车朋游历到华宁，因当地陶土优质，遂建窑烧陶。"旧时的宁州陶以生活容器和建筑砖瓦为主，制陶者在碗窑村周遭修葺过数十条龙窑，依山就势，层层叠起。窑火由低处引燃，凭借着空气热动力学的原理，火势自下而上，贯通整个窑体，并最终从高处的烟口排出。

2000年以后，随着主流美学价值趋向的提升，工艺陶的研发也逐渐开始在华宁地区盛行，并涌现出李自轩、汪大为、曹栋等本土代表性艺术家。在漫长的岁月中，华宁的柴窑烧陶技艺始终保留着传统精髓，完整地记录下了古法制陶的历史信息，如"活化石"一般延续至今。

2. 华宁县碗窑村的建筑格局与环境风貌

碗窑村(图3)地处城边，紧邻华宁县环城北路，实为一处城乡胶着地带。村口外沿的建筑群多为新建框架楼房，保留相对完整的传统民居，唯一留存下来的龙窑位于村落中段，而后山则向丘陵和田野蔓延。

村中尚存的传统民居多为玉溪地区典型的"滇中一颗印"形制：内院中空，堂屋居中，厢房对称，四平八稳。且营造上以木构为架，土基垒墙，但屋顶却又用极具当地特色的彩瓦混搭铺设而成。除此以外，聚落中还保留着诸多制陶时期的遗迹：废弃的匣钵被整齐地堆砌在土路两旁，宛如挡墙；破旧的窑址伴随着残垣断壁上疯长的绿野逐渐回归自然；曾经的炼泥池也演化为沼泽般的塘渊，鸟虫生息于此；而古代的陶片则散落于后山的田间地头，随处可见。

图3 华宁县碗窑村的建筑环境风貌

3. 华宁县碗窑村的内在保护与对外诉求

作为一个拥有独特历史文脉资源却又不得不面临城市化进程的老村，无论是从政策层面还是从民愿层面，积极开展对外宣传交流，从而改善民生环境、推广地域文化，这样的诉求一直都是存在的。碗窑村试图以自身的“百年陶村”为亮点对外展示；当地政府希望这种展示能保持传统风貌并为地区文化作出贡献；本地村民希望这种展示是动态的且带有经济意义；而外来视野则希望这种展示既富含陶文化和旅游文化的体验性，又符合城市生活的情趣与舒适。这一切看似矛盾且对立的意愿最终将如何在村落规划与营造活动中得以融合，亦需要一种辩证的设计视野来审视。

三、华宁县碗窑村陶文化交流中心设计解析

1. 项目区位

碗窑村陶文化交流中心项目用地(图4)位于进村干道的左侧，是一块占地面积约为1 560m^2 的不规则多边形平地。基地原址为村属公房，后被征集、拆除、平整。其北向紧邻着村域主路；南面则面壁陡坎，高差4m以上的地块属于邻村；西侧为一斜坡岔路；而东面却与民居胶着。

2. 构思理念

对碗窑村陶文化交流中心的设计将从本地传统民居中抽象出其空间构成和变化的实质，并与地形相融合。而村落中原有的各种乡土元素与陶文化遗迹也将被提炼出来作为建筑设计的参考元素予以呈现。汲取传统村落的信息，又以现代设计的语言加以重构，最终确定了设计初期的概念方向(图5)。

3. 空间设计

陶文化交流中心的原始设计构想来源于传统院落“滇中一颗印”的模式，在保留了围合特征的前提下，依附于地形态势，对其进行分解、变形、重构，从而演化出一种吻合村落肌理脉络的非对称空间形态(图6)。

图4　陶文化交流中心项目用地区位示意图

屋顶：脱胎于传统瓦面坡屋顶

墙体：向土坯墙的建造技术致敬

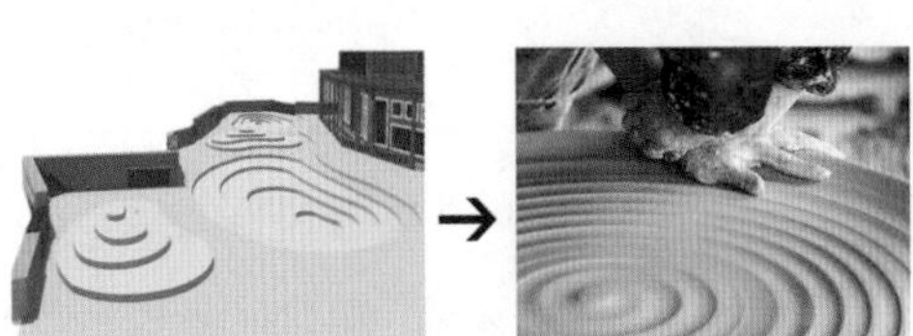

景观：汲取了制陶拉坯的精髓

橱窗：时尚橱窗借鉴了传统窗洞

图 5　陶文化交流中心结构理念图

建筑主体为两层，局部为三层。屋顶采用纵向长坡的形式，既脱胎于传统斜坡瓦面，又颇具现代设计的舒展大气。立面墙体借鉴了民居中的土基色调，但内院大面积钢架与玻璃构建而成的落地窗又弥补了原生建筑中采光不足的缺陷。交通流线方面兼具功能性与景观性，中庭的环绕式外挂楼梯加以各种内外交替的挑台和桥架，高低起伏，虚实变换，也充分展现了建筑本身与地形契合的丰富性与有机感。

图 6　陶文化交流中心效果图

交流中心的功能设置分为游客接待休憩、宁州陶展示与售卖、陶艺名家工作室及管理办公四个部分(图7)。建筑底层主要服务于游人和陶制手工艺品的对外交流；二层则考虑租借给本土的制陶艺术家用于文化推广；在局部的三层，建议将后勤管理和互联网销售平台相结合，从而也赋予了展览馆作为村落信息对外交互的网络意义。

此外，门户小广场的设计也颇具表现力：取材于陶艺拉胚时的旋扭，简洁而舒缓的混凝土地面律动与下陷，似是而非的看台与展台，加以废弃匣钵砌筑形成的边界矮墙，构成了整体设计。整个户外空间既可作为村民活动的小型演艺场所，也可在开窑时期用于将各类陶器露天陈列，从而使之成为展览馆与原生村民共融的纽带。

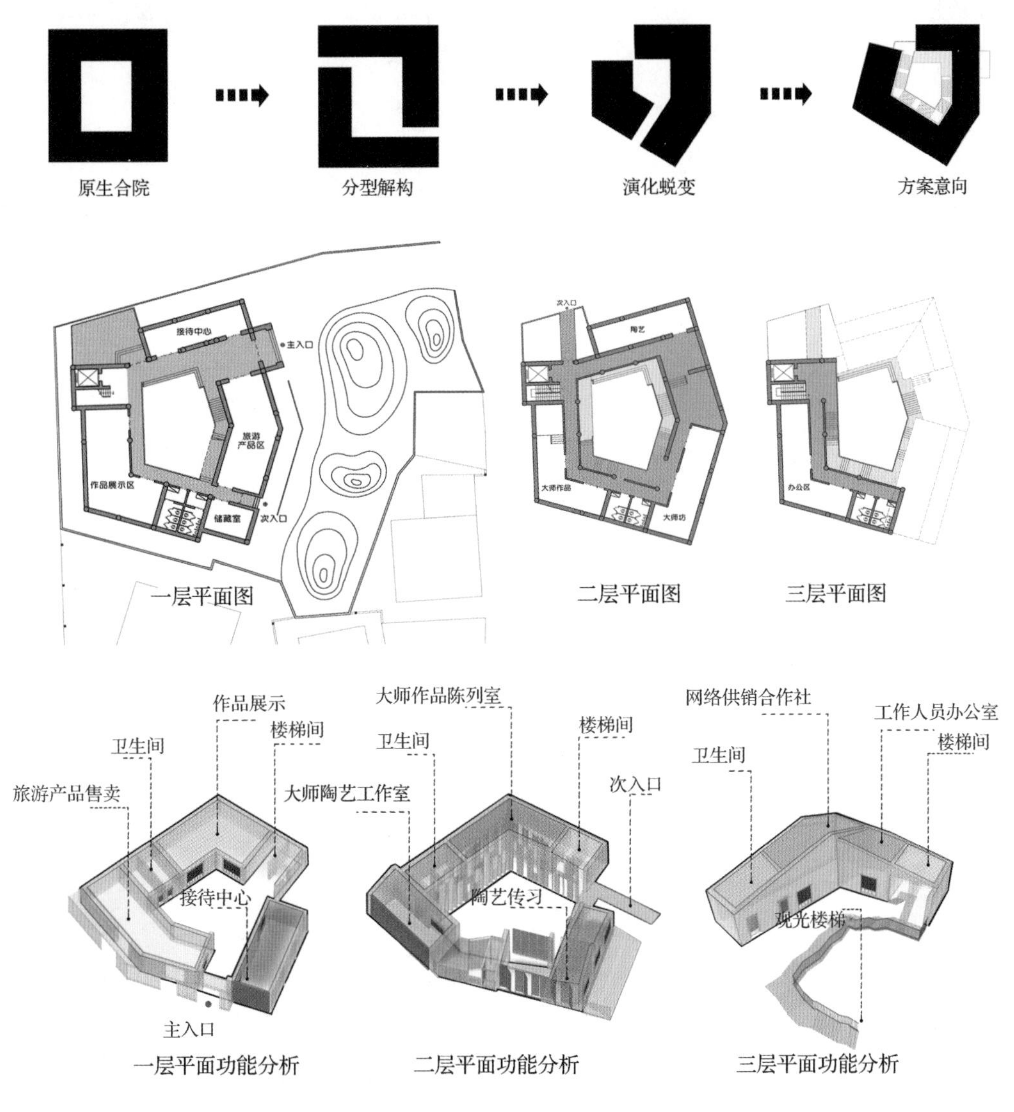

图7　陶文化交流中心空间解析

四、结　语

伴随着传统村落在现代社会大背景下的新诉求，乡村公共建筑正努力地担当着对外交流的桥梁。更为丰富的功能，更为多元的用途，更具表现力的形式，更吻合时代意义的性质……乡村复兴正在演绎着人类聚落发展历史上尤为关键的一幕，而城市建筑师与乡村营造的共谋之路也仍在探索与实践中永不休止。

参考文献

维基·理查森. 新乡土建筑[M]. 北京：中国建筑工业出版社，2004.

王冬. 族群、社群与乡村聚落营造[M]. 北京：中国建筑工业出版社，2013.

周建明. 中国传统村落保护与发展[M]. 北京：中国建筑工业出版社，2014.

乡建背景下民宿建筑中废旧材料的运用

袁庆桐　李昌菊　（北京林业大学　北京　100083）

摘要： 近年来，随着“美丽乡村”建设步伐的加快以及乡村旅游业的蓬勃发展，乡村民宿旅居成为国民出行体验的新选择。良好的民宿居住空间能够带给人们更深层次的居住体验以及情感上的共鸣。许多乡村民宿建筑是在当地传统民居的基础上改造而来的，民宿原址中通常有许多可以再利用的废旧材料，通过对其进行合理的再利用，能够保留原有的空间氛围，还原其特有的场所感，从而使废旧材料在民宿建筑设计、建造过程中重新发挥出更好的实用性及装饰艺术性。

关键词： 乡村民宿；可持续设计；室内环境；旧物再利用

随着“美丽乡村”战略稳步推进、乡村建设活动日益频繁，“乡建热”的兴起不仅为传统村落的保护与发展迎来新契机，同时也面临着挑战。其中，民宿作为一种重要的乡村旅游服务建筑正在被大量兴建与改造。这在一定程度上带动了乡村发展、振兴了乡村经济、改善了乡村面貌。乡村民宿在现阶段已经不是单一的旅游居住形式，而是呈现出多样化的发展态势。感知自然、还原本真是民宿设计师和居住者的根本追求。优秀的乡村民宿不仅可以从视觉、听觉、触觉等基本感官层面上传递整体空间的氛围感受，更重要的是在居住过程中带给人们精神的慰藉与情感的寄托。在乡村民宿建筑设计建造的过程中，通过合理地对废旧材料进行再利用，能够让设计师与民宿的居住者之间形成良好的“沟通”与“对话”，从而在民宿建筑设计中达到人与居住空间在精神上的共鸣。

一、废旧材料运用的意义

废旧材料在乡村民宿建筑设计中的再利用有着丰富空间内涵的作用，但废旧材料再利用这种方式通常会被人们忽略或摒弃，大部分废旧材料在后期处理与降解时非常复杂和艰难。然而，通常情况下，这些看上去非常普通又丧失了自身实际功能的废旧材料可以通过合理的设计、再加工等手段处理后，有效地被运用到民宿建筑的设计中，从而成为具有文化内涵和设计创意的装饰材料。

在设计民宿时，可从废旧材料本身的艺术装饰性入手，跳出传统的设计表现思维模式并加以创新，赋予废旧装饰材料新的使命。同时，通过对废旧材料的个性化改造，丰富民宿建筑的艺术性与独特性。充分挖掘废旧材料的装饰属性和实用功能，也让更多人认识到废旧材料的再利用不仅可以保护环境、节约资源，而且能节省资金，进而为民宿的经营者创造更高的经济效益，同时营造出一种怀旧的、新奇的、独具魅力的居住体验氛围，给游客带来更多的人文关怀与情感传递。

二、废旧材料运用的方法

在国内乡村民宿的建筑设计中，有许多值得借鉴的废旧材料改造案例，主要运用了以下五种具体的改造方式。

1. 功能的转换

功能的转换就是把废旧材料原有的使用功能进行改变，打破原本的功能认知并且创造新颖的使用功能，从而达到令人耳目一新的感官效果。许多废旧材料经过岁月的洗礼，已经失去了最初被制造时的使用功能。通过组合、分解、截取、替换等手段，可以赋予废旧材料新的生命。例如，位于苏州市吴中区横泾街道东林渡村的朴院民宿，就是在旧址破旧危房的基础上改造而来的。其民宿接待大厅(图1)中有一件十分特别的家具——渔船形态的壁炉。东林渡作为一个传统渔村，河道内有很多废旧的挂网水泥船。民宿改造者们打捞出了一艘6m长的水泥船，将其打造为接待中心大厅的壁炉。在传承、纪念当地村落文化传统的同时，将其与取暖除湿的壁炉融为一体，通过转换原有废旧物体的功能，充分发挥物尽其用的理念，让废旧水泥船成为空间中富有装饰趣味的特殊装置。

2. 翻新与改造

废旧材料被遗弃的重要原因之一，是形态的落后与过时，但这并不代表其功能上没有再利用的价值。废旧材料的翻新和改造，注重的是废旧材料的呈现形式的改进。在保留其原有功能的基础上，通过设计更新形式、形态，进而扩大其使用范围或延长废旧材料的使用寿命，改变废旧材料的观感或形态，使之与新环境更好地融合与匹配。例如在浙江省杭州市千岛湖雪坑村美客爱途民宿，因民宿主人之前的职业是景观设计师，所以特别注重空间自然氛围的营造。当地气候潮湿，民宿所在的后山上多生苔藓，民宿主人从山里采集苔藓，把苔藓栽种到利用废旧的老门板改造的长桌里，具有顽强生命力的苔藓使原本废旧的木材焕发出新的生机，门板作为桌面造景载体，在增加了新的实用功能的同时，也让整个室内空间变得生机盎然(图2)。这种翻新与改造的方式把原本两个不关联的材质、材料很好地融合在一起，所以完善废旧材料与当下环境的和谐匹配程度或增加废旧材料装饰性也是一种合理的改造方式。

图1　东林渡村朴院民宿接待大厅

图2　千岛湖雪坑村美客爱途民宿长桌

3. 量化重组

量化重组是一种用量变引起质变的设计方法。小体量的废旧材料本身缺乏一定的艺术表现力或装饰性，但可以通过单个物品或多种品类物品/材料的重复叠加、累积达到质变，从而形成视觉上的冲击与震撼效果。在利用量化重组的方式进行废旧材料的再设计时，一定要充分考虑空间的大小与废旧材料体量的关系，绝对不能单纯重复地堆砌，合理的设计节奏比例关系才能达到视觉上的和谐。例如在山东省日照市杜家坪村的凤凰措民宿项目中，在设计时将保护与再生的理念相结合，使用废旧民居中遗留下来的暖黄色老石头进行建筑整体墙面的砌筑，在保存了废旧材料的乡土自然性的同时，还充分传达了原有建筑的氛围记忆（图3）。所以，在利用不同形态、种类的废旧材料进行量化重组时，应该着重考虑材质、颜色、图形等元素的运用，不应过于繁杂，做到既独立又统一，在和谐中寻求变化，才能达到预期的装饰效果。

图3　杜家坪村凤凰措民宿墙面

4. 描绘与拼贴

在废旧材料上进行描绘，是一种最简单并且易操作的改造方式，通过描绘可以改变废旧材料的颜色和形态关系，进而达到增加空间趣味性的装饰效果。拼贴是利用一种废旧材料在其他物体或材质表面进行规则或者无序的排列，通过废旧材料本身的肌理特点、形态变化、色彩对比，改变拼贴载体的外观或功能，使其具象或抽象地表达作品的含义的形式。例如在四川省甘孜藏族自治州泸定县蒲麦地村的牛背山志愿者之家民宿，利用原址破旧民居的传统青瓦，借鉴建筑周围大山、云海的有机形态，采用数字化设计方法，搭建出传统与现代相结合的特色乡村民宿建筑（图4、图5）。在保留了青瓦的基本使用功能的基础上，改变原有的拼接建造手法并与传统木结构结合，形成了一种空间动态关联。青瓦的颜色、拼贴形式和谐统一，增强了视觉的整体感，从而进一步增强了建筑空间的功能性和实用性。

图4　牛背山志愿者之家民宿1

图5　牛背山志愿者之家民宿2

5. 情景再现

民宿室内设计中，情景再现的方式是通过呈现不同地域空间、时间的记忆，还原民宿居住者想要重温的“特殊场景”。特殊场景的重新呈现是一种具有人文情怀的设计方法，可充分利用原址中的废旧材料还原场所的特殊氛围感。废旧材料延续了自身的特性和使用者的认知，在民宿空间中产生了强烈的叙事感。例如在北京市大兴区庞各庄镇常各庄村姥姥家民宿中，建筑的土木砖石堆叠出老屋特有的怀旧气息。身处姥姥家民宿——被老榆木大梁包围的温暖空间，没有过多的设计矫饰，屋内出现具有乡村特色的葫芦瓢以及高高挂起的蒜串，都在向居住者讲述着老建筑过去的故事(图6)。大片玻璃窗的宽阔设计，营造了与大自然近距离的开放感，让庭院风景一览无余。通过完全裸露的原建筑中具有年代感的老旧木质结构，还原乡村常见的质朴生活用具以及生活场景，增强了空间的场所感，从而带给居住者亲切温暖的居住氛围。

图6　北京市大兴区姥姥家民宿

三、结语

乡村民宿的改造应按照修旧如旧的思路，充分对老建筑中的可利用的废旧材料进行再设计、再创造。通过深入挖掘废旧材料在民宿建筑设计中的美学价值，以及更深层次的可持续性价值，能够为民宿的发展创造出更多的可能性，从而引领一种更加时尚健康的生活方式，也为设计创作带来新的灵感或意想不到的设计效果。同时在一定程度上，抑制年轻设计师们的利益化、商业化趋向，缓解当前民宿设计中出现的概念风格搭配混乱的现象，以及混乱堆砌材料的情况。一味地求“新”未必是对的，废旧材料的再利用、再设计，具有节约资源、保护环境的可持续性价值。民宿的意义在于“沟通与融合”，人与物、物与情，匠心独运，新旧交织；传统与现代、感观和质感，交相辉映，呈现出一种浓厚的生活情怀——这是乡村民宿与传统商业酒店拉开层次与差距的侧重点。因此，在乡村民宿建筑设计中合理地利用废旧材料，必将进一步引领行业的设计潮流。

参考文献：

曹小凌．废旧物品在室内外环境设计中的应用研究[D]．合肥：合肥工业大学，2012.

谭波．废弃材料在民宿设计中的应用[D]．深圳：深圳大学，2017.

张曦文．可再生材料在室内设计中的应用研究[D]．长沙：中南林业科技大学，2013.

吴伟谦．室内设计与自然共生[J]．建筑设计与装饰，2016(5)：12－13.

国利．淘间老屋开民宿：老房子选址整修与改造[M]．武汉：华中科技大学出版社，2017：13－62.

罗莉．探究室内装饰生态化的发展[J]．室内设计，2016，(3)：42－44.

李白羽，吴晓东，邵明．从环境心理学角度探讨当今民宿设计趋势[J]．设计，2016（13）：54－55.
罗莉．探究室内装饰生态化的发展[J]．室内设计，2016，（3）：42－44.
杨珍珍，唐建．老宅新生：旧民居改造的乡村民宿建筑设计探析[J]．设计，2017，（9）：158－160.

基于精神功能的北京乡村民居起居空间设计实践

于　诚　（山西太原学院　太原　030051）

摘要：本设计研究以“精神功能”为北京乡村民居设计研究的出发点，通过对乡村起居空间的精神功能的文化内涵和乡村建筑的传承研究，阐述精神功能与建筑空间的关系；通过对乡村民居起居空间的案例演变研究，总结出乡村民居在精神功能方面存在的特点；根据乡村人群的精神需求，从传统文化、家庭氛围和生活品位三个方面总结出精神功能在乡村民居起居空间中的必要性，概括出精神功能在乡村民居起居空间中的设计原则和方法；根据上述研究，对实际案例进行设计实践，设计出以“礼”为精神功能且具有浓厚传统文化气息的现代乡村民居起居空间，为相关研究和设计实践提供借鉴。

关键词：精神功能；北京乡村；起居空间；空间设计

一、研究背景

中国乡村民居经过漫长的演化，以其特有的建筑形态、文化内涵和精湛的建筑技术展示了中国传统文化的博大精深和劳动人民的聪明才智，是中国历史长河中最为宝贵，同时也最具代表性的建筑文化遗产。现代社会飞速发展，大量的现代科技注入城市建筑中时，人们却忽视了乡村民居的发展，只是以城市建筑的审美方式去影响乡村民居建筑。导致乡村民居为了与时代接轨，在较少的技术支持和审美指导的情况下，不得不舍弃经历数千年形成的传统形式和文化底蕴，只能通过各种方式的“进化”和“变异”来满足自身日益增长的物质和精神需求。

（一）研究意义

随着“美丽乡村”建设在全国范围的兴起和实施，大量的乡村民居需要被修缮或重建。乡村是我国传统文化的根源所在，相较于城市而言，其保留了更多传统的建筑空间、室内陈设以及生活理念。本设计研究是以精神功能为出发点，通过对起居空间的演化和北京地区乡村的起居空间现状进行深入研究，结合现代乡村人群的生活观念、物质和精神需求，将精神功能重新植入乡村民居起居空间中。本研究结论可为北京乃至北方乡村的民居空间设计提供理论性参考和借鉴。

（二）空间选定

依据相关论文对建筑精神功能和乡村民居起居空间的研究得出的结论和设计方

法，以北京市马栏村现代民居类型的起居空间为范例，进行设计实践。现代民居类型是未来乡村建筑的发展趋势，如果以传统建筑类型或近现代建筑类型的起居空间为设计范例，虽然可以体现精神空间的设计理念，但不能作为未来乡村建筑发展的设计方向，因而不具备设计实践意义。现代民居起居空间规模较大，便于设计的发挥，该类型民居的起居空间在三种类型中是唯一体现家庭精神功能的主要空间，因此，可以确定将现代乡村民居起居空间作为设计对象较适合，也较有说服力。

（三）用户选定和用户需求分析

1. 用户选定

本设计实践选定马栏村村支书于某一家居住的民居，选定理由如下：

（1）在确立设计对象的实地调研过程中发现，马栏村村支书正在对自家居住的房屋进行改造，该房屋建筑类型为典型的现代乡村民居类型。其建筑空间较大，空间格局较为合理，便于设计实践的方案实施和设计效果的展示。

（2）村支书家庭人员组成为村支书及其妻子、一个子女、村支书父母，共五位家庭成员。该家庭结构完整，可作为目前乡村大家庭的典型代表。

（3）村支书作为马栏村的当地官员，其个人及家人修养、文化层次和审美水平较高，对传统文化和现代文化的理解较为深刻。在设计实践过程中可以适当减少由于乡村人群对部分设计手法和效果认同程度低而产生的顾虑，从而强化艺术手法在空间设计中的表现程度，强化最终的方案展示效果。

2. 用户需求分析

首先，对村支书家家庭成员从作息活动、兴趣爱好（表 1、表 2）两个方面进行分析。

表 1　家庭成员作息时间表

时间	村支书	妻子	父亲	母亲	孩子
6:30—8:00	起床、洗漱、早餐	起床、洗漱、早餐	起床、洗漱、早餐	起床、洗漱、早餐	起床、洗漱、早餐
8:00—11:00	工作	工作	出门活动	家务	上学
11:00—13:30	午饭	午饭	午饭	午饭	午饭
13:30—17:30	工作	工作	看报、练习书法	外出与其他老人交流	上学
17:30—18:30	晚饭	晚饭	晚饭	晚饭	晚饭
18:30—20:00	看电视、与家人交流、会客	收拾家务、与家人交流	看电视、与家人交流	看电视、与家人交流	写作业
20:00—21:30	读书、上网查阅时事新闻或进行工作事宜	照顾孩子、与家人交流	出门散步或在家与家人交流	出门散步或在家与家人交流	看书或进行课余活动（练琴、上网等）
21:30—22:00	准备休息	准备休息	准备休息	准备休息	准备休息

表 2　家庭成员兴趣爱好表

	村支书	妻子	父亲	母亲	孩子
兴趣爱好	阅读文学、历史、人物传记等书籍，茶文化，国画(山水)，赏石，养花	养殖观赏鱼、传统戏剧、十字绣、种植	书法、传统戏剧、养花、象棋	信仰佛祖、传统戏剧	上网、阅读、绘画、户外运动

(1)作息活动分析：从村支书家庭成员作息时间表(表1)中可以看出，家庭室内活动较为密集的时间段为 17∶30—21∶30，且活动大多集中在起居空间。

(2)兴趣爱好分析：从表 2 可以看出，村支书家庭成员兴趣爱好较为广泛且积极正面，同时，不同成员之间有部分相同的兴趣爱好。

(四)建筑空间分析

该民居属于现代民居类型，上下共两层，一层层高为 3.5 m，二层层高为 4.2 m。除院落外建筑占地面积为 92.15 m^2。一层空间由起居空间(包括餐厅)、玄关、厨房、卧室、楼梯间及两个卫生间组成。二层空间由三间卧室、两个卫生间及楼梯间组成(图 1)。

由于本研究针对乡村民居起居空间，在设计实践过程中只重点考虑一层空间。纳入设计范围的起居空间面积共 30.61 m^2，其中起居室(包括餐厅)20.94 m^2、玄关 9.67 m^2。需要说明指出，本方案中玄关亦属于起居空间的一部分。从起居空间的概念可以看出，玄关是家庭成员活动的重要空间和家庭会客的过渡空间。因而本方案将玄关归纳在设计范围之内。

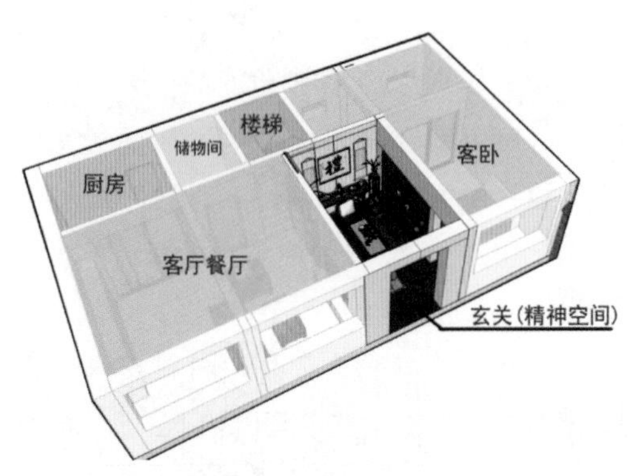

图 1　一层空间分析图

二、概念设计

(一)精神功能定位

基于上文中对目标家庭成员精神需求的分析，本设计方案将起居空间的精神功能的核心定位为中国传统文化中三纲五常中的“礼”。众所周知，中国是礼仪之邦，“礼”代表了中国传统文化的文明程度，是“中国精神”的核心之一，是目前构建精神文明建设和和谐社会的重要指导思想，也是个人道德水准、文化层次和文明程度的外在表现。对于一个家庭来说，“礼”是家庭伦理秩序的核心，也是家庭与家庭之间、家庭和社会之间连接的重要关系纽带。基于以上阐述，本设计实践将精神空间的表达核心确定为“礼”。

（二）设计思路与内容

设计内容主要是在保持现有的起居空间的基础结构的同时，通过对空间进行区域划分，明确各空间区域的形态和功能特点，将起居空间中的玄关单独划分出来作为精神空间主要表现区域来进行设计，以局部空间来烘托整体空间的效果。主要对空间形态、陈设、装饰、色彩等进行设计。

基于上述分析，本设计将玄关设计定位为具有会客、展示家庭文化氛围和主人审美情趣及爱好的传统风格空间。通过上文中对精神功能核心的定位，对家庭成员的精神需求、爱好的分析，计划在该空间中设置茶台、书画、室内石景、盆景以及其他传统意蕴浓厚的陈设和装饰，并将以上元素进行合理设计和搭配，营造出以“礼”为精神功能核心的起居空间。

（三）深化设计

1. 草图方案

初期方案通过将厅堂还原在玄关空间当中，在加入条案、太师椅、八仙桌、屏风的同时，融入家庭成员的兴趣爱好和精神诉求（赏石、植物、书法等）。后发现由于玄关空间的尺度约束性，将厅堂完全还原在该空间中较为困难，同时在使用功能方面欠妥。通过初期草图（图2），确定了自然光与石景的结合，同时也将室内设计思路由模仿传统厅堂转化为针对地域特点突出质朴且强调人文气息的风格。

在后期的草图方案中（图3），主要以质朴的当地民俗以及家庭人员的兴趣爱好为出发点，用茶台来替代传统桌椅，保留传统厅堂的太师壁元素，对室内石景进行了深入优化，并通过对室内活动路线的初步

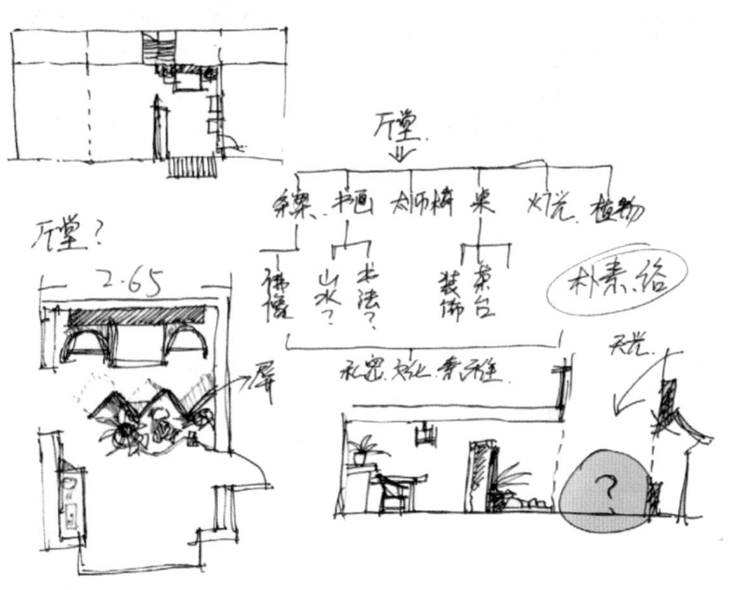

图2　初期草图

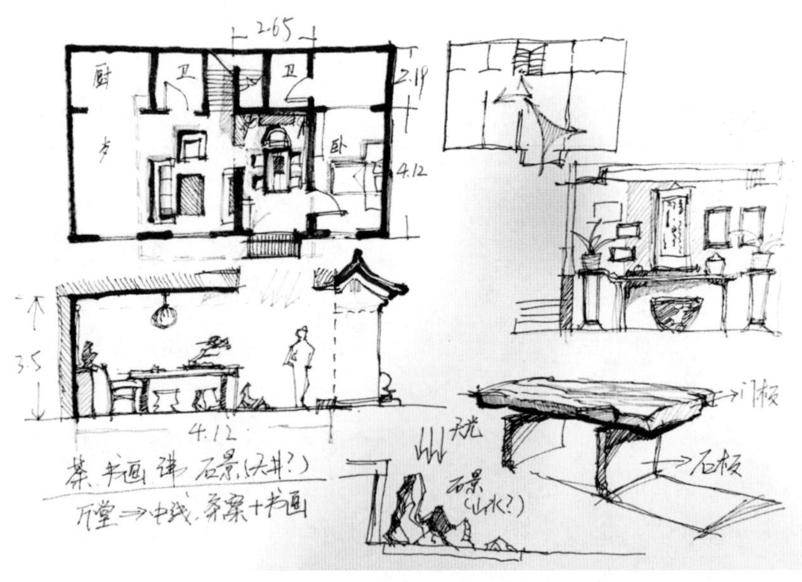

图 3　后期草图

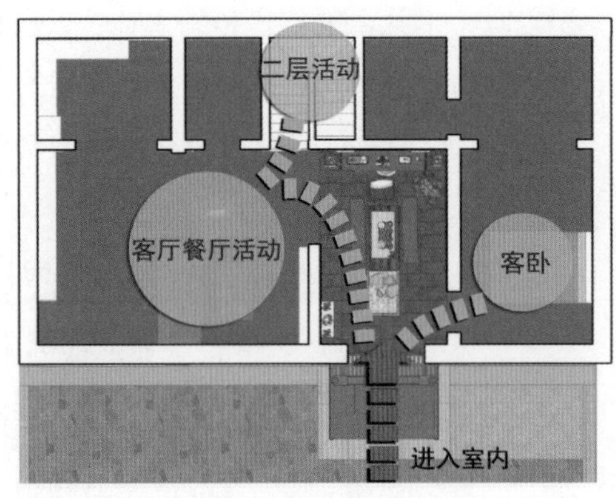

图 4　路线分析图

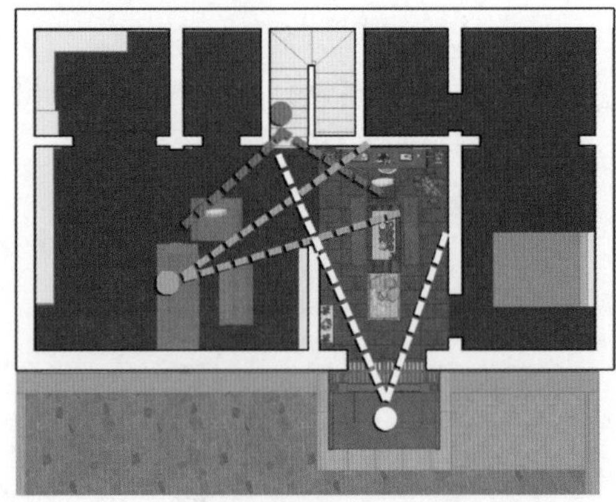

图 5　视线分析图

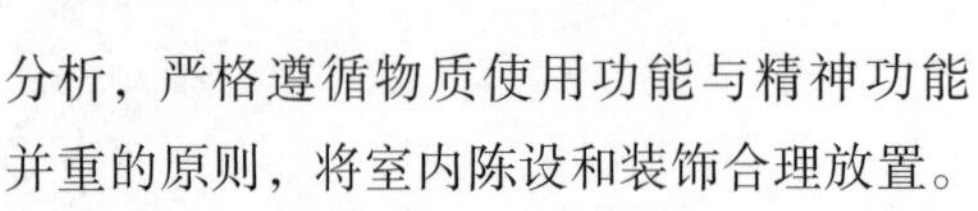

分析，严格遵循物质使用功能与精神功能并重的原则，将室内陈设和装饰合理放置。

2. 空间格局设计

玄关为该民居建筑的室内入口空间，西面为起居室，东面为卧室，作为人员进出和家庭内部活动的必经空间，也是一楼视线空间的中心点之一。因此，需要对家庭人员的活动路线和室内视线进行分析，为下一步的空间格局提供依据。

（1）活动路线分析

通过对家庭人员活动的路线分析（图 4），可以看出，玄关空间是从室外进入室内、从一楼卧室到客厅、从客厅到二楼等路线的必经之地，且活动路线占据的空间较大。因此，在原有的空间基础上无法确保设计方案使用功能的便利性和精神功能的严肃性。

（2）视线分析

玄关空间在入口视线中得到完全展示，使人在进入建筑内部空间的第一时间就能感受到空间带来的精神感染力；由客厅通往玄关的视线被电视墙阻挡，保留了玄关空间的私密性；从二楼通往一楼、从玄关通往客厅和楼梯口的视线均较为通透，从而对玄关空间的私密性产生了影响（图5）。

通过以上两点分析，对空间格局做出以下改动：

①在楼梯口位置处增加矮墙，将人员进出客厅的路线与玄关空间进行分割，矮墙高度为1.1 m，使家庭成员在正常活动时不妨碍该空间精神功能的体现，并保证空间的私密性。

②在矮墙上设置格栅，格栅可以起到一定程度的隔挡视线作用，同时又不会将视线完全封闭，保留了玄关空间的通透性（图6、图7）。

图6　起居空间平面图

图7　起居空间剖面图

3. 家具陈设设计

为了确保设计整体效果的协调统一，因而在设计中大量选用传统样式的家具陈设，强化具有中国传统韵味的视觉感受和精神氛围。

(1)茶台及座椅

马栏村保留着大量的传统建筑构件和传统生活用品，这些物件很好地反映出当地传统的地域文化和生活习俗，故通过对废弃的老旧门板进行改造加工可以打造出茶台。对老旧门板进行切割和打磨，刨除铆钉和其他残留金属构件。茶台上放置一块浅灰色麻布，麻布上摆放茶壶、茶杯等茶具，除此之外，还放置盆景和其他装饰摆件进行形式上的强化和点缀。座椅根据茶台的用料和色彩进行搭配，同样保持传统与质朴的风格。整体效果彰显主人质朴的生活方式和崇尚传统的生活品位(图8)。

图8　茶台及座椅

(2)条案及书画装饰

在起居空间北侧放置一张条案，条案上摆放家庭成员信奉的佛像以及反映地域特色的装饰或摆件(图9)。北墙悬挂一幅书法，内容为“夫礼，天之经也，地之义也，民之行也”，意在强化“礼”在空间中的精神功能的核心地位。在条案下方放置一口水缸，缸中养殖金鱼。为了营造氛围，可以设置水泵从而产生潺潺的流水声音，给人额外的听觉享受(图10)。

图9　条案及装饰

图10　水缸

(3)博古架

在起居空间东侧放置博古架，博古架风格为简约中式风格。博古架上放置房屋主人收集的盆景和山石，以及一些具有审美意味和文化价值的器皿摆件。博古架为规则的格状，每个格子空间大小一致，配有可开合的玻璃格挡和照明灯光，在有客人来访时，主人通过打开灯光照明来展示博古架上的物品陈设。

(4)室内石景

室内石景(图11)的设计灵感来源于传统民居建筑中天井的形式。由于建筑中玄关空间的垂直通透性造成的独特视觉效果和良好的采光条件，恰好与天井的样式类似，鉴于房屋主人对赏石的热爱，在室内设计一处石景，用于主人对个人兴趣爱好的展示。

图 11　室内石景

石景的具体设计方法为：在地面下挖长、宽 80 cm，深 5 cm 的下沉空间，在空间中铺设细密的白色鹅卵石，将主人收集到的山石以美观的形式摆放于鹅卵石中。山石的不同组合形式配合充足的日间光照（图 12、图 13）可以产生多种视觉效果，可以是气势磅礴的山川样式，也可以是层层叠嶂的丘陵或耐人深思的孤石，通过这种石景隐含的寓意来展现主人的精神诉求。到夜间自然光照减弱消失，在室内照明光线的渲染下，石景又会展现出另一种不同于白天的视觉效果。

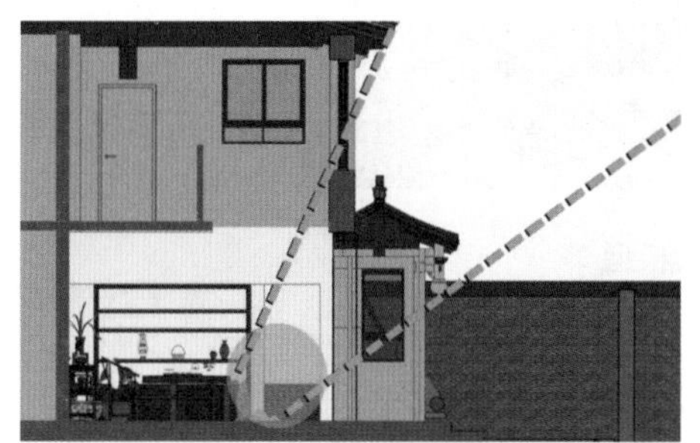

图 12　光照示意图 1

图 13　光照示意图 2

4. 色彩运用

基于整体空间风格的考虑，在色调的设计中，以墙体、地面、家具的色彩为主构成整体环境的色彩氛围，风格方面遵循质朴和淡雅的色彩基调。墙体色彩以简约大方的白色为主，地面铺装选用与传统色彩“油烟墨”色近似的深灰色仿古地砖。深色的地面铺装与白色墙体呼应，代表着传统民居中青砖、灰瓦、白墙的色彩搭配。同时，大量的木质家具呈现出的以棕色为主的暖色调与墙壁地面的冷色调形成强烈对比，强化了整体空间色彩的视觉冲击力。

除以上三种主要色彩外，通过空间内放置的适量绿植以及其他具有鲜艳色彩的陈设装饰的点缀，丰富空间色彩的多样性，达到一种质朴而又华丽、庄重而又活泼的色彩效果。

三、实物模型(图14—图18)

图14　实物模型1

图15　实物模型2

图16　实物模型3

图 17　实物模型 4

图 18　实物模型 5

四、结　语

本研究以乡村精神功能为基础，首先对建筑的精神功能展开研究，以具有代表性的北京市马栏村民居为例，结合对传统厅堂到现代起居空间演变的分析，针对其空间形态、陈设样式和使用功能展开分析，探究目前乡村民居起居空间中精神功能的表现方式和存在问题；通过对乡村人群的精神需求的分析研究，提出精神功能在起居空间中的设计原则和营造方法；意图将起居空间的物质功能与精神功能相结合，通过协调二者之间的关系来形成一种既可满足乡村人群的物质和精神需求，又能强化空间精神功能的起居空间设计思路。

设计研究仍需进一步发掘最具有代表性和普适性的乡村人群的精神需求，同时在未来的设计实践中要加深对传统地域文化的理解和设计手法的灵活运用，横向拓展室内设计专业领域的其他设计原则和效果展示方式，进一步从科学性、实用性和艺术性等多方面展开设计实践，使本设计研究成果真正服务于乡村人群，改善乡村人群的生活品质。

参考文献：

蔡镇钰．中国民居的生态精神[J]．住宅科技，1999，(10)：53－56.

陈一鸣，徐东一．重构传统建筑装饰与室内设计的本土化创新[J]．城市建设理论研究，2013，(24).

贾宣墨，李春青．浅析京西马栏古村聚落环境与空间形态[J]．北京建筑大学学报，2014，(4)：8－13.

刘沛林．论中国历史文化村落的“精神空间”[J]．北京大学学报(哲学社会科学版)，1996，(1)：51－55.

马建民．中国传统民居“向心性”空间[J]．东方艺术，1994，(5).

马建民．中国传统民居的装饰风格与文化心态[J]．室内设计与装修，1995，(5)：15－17.

雍振华．关于传统民居研究的思考[J]．南方建筑，2010(6)：9－11.

阳静，贾强．中国传统建筑与传统文化：论建筑的矛盾性、复杂性与中庸之道[J]．中外建筑，2000(5)：20－22.

张爱莉．室内空间意境创造的研究[D]．南京：南京林业大学，2004.

张大伟．传统四合院民居建筑的灰空间构成探析[J]．价值工程，2010，29(27)：73.

张地缘．营造空间：浅论(传统)设计心理与室内空间设计[J]．湖南轻工业高等专科学校学报，2002，14(2)：73－76.

张慧，赵晓峰．中国传统民居庭院空间的生态文化内涵[J]．河北学刊，2008，28(3)：245－247.

周鸣鸣．中国传统民居建筑装饰的文化表达[J]．南方建筑，2006(2)：116－119.

情感化吉祥符号在北京乡村民居影壁中的设计研究

朱嫣绯　张继晓　(北京林业大学　北京　100083)

摘要：本文运用情感化设计方法，对乡村影壁中的吉祥符号进行了系统分析，对影壁中吉祥符号的实用功能与精神功能进行了归纳与总结，并对两者之间的关系进行了梳理，最后总结出北京乡村影壁经济实用、以人为本、情感表达、艺术特质的设计原则和“形”“色”“质”“饰”的设计方法，为未来的影壁设计提供参考。

关键词：情感化；吉祥符号；乡村民居影壁；乡村设计

一、情感化设计的研究

(一)情感化与设计

情感化设计是一种在尊重使用功能的前提下，通过设计达到使用功能、审美功能、情感满足功能三者兼具并重的体验式的设计方法。

情感化设计分为本能层次、行为层次和反思层次。①本能层次的设计是让使用者通过感官产生第一时间的先于思维的感受的设计。②行为层次的设计是具备易读性、易用性，让使用者产生“会用”“好用”的体验感受的设计。③反思层次的设计，是基于人的感觉和使用后的体验感受等要素来实现的设计。

(二)情感化设计的特点

1. 情感诉求性

情感化设计是一种在满足实用功能的前提下，基于使用人群内心情感需求而进行的情感化表达设计。因此，精神部分在设计中的作用显得相对突出。

2. 大众共识性

当今的情感化设计是一种设计师运用自己的创造力，以产品为载体，通过各种符号进行非语言化的转换，这些符号应具备能够产生大众共识的特点，让人们感觉器官接触到设计以后，能够第一时间明白“是什么”“要传达什么”。

3. 精神象征性

情感化的设计是文化背景、审美观念、情感抒发的交融，使他人能够非常容易辨别、感知出设计者想要表达的抽象概念，如身份地位、生活态度、个人习惯等。

二、北京乡村民居影壁中的吉祥符号特色

(一)影壁的概念及作用

影壁，也叫做照壁，是我国传统民居建筑中的重要元素之一。对影壁作用最早的记载——“台门而旅树”——出现于《礼记》中，意为影壁从旁挡住道路与天子、诸侯宫室的门。由此可以知道，影壁起到的

是一种遮挡作用。

(二)北京乡村民居影壁的主要形式

按照平面形状对影壁进行分类，分为：一字影壁、座山影壁、撇山影壁、雁翅影壁。北京乡村民居多以小四合院或者三合院形式出现，因为受居住空间布置结构、建造经费等条件影响，入口空间区域相对比较狭小。座山式影壁，因其节约空间、和山墙完美融合的特点，成为北京乡村民居影壁建造中最主要的形式(图1、图2)。

图1　北京市门头沟区马栏村座山影壁正面

图2　北京市门头沟区马栏村座山影壁侧面

(三)吉祥符号的概念

人们利用聪明才智，将心中的美好愿望通过“象征”“谐音”“表号”的寓意手法，通过具有代表性的载体表达出来，这些具有高度概括性和传达美好意义的媒介就可以理解为吉祥符号。

(四)吉祥符号在北京乡村民居影壁中的表现形式

1. 图像性表现

(1)植物类吉祥符号：植物类因贴近乡民生活，为图像性吉祥符号里使用较多的题材。如被视作富贵吉祥象征的牡丹，它常见于乡村民居影壁的壁心上(图3)。

(2)动物类吉祥符号：北京乡村民居影壁中使用最多的动物吉祥符号为蝙蝠，多以单体形式见于壁心四角，或与其他吉祥符号组合出现于壁心，充分体现了乡民想要表达的幸福观(图4)。

图3　北京乡村影壁牡丹纹

图4　北京市门头沟区苇子水村影壁蝙蝠纹

2. 指示性表现

（1）文字符号：吉祥文字在北京乡村影壁中是一种指示性符号。“福”字为使用最频繁的符号，常使用于影壁壁心或者壁顶瓦当处（图5、图6）。

（2）色彩符号：北京乡村座山影壁主要可以分为砖材料铺制而成的硬心影壁和白灰刷制而成的软心影壁。硬心影壁主要依靠精湛的砖雕技艺雕琢而成的各类形态符号表达求吉心理，整个影壁壁体没有过多的色彩修饰。

图5　北京市爨底下村影壁上福字1

图6　北京市爨底下村影壁上福字2

3. 象征性表现

（1）造型符号：北京乡村影壁壁顶上两头斜伸向天的装饰构件叫做“朝天笏”（图7）。它是一种典型的消灾难、保平安的象征性建筑结构，被普遍用于北京乡村民居建筑中。

（2）装饰符号：几何造型装饰符号也被广泛运用于北京乡村影壁壁顶的椽头、壁心的线枋子、壁底束腰三个部分。如壁顶椽头的“卍”字纹样（图8），壁心的线枋子处的回纹，壁身、壁底处的对称有序或二方连续的纹饰。

图7　北京市爨底下村座山影壁上的“朝天笏”

图8　北京市爨底下村座山影壁上的“卍”字纹

（五）吉祥符号在北京乡村民居影壁中的基本特征

1. 功能与形式的合理性

北京乡村影壁作为北京乡村建筑元素中的重要部分，在借助吉祥符号传达语义时，遵循“形式追随功能”这一设计法则。在使用功能上，根据居住空间、合院出入口的大小，多以座山影壁这种兼具装饰作用和实用功能的形式而存在。在题材的选择上，以贴近乡民生活的动植物和传统文字、几何造型符号为主，保证了影壁在使用功能和审美功能上的合理性。

2. 情感与精神的召唤性

北京乡村影壁符合乡民自身的情感需要，实现对乡民情感的物化传达。户主把自己想要表达的情感通过各种吉祥符号寄托于自家的影壁上，通过吉祥符号的召唤性，达到满足心理上的安全感、幸福感、自豪感等。

3. 寓意与表达的象征性

象征性表达是北京乡村影壁的情感表达中的重要手段。在吉祥符号使用上，根据不同用户的意图期望、情感诉求，选择不同的符号。表现手法上，以谐音、隐喻、换喻为主。

(六)情感化设计与北京乡村影壁的关系

北京乡村民居影壁是乡民精神世界的物化反映，吉祥符号又是乡民在影壁中对于吉祥观的集中物化反映。这种反映以人对影壁中符号的表象认知到深层次的语义认知为目的。用情感化设计方法指导北京乡村影壁中吉祥符号的塑造，赋予影壁集经济实用、情感表达、艺术审美等因素于一体的实际价值，对于未来的乡村影壁经济价值的提高、人文关怀的提升、精神象征的深入表达都有一定的帮助。

三、北京乡村民居影壁中的情感化吉祥符号塑造

(一)北京乡村民居影壁中情感化吉祥符号的设计原则

结合诺曼的情感化三个层次与北京乡村影壁的吉祥符号特征，北京乡村民居影壁中的情感化吉祥符号的塑造应该遵循如下原则：

1. 经济实用

首先，情感化设计最基础的层次需求为本能层次的设计，即影壁及吉祥符号的设计呈现应满足感官者视觉、触觉等第一时间的体验感受。设计师的设计呈现应以影壁的实用性条件为前提，影壁的设计应符合人体工程的基本法则。一字影壁、撇山影壁、雁翅影壁因体积较大适用于建筑面积较大的院落，座山影壁因体积较小适合建筑面积较小的院落。

2. 以人为本

影壁中情感化吉祥符号应以人为核心。这要求设计师能够了解乡民的生活方式、生活习惯。在题材上多选取贴近乡村的植物类、动物类吉祥题材，文字吉祥符号以简洁明了为宜，造型结构应符合现代审美，吉祥符号的颜色选择也应根据北京地区传统吉祥色彩并结合环境颜色予以恰当匹配。

3. 情感表达

引起人积极的情感反思是情感化吉祥符号塑造的重要诉求点。这要求设计师对使用者的所需如生活喜好、身份地位、文化认同等情感准确把握。影壁中的吉祥符号的语意主要通过比喻、象征、借喻等修辞手法表达，使影壁具有较深入的诠释力，对于积极的、愉悦的情感有较强的召唤力。

4. 艺术特质

影壁中吉祥符号的形态的塑造既是实用功能的实现，又是精神功能的传达，也应是包含符合大众审美的艺术品。具体的结构形态符号塑造应遵循现代美学法则，在形态塑造、颜色选择、材质选择、装饰构造等方面融入相应的艺术创作技法，使

吉祥符号呈现出传神的艺术特质。

(二)情感化的吉祥符号在北京乡村民居影壁设计中的应用方法

1.“形”的情感化吉祥符号

(1)投其所好

造型在情感化吉祥符号中充当传达信息的重要媒介。要求设计师对于符号要传达的内容和引起的感情有很强的把控力。在造型题材的选择上，最基本的要求应该选择贴近乡民生活的吉祥题材，同时能够具备感知力，如关于生活、生财、生产、生命的题材。

(2)突出重点

象征意义是乡村影壁吉祥符号的重要表达内容，象征意义的情感认知主要通过吉祥符号的“形”透露出来。在影壁营造时应对大小、比例、尺寸有所衡量，构成恰当的比例关系。如，影壁壁心中的造型表达应为协调的造型，使感官者在最短时间内抓住表达核心。

(3)形态融合

情感化吉祥符号的表达应注意具象与抽象形态的融合。具象与抽象形态之间的前后、主次分配会让感官者产生不同的心理感受。在影壁的情感化吉祥符号塑造中，以具象和抽象形态融合的方式呈现为最佳。选取适宜的具象形态，如植物类、动物类、文字类结合抽象的点、线、面元素，方能创造形态化的情感表达语言。

2.“色”的情感化吉祥符号

(1)情感激发

色彩本身具有语言，根据不同的色相、明度与纯度可对视觉感官产生不同的心理影响。吉祥符号中的色彩使用应结合人对色彩的生理性反应及人所处的不同文化背景。

(2)尊重民风

不同颜色在不同国家和地域具有不同的象征意义，这种象征意义通过“物理—文化—心理”的渠道引发感官者的心理反应。在北京乡村影壁的情感化吉祥符号使用中，应该充分了解乡民对于颜色的好恶偏向。例如红色、金黄色、朱色在中国代表吉祥，但金黄色在我国多为帝王宫殿所用颜色，不适用于民间建筑之中。

(3)和谐统一

颜色在影壁吉祥符号中的运用，还应该遵循统一性的原则，这种统一性体现在两个方面：一方面，色彩在吉祥符号中的情感化使用，应与北京乡村影壁整体色彩相协调，在色彩的情感化传达中还应与吉祥符号的“形”“质”“饰”妥当地匹配协调；另一方面，乡村影壁作为乡村民居建筑的重要组成部分，在设计建造中应该充分考虑与山墙、厢房、合院、村落等使用环境的搭配，达到整体色彩的协调效果。

3.“质”的情感化吉祥符号

(1)合理选材

因影壁具有长久性的使用特点，使用功能还应作为首位的考虑。材料应具有一定的硬度、抗磨性、抗风化性。其次，材料的选择应该适用于影壁建造和加工工艺。如现在北京乡村影壁多用的青砖材料，为黏土烧制的复合材料，其密度高，抗耐磨性强，不变形，不变色，可塑性强。

(2)质感搭配

在时代发展中随着不同文化因素的融入，材料与语意构成了相应的认知系统。在乡村影壁的吉祥符号情感化表达中，应选择与乡村环境和影壁文化背景相契合的材料。在不同材质搭配时，要注意明度、软硬、色泽上的差异性搭配给人带来的审美感受。

（3）亲近宜人

民居建筑作为人的生活环境的重要部分，选材讲究对于环境的保护和与人的亲和度。一般说来，自然材料在触觉和视觉上给人带来的亲近感要高于人造材料。如同样坚硬的石材和金属材料，会使人分别产生沉稳质朴和冷漠笨重的感觉。

4. “饰”的情感化吉祥符号

（1）美学原则

美学原则为装饰在乡村影壁吉祥符号情感化营造应遵循的形式法则，在具体的营造中应注意：一是统一与变化，装饰在北京乡村影壁上的吉祥符号情感化的营造应注意整体的统一以及局部的变化；二是对称与均衡，北京乡村影壁本身为对称均衡形态，吉祥符号的呈现也多以对称形式出现，装饰设计的融入也应以视觉及心理舒适感为出发点，以求得均衡感；三是比例与尺度，装饰的比例与尺度应考虑到人与影壁的构建结构关系、结构与结构之间的关系等。

（2）艺术技法

运用艺术性的技法对北京乡村影壁吉祥符号构建有很强的美化作用。当下市场上可见的装饰技法主要有雕刻、彩画、烙花、描金等。使用恰当的艺术性技法可以提升影壁中吉祥符号的视觉美感。

四、结　语

本文以情感化设计理论为指导思想，总结出情感化设计“情感诉求性”“大众共识性”“精神象征性”的特点。以北京乡村民居影壁为研究背景，总结出其中吉祥符号的基本特征。将情感化设计方法融入北京乡村民居影壁再设计，得出北京乡村民居影壁吉祥符号塑造的应用原则和“形”“色”“质”“饰”方面的设计方法。利用符合当代大众需求和设计思潮的设计方法，服务传统民居建筑元素再设计，为“美丽乡村”民居建设提供一些有价值的参考。

参考文献：

陈浩，高筠．语意的传达：产品设计符号理论与方法［M］．北京：中国建筑工业出版社，2009.

戴瑞．产品形态设计语义与传达［M］．北京：高等教育出版社，2010.

勾承益．福．福气．福音［M］．成都：四川人民出版社，2009.

胡飞，杨瑞．设计符号与产品语意［M］．北京：中国建筑工业出版社，2012.

马炳坚．北京四合院建筑［M］．天津：天津大学出版社，2004.

唐纳德·诺曼．情感化设计［M］．北京：中国建筑工业出版社，2006.

赵倩，公伟，於飞．北京四合院六讲［M］．北京：中国水利水电出版社，2012.

张道一．吉祥文化论［M］．重庆：重庆大学出版社，2011：40－86.

张洁．北京旧城影壁研究［D］．北京：北京建筑工程学院，2010.

张凌浩．产品的语意［M］．北京：中国建筑工业出版社，2005.

传统地域文化影响下的北京乡村门楼设计研究

徐艳妮 （高等教育出版社　北京　100029）

摘要：本设计研究以北京乡村为研究平台，对北京乡村门楼的传统地域文化进行了较为系统的调研、整理、解析，从地理环境、历史文化及民俗文化角度诠释了北京传统地域文化特色。从传统地域文化的角度分析了北京乡村门楼的发展状况及形态特征，对所搜集到的图像实例信息进行归类总结。结合设计学的方法分析了北京地域下的门楼文化特质及审美功能关系，从中明确门楼的设计风格定位，提出传统地域文化在北京乡村门楼中的设计原则和应用方式。将门楼中的文化特性与人的精神寄托和审美感受有机结合，提炼出北京乡村门楼设计的基本方法。

关键词：地域文化；北京乡村；乡村设计；门楼设计

一、传统地域文化概念诠释

（一）传统地域文化在北京乡村的反映与体现

1. 自然地理环境

北京总体地势呈西北高东南低状，东南部、南部、中部以平原为主，东北部和西北部以山地为主，大多是中山、低山，在军事上是重要的交通要道。北京传统农村大多位于山麓地带，自然环境丰富多样，水土资源充沛，适宜农耕，有着优越的居住条件。自古天人合一的生态观念影响着北京村落的选址格局，天然的生态环境、以村为单位的村落模式使得人们对邻里和谐、家庭和睦、生活富足、风调雨顺等文化观极为认同，再加上依附于文化古都的多元文化背景，成为北京乡村门楼地域特色形成的自然地理前提。

2. 历史文化

人口的聚集与流动影响着村落的兴衰变迁，聚居成村的原因为家族血缘或价值信仰的统一，从而形成村域文化。庄子曰：“水之积也不厚，则其负大舟也无力。”北京乡村具有鲜明的历史文化特色，集合了历史与文化在传承中的诸多形式和内容，包括物质文化和非物质文化，体现在民俗民风、建筑格局、宗教信仰、生活方式、饮食文化等方面。北京作为历史文化名城聚集了大量的物质与非物质文化遗产，是历史文化价值的重要体现，并且拥有很多保留比较完整的历史文化村镇，保留了完整的传统建筑格局和文化风貌，体现了北京历史的完整性、多样性、原真性、延续性等特点。

3. 民俗文化

民俗文化是民间百姓的风俗生活文化的统称，也泛指一个国家、民族、地区中集居的民众所创造、共享、传承的风俗或生活习惯。它是一种悠久的历史文化传承，是一种相沿成习的物质和精神现象。民俗的基本特征有：集体性、传承性和扩布性、稳定性和变异性、类型性、规范性和服务性。民俗是几百年来民间生活中风俗、习俗的沿袭，离不开民众的日常生活、生产劳作以及娱乐方式。北京乡村民俗文化经历了从石器时代到新时代的沿袭发展，汇聚了各时期、各阶级、各民族、各领域的时代特征，涵盖了衣食住行、血缘宗亲、精神信仰、物质生活、社会性质等方方面面，具有鲜明的地域特征。

（二）北京乡村传统民居的地域文化特征

北京乡村民居符合以北方院落为中心，四周建筑环绕的四合院式格局，呈中轴对称之势。院落与院落间由胡同相连接，因北京民居具有的文化向心力以及形式内松外敛的特点，院落大部分都为坐北朝南方位，源于人们对住宅风水的讲究。多次调研发现，北京乡村家家大门敞开，或虚掩半开，方便相互之间的串门，可见农村“里仁为美”的精神常态。门楼是流线的起始点和转折点，也是一种无声的向导，即使初次拜访北京乡村的游人，到门前也不会有被拒千里之外之感，这种无声的引导牵引着人们迈过门槛，这时影壁宾礼相迎，仿佛这已成为约定俗成的待客之道。从总体空间形式来看，自家院落相对独立封闭，邻户间由胡同紧密相连。院内是完全封闭的空间，院外由胡同包围形成半封闭通道空间，出了胡同才是相对开放的空间，总体呈现循序渐进的从封闭到开敞的过渡，符合人的心理需要，是具有人性化的空间设计。

二、北京乡村门楼的形态样式

（一）北京乡村门楼的样式分类

门的种类包括山门、宫门、城门、牌坊门、宅门、寨门等。普通住宅大门被称为门楼，门楼是四合院建筑形式的重要组成部分，作为内外空间转换的媒介，其空间位置、造型工艺、规格尺度极其考究。北京传统民间流传着一句谚语：“高台阶儿，红门楼儿，石门墩儿，碎砖头儿。”这是老北京街巷胡同的特征写照。通常门楼设在宅院的东南角，受风水学影响，按照八卦“巽”（音训）的方向开门，采取“坎宅巽门”的形式，巽指东南，向东南角开门为吉，这也是传统社会封建礼制的写照。

门楼作为建筑的主要门面体现，屋主人通常为了显示其权势地位和富贵身价，在门楼的建构上极其严格。因社会地位、富贵等级的不同，门楼的形式也不同。京城达官显贵众多，固然在门楼的级别和形式上更加考究。相较之下，乡村则显得更加质朴、清素，究其根本在于贫富差距导致门楼的形式多种多样。①广亮门通常只有官宦贵族才能使用，具有较高的台基以及半间房的过渡空间，因所有梁柱都裸露在外，又被称为“广梁大门”。②金柱门同样也是官宦人家所采用的门楼形式，与广亮门样式相似，只是在形式规模、体量上比广亮门窄小，因门扉在金柱与前檐之间而得名“金柱大门”。③蛮子门的名称由来众说纷纭，传说是南方商人为确保安全将门扉紧贴外墙，不给坏人留有蔽身之地，是南方人住所的标志性象征，因此被称作“蛮子门”。④古代用“大门不出，二门不迈”来比喻大家闺秀，通常将二道门叫做垂花门，垂花指的是大门两侧悬吊的檐柱，也称“垂莲柱”或“垂花柱”。⑤如意门因等级较低，在北京民宅中使用最为广泛，因门簪上多刻有如意二字而得名。⑥随墙门又叫墙垣门，顾名思义门开在院墙上，在门楼中最朴素简单，在乡村宅院中使用最为广泛普遍，结构以砖石砌筑而成，稍讲究的门楼也会有艺术砖雕。⑦洋街门主要受外来文化影响因素而成，大部分构件都是舶来品，富有智慧的能工巧匠们将其与中国传统文化元素完美结合。⑧砖券拱门因其半圆拱形门似车棚券和木梳背而得名，在北京市门头沟区常出现，在门和窗户的构造中都有此形式，以砖块垒起，还有许多用瓷砖贴面。

(二)北京乡村门楼的组成结构

1. 基本结构

北京乡村门楼主要是由基本结构以及门楼附属构件组成，门楼整体分为三个部分，分别为门头、门扇、台基。门楼构件依附于基础结构之上，相互之间比例协调，功能各异又互为补充。

(1)门头。门头又被称作门罩，是古代用来挡雨遮阳的雨篷结构，后期逐渐演变成为一种装饰形式，最早使用木材制作，后来就改成砖石筑造。主体结构包括柱梁、横梁、砖瓦、屋脊。其大小和结构复杂程度因横枋的叠加数量、砖瓦装饰的简繁程度变化而不同。

(2)门扇。传统门楼的门头部分在门楼中的所占比例最重，其次是门扇。门扇是指可以开关的扇叶，是门楼结构中最重要的组成部分，功能作用最为突出，从一扇到多扇不等，通常北京乡村门楼的门扇是一到两扇，是门楼造型和风格的重要体现。门闩、铺首、包页、春联都附属于门扇之上。

(3)台基。台基在整个门楼中起到稳固重心、强化结构基础的作用，包含门槛、台阶以及门枕石。门扇底部是门槛，门槛也叫门坎，是门楼中最底端紧挨地面的横置结构，在材质上有木质、石制、金属之分。古代门槛与膝齐平，门槛的高低之分象征房屋主人地位高低，通常用“高门槛”来指代大户人家。门槛明确将宅内和宅外分割开来，既防止房内财气的外流，又对外部邪气等不利因素起到防御和阻挡作用。古代百姓很注重门槛的完整程度，人们会将门槛的断裂与破损视为凶与不顺。台阶在传统风水观念中单数阶梯为吉，双数为凶，大多用石材铺设，强化基础的同时增长使用寿命。

2. 装饰构件

(1)门簪。在古代，门簪因形似妇女头上的发簪而得名。在婚姻中通常说的“门当户对”中的“户对”指的就是门簪，媒人们通过对比男女双方家的门簪数量是否相同来判定是否门当户对。通常门簪数量为一对或两对，用来体现等级的高低。样式上有菱形、方形、长方形、六角形、八角形，图案以植物花卉为主，还有一些吉祥语图案，如“出入平安”“天下太平”“吉祥如意”“福寿”“吉祥”等。

(2)门环。门环又叫门钹或铺首，是用来叩门和开关门的常用实物构件。单是一个门环就能反映出大量的历史信息。兽身门环是帝王统治阶层的专属，象征统帅主宰地位，平常老百姓不得使用。农村百姓人家使用最多、最广泛的是太阳门环，寓意带来光明和希望，是祥瑞的化身。再就是花盆门环，盆乃是聚宝之器，花谐音发，发就是发家发财，花盆门环多为熟铁打制而成。传统民间老百姓想方设法通过门环的各种纹饰和形态来表达对美好生活的企盼。

(3)门墩。中国台湾作家林海音在《城南旧事》中收录了一首北京童谣："小小子儿，坐门墩儿，哭着喊着要媳妇儿。"门墩又叫门枕石、抱鼓石、门台、门鼓、门座，起初是作为门轴来支撑门框的石质构件，后期演变成用来避邪纳福的镇宅器物。门墩形态丰富多样，有抱鼓形和箱形，另外还有多角柱形、狮子形等。最常见的是狮子形，再就是石虎形，大户人家多选择大石狮门墩，普通四合院通常选择小石狮子或者小石虎门墩。北京几乎很难找到形态、纹饰、尺寸、题材完全相同的门墩。门墩上通常刻有精美纹饰，借助动植物、寓言传说、人物形象、几何图案等纹饰来表达美好祝愿，寄托对健康、长寿、平安、和谐、避邪、祈福等愿望的追求。

(4)护门铁。为防止门扇的磨损，老北京门楼通常在门扇底端加固护门铁，又可称铁包页、铁包皮。顾名思义，护门铁大多以铁皮或铜制成，占整体门扇四分之一的面积，呈左右对称形态。在造型上以葫芦形状居多，此后由葫芦形还演变出瓶形、如意形、蝴蝶形等，寓意平安、吉祥，同时起到驱邪避恶、保佑平安的精神功能。单是一个护门铁就能体现出中国门文化在建造工艺、精神文化传承以及视觉美感方面的深厚造诣。

(5)灯龛。灯龛因在壁龛中放置长明灯而得名，壁龛最早出现在宗教建筑上，内置佛像，又被称为佛龛。北京传统老门楼在门扇两侧墙壁上掏挖龛洞，普通老百姓家一般放置油灯寓意长明灯。每到除夕之夜，家家户户点灯火，一旦点燃，就不会吹灭，直到灯油燃尽，这是民间的传统风俗。灯龛在北京传统古村落仍依稀可见，其四周通常有植物纹饰，既作为装饰，又具有一定的象征寓意。

(三)北京乡村门楼的造型类别

通过对北京周边乡村的调研，根据门楼建造年代、材质类型、外观结构的破损程度以及构筑工艺等方面进行分类归纳，可以将其分为传统类型、传统与现代相融合类型、现代类型和中西合璧类型4种类型。

1. 传统类型

于1949年之前建造的老房子的门楼可称为传统门楼。目前，北京乡村中古老、传统的古门楼已日渐稀少，历史遗留下的古门楼因岁月的侵蚀和得不到及时维护与传承也已残旧不堪，大部分因无法正常使用随建筑一起被遗弃。但从老门楼结构间、砖石间严丝合缝的衔接能够看出传统工匠手艺之精湛。门头采用当地泥土烧制的屋瓦铺设，门扇、门框、门梁、门槛以木质为主，其他主要支撑结构以砖石为主。因乡村经济水平有限以及传统农村纯洁质朴的特性，北京乡村传统门楼大多风格质朴，材料以本土资源为主，无过多繁琐的装饰，但祈福纳祥的吉祥图案仍依稀可见，具有造型简洁、形式单纯、材料质朴、装饰精炼的特点。

2. 传统与现代融合类型

1949年后，传统门楼逐渐加入现代元

素，形式更加多样化。随着经济的发展，人们对物质、精神生活的追求也相应提高，审美倾向也趋于个性化和现代化，但对传统文化的尊重与传承的信念使得人们能够将传统文化元素融入现代门楼的设计应用中，体现审美情感诉求和精神文化传承。此类门楼在纹饰上的变形和形态上的简化过程中加入了传统文化符号，或者在保留传统门楼形式风格的基础上融入现代设计理念或现代材料，使之在现代化创新的同时保留传统精神信仰，相互之间既协调统一又互为补充，具有造型简洁、形式多变、特征突出、装饰简洁的特点。

3. 现代类型

2000 年之后的门楼样式则属于现代类型，这类门楼风格在最大程度上删减了传统元素，在整体造型中或是精简到极致，或是引入外来文化元素，或是全部采用金属、瓷砖、大理石等后现代材料，或因造型夸张而几乎找不到任何传统门楼印记。此类门楼运用了现代的建造手法、设计理念、材料工艺进行变形、简化、修饰、配色，形成现代化门楼风格体系，具有造型个性、形式大胆、装饰现代的特点。

4. 中西合璧类型

这种门楼样式在各个年代均有存在。受西方文化的影响，人们大胆地在传统门楼形式中加入西方元素，如具有代表性的拱券、石柱、山花、罗马柱等西方元素。不再强调院落统一的中西风格相融的门楼样式更注重个性化表达，因材料技术的限制、传统思想的牵制没有完全照搬挪用西方门楼样式，西化的同时保留部分传统风格和传统材质，继而形成中西结合的门楼式样，使得中西合璧类型的门楼具有中式与西式的双重特点，敢于打破常规的同时又能抓住本土的精髓。

(四) 北京乡村门楼的功能价值

1. 安全防御

门楼最基础的作用就是防止自然灾害和动物以及外敌入侵，从而使人产生领域感和庇护感。宅院门楼是确保私密性和安全性的重要媒介，更是确保人身与财产安全的有效屏障。安全感的强弱还取决于门楼的大小、厚重、坚固程度，以及门楼上的门扇、门环、门槛等客观因素。安全感既是生理需求，又对心理起到暗示的作用。

2. 功能区划分

门楼从传统到现代的转变是线性的演化过程，从最原始的通行目的，到权势地位的象征，到满足大众使用功能，再到彰显精神寓意的演进轨迹，能够反映社会动态与社会发展轨迹，承载着历史发展的脉络。而正常的开关所起到的划分领域、分割空间以及屏蔽外部视线确保私密性的作用是基于心理作用的空间属性，之后因社会格局的形成又具有划分阶层的作用。

3. 审美功能

作为中国传统建筑中具有核心艺术价值的构件，门楼文化不仅凝聚着中国传统伦理文化、民族智慧、地域气息等文化精髓，同样具有美学艺术价值。

(1) 和谐之美。在古代，传统匠人尤其是乡村民间的匠人没有固定的标准来衡量门楼的具体尺寸，最后都是以他们的经验和审美来衡量定夺，使构件之间、结构之间以及整体视觉比例之间达到比例和谐、造型和谐、材质和谐以及色彩和谐。这种来自经验智慧的和谐使门扇宽度、门槛与门环的高度以及整体的长宽比例极其考究，通过对自然规律的感知，通过几何形态间的比例分配，形成自然美感。在材料选择与色彩搭配上，是基于对本土材料和审美情致的严格把握。最终在造型上达到和谐优美、简洁质朴的形式美感。

(2)形式之美。门楼的形式美是从造型微观视角到对门的整体空间特征以及虚实关系的论证分析。体与面代表着实体部分，点与线属虚的部分，点、线、面、体的集合共同构成门楼的空间艺术形态。根据形态造型，将门扇、门槛、门框、门枕石分为面，将门簪、门环、瓦当、雨滴、门钉分为点，将缝隙、门框线、雕花线分为线；根据整体空间起伏，将门洞分为虚，构成门洞的所有构件分为实。虚与实、凸与凹、疏与密间的形式变换与搭配共同铸就了门楼的形式美。

(3)寓意之美。北京乡村门楼中的每一个构成元素都具有特定的视觉符号寓意，包括图形寓意、谐音寓意、象征寓意等。植物纹饰中，梅兰竹菊寓意淡雅脱俗的君子品格，荷花寓意出淤泥而不染的品质；动物纹饰中，蝙蝠的蝠字谐音“福”，鸡谐音“吉”，鹿谐音“禄”，与文字纹饰中的“福禄寿禧”都寓意着对于福寿、祥瑞、富贵的祈盼。人们在追求形式美与纹饰美的同时，表达着内心最质朴的诉求和祝愿，从而逐渐形成门楼内在的寓意美感。

三、传统地域文化在北京乡村门楼中的设计原则与应用方式

(一)设计原则

1. 先“意”后“形”

这里的“形”是指实物的造型结构，“意”指意境，表达实物在空间中的形态。中国传统门楼不仅是立面艺术、空间艺术以及环境艺术的综合体，还使人居于其中从每个角度仰望，都是一种视觉的鉴赏。门楼的形态造型变化建立在时间与空间的维度上，给人以时空流动的审美感受。门楼所营造出的空间意境是由门楼的实体与门下的虚空间以及由门楼所分割出的内外空间共同构成的，这种意境又建立在北京地域属性以及传统艺术文化的大环境下，而非主观形成的精神境界。起初，门楼的造型并不是为了营造意境，所有的构件以及构建方式是为了满足实用性需求，随后因社会关系的复杂化而逐渐形成的宗法礼制、宗教信仰、地域文化等传统思想强化了门楼的意识形态作用。

2. 托物言志

门楼整体构成的空间达到分割内外空间以及状态缓冲的作用，每个构成组件都被赋予了不同的精神文化内涵。因人的文化层次以及每种事物的受众群的定位不同，不同地域、不同种族对形态所传达出的文化信息的理解也有所不同，以至于门楼的每一个部分都具有托物言志、寄意于物的精神作用，是人的情感与物的表达之间建立的内在联系。

3. 融合转换

门楼作为民居建筑的组成部分，是集合自然环境、人文环境的自成系统，在传统民居四合院中起到塑形、定式、达意的视觉、精神、心理、情感方面的传播作用。融合具有北京特色的地域文化元素在形态设计表现的过程中，使门楼具有地域标志性和传承性。门楼的“形”与“意”的转换本质上是物质与精神在实与虚之间的转换。造型设计在理性斟酌下满足人们的基本使

用需求的同时，抽象地传达传统地域文化特征、精神意境追求以及审美素养倾向等；反过来，抽象概念以提炼、重构、谐音、类比的形式被转换为物质形态。

(二)应用方式

1. 系统化精简

扁平化、简约化是现代人追求形式美的趋势。传统带有地域文化特色的构造装饰形式，如木雕、石雕、砖雕，虽体现出古代工匠艺人高超的制作工艺，个个宛如天成，精细程度令人无法企及，但其繁杂程度在现代工业生产条件下很难实现，也很难满足现代人的审美需求。古朴自然的形态、简洁明快的线条是现代人崇尚简约美、自然美的表现形式，因此设计应华而不奢，简洁大气。

北京传统民居的门楼在装饰艺术上雕刻形式过于复杂，很难满足现代化、工业化的需求。联想到门楼的构建方式本身就具有的模块化组合的特性，即兼具可分解性、独立性、可组合性。可以利用产品的模块化设计手法，对门楼各个结构构件和装饰构件解构后进行等比简化，形成构件模块单元。再根据每个构件的属性和构件间的比例关系进行整合，强化其组合性和连接性，围绕用户需求特点和文化特性达到模块创新和系统创新。

在符号学理论中，实体物质对于现实世界来说都具有符号表征意义。北京乡村门楼同样也具有特定意义的符号特征，总体来说分为三种形式，为图文符号、标志符号、象征性符号，三者之间相互区分又互为补充。而门楼本身就是中国传统建筑文化中的一个代表性符号，作为传统建筑中象征门面的重要组成部分，同样也有自己的一套完整的语言体系，这种系统性符号由多种形式的符号元素构成，具有可视性、易读性、美观性等特点。门楼借助于符号化的语言形式，将构件的艺术造型形成情感化表达，使人能够更加快捷、纯粹地摄取门楼与门楼背后的文化信息，以达到二者之间的情感互动。

2. 本土化与现代化诉求

经过调研分析，发现北京周边乡村不乏一些形式多样、风格迥异的门楼样式，但也存在形式上的模仿和照搬现象，丝毫找不出北京乡村的地域痕迹，很多地方的门头样式、砖雕纹样、结构部件都如出一辙。

因此，如何让北京乡村门楼更具地方特色，满足大众审美倾向是重中之重。首先要对北京民居整体形式风格进行界定。北京民居以严谨的等级序列、中轴对称的建筑形式、雄厚的体量感以及祈福纳祥的精神载体彰显了北京历史文化的脉络。本土化回归是对本土资源的再利用，基于本土化的现代化诉求是对本土资源的再创新，人们对于民间淳朴自然的生活方式越发向往，对充溢着乡土气息的青砖红瓦的眷恋，以及对现代化脚步的追随导致本土化需求与时俱进，现代化不能脱离传统。因而门楼对传统的继承不意味着故步自封、原地保护，不能让文化遗留更加边缘化、孤立化。结合现代科技与工艺以及审美趋势是另一种保护方式，它在现代人文语境下对传统门楼进行深度提炼、转换以及再设计，借助民间祈福文化的装饰符号，起到心理暗示以及精神寄托的教化作用；运用本土材料资源，透过材质间的文化肌理凸显地域特色和地域情怀，如石材、砖瓦、木材等当地现有材料；用现代的审美标准和工艺技术让本土材料的古韵以及自然纹理焕发出更多可能性。

四、结　论

基于地域文化的乡村门楼的设计研究对传统民居建筑具有引导性和指向性作用，汲取传统元素符号中的设计语言和精神符号，融合现代时尚及多元的设计手法，设计出新的门楼样式，在保留门楼的使用功能的同时，顺应时代审美风格，将传统地域文化巧妙地融入现代设计中。北京乡村门楼设计不能一味地照搬传统，与现代化发展方向脱轨，需要在传承中找到创新的突破点，还要满足人性化和可持续发展的要求，顺应北京乡村的地域文化特色以及生活方式的转变。

在当代，对乡村门楼的设计不仅仅停留在使用功能和外观样式的考虑，同时还要兼顾现代生活的便捷性和人性化，以及精神层面上的美感、情感、心理、文化认同等，满足物质需求和精神需求是门楼在实用和审美上的重要体现。本研究对传统地域文化在设计领域的应用做出了大胆的尝试，引导基于北京乡村传统地域文化下的门楼设计向更加人性化、简洁化、多功能化的方向延伸，在外部形态的塑造中传达本土资源的历史文化信息和人文愿景。

参考文献：

金涛，张小林，金鹰．中国传统农村聚落营造思想浅析[J]．人文地理，2002(5)：45－48.

雷永明．湖公祠牌门楼装饰符号探析[J]．当代教育理论与实践，2011(9)：100－102.

单军．建筑与城市的地域性[D]．北京：清华大学，2001.

宋卫忠．民俗北京(文化北京丛书)[M]．北京：旅游教育出版社，2005.

谭文慧．湘南传统民居装饰艺术研究[D]．长沙：湖南师范大学，2008.

陶春春．北京传统院落空间非居住功能的现代化模式研究[D]．北京：清华大学，2004：56.

王铭珍．北京四合院门楼建造艺术[J]．建筑知识，2004(2)：1－4.

吴裕成．中国的门文化[M]．天津：天津人民出版社，2004：26－27.

薛力．城市化进程中乡村聚落发展探讨：以江苏省为例[D]．南京：东南大学，2001.

基于属性与功能的乡村农产品包装设计研究

李　蕊（北京林业大学　北京　100083）

摘要：本文通过对乡村农产品系统的属性与功能进行分析，找到两者之间的差异点和结合点。根据功能结构表达和功能方向确定了产品功能系统。从产品的使用功能、审美功能、象征功能出发，分析了农产品的内部要素，包括结构功能要素、造型功能要素、材料功能要素、视觉功能要素和文化功能要素，明确了目前农产品的包装趋向。建立了功能链组合，明确了农产品具体的设计要素，探索系统功能要素在农产品设计中的应用。

关键词：乡村农产品；系统设计；功能要素；功能设计

一、乡村农产品研究

（一）乡村农产品的属性特征

1. 农产品的自然属性及对设计的影响

包括粮食产品、果蔬产品和畜牧水产品在内的农产品都是经过种植或繁殖的自然生长过程获得的，他们都是经过生命成长后产生的有机体。由于农产品采摘后存有大量水分，进行有氧呼吸的同时很容易变质，并且具有怕挤压等特点，这就决定了农产品设计必须遵循其自然属性。

（1）自然属性对农产品存贮的影响

农业生产更多地靠“天”吃饭，农业产量无法凭借农业组织实现平衡。为了实现连续性的市场消费，必须将农产品贮藏起来。但由于农产品生理特征不易控制，并且贮藏的农产品不能破坏营养结构、威胁消费者身体健康，导致农产品贮藏需要很高的技术支持。

（2）自然属性对农产品包装的影响

在包装技术上，农产品包装因其自身生理特点，需要比工业产品更加复杂的技术。这种复杂性主要表现在农产品不同的流通阶段：为防止农产品因散漏、氧化、见光等造成的破坏，需要功能性包装；为方便消费者在选购过程中对产品进行信息识别，需要销售性包装；为方便搬运和处理，需要搬运性包装；为提高物流效率，实现产品运输过程的信息化与标准化，需要运输性包装（图1）。因此，农产品的包装因其实现功能的不同，并不是四个层次并存的，可能是一个层次的，或是几个层次的。合理利用现有的存储和保鲜技术可以解决诸多农产品包装问题，并且对不同类型的农产品进行细化研究，有利于为消费者和农业服务。

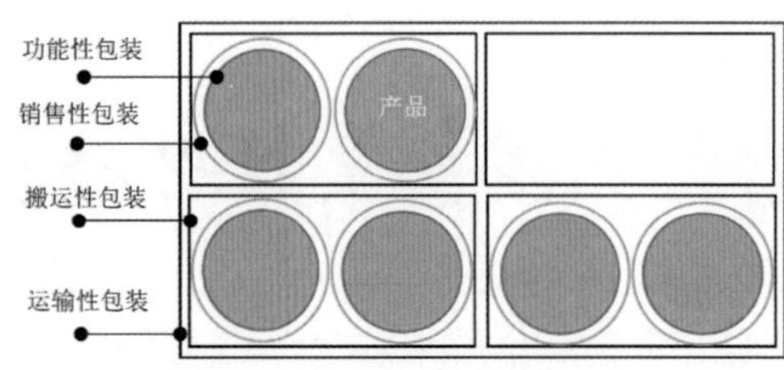

图1 农产品的多层次包装

2. 农产品的商品属性及对设计的影响

商品是用来交换的，并且是为了满足人们和社会某种消费需要的劳动产品。农产品进入流通渠道基本上是为了满足商品的目的性而进行的物流活动，因此对农产品商品属性的经济属性和功能属性进行探讨，有利于从商品的角度揭示农产品商品属性特征对农产品设计的影响。

(1)经济属性对农产品设计的影响

进入流通渠道的农产品，已经具有商品的特点，其目的是实现产品价值的经济化。那么农产品在流通的过程中必然会经过农产品生产、交易与物流、消费等多个环节的经济主体，这些经济主体间相互作用、相互满足、相互制约，最终使商品到达消费者手中。

(2)功能属性对农产品设计的影响

依据不同用户，将产品的需求层次分为核心层次、基础产品、期望产品、附加产品和潜在产品五类需求层次。因此，产品的功能属性由于需求层次的变化也不是固定不变的，一般情况下产品功能由商品的主导功能来引导，农产品功能属性也是如此。如图2，农产品的功能属性从内到外依次是充饥、营养、健康、享受四个层次。农产品的外延特征——需求差异化和多样化是农产品设计产生的源泉。

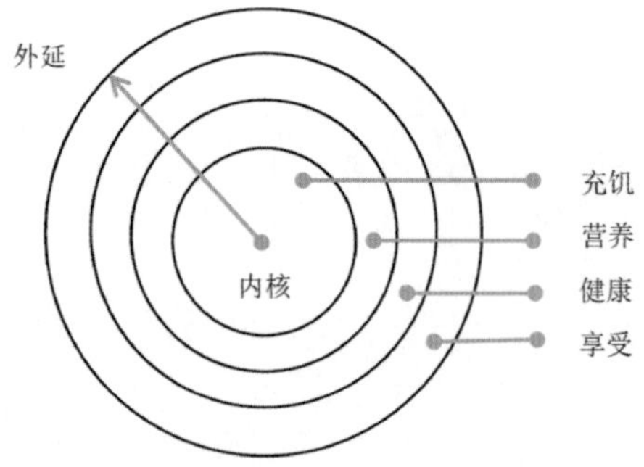

图2 农产品的功能属性(来源：王树祥，张明玉，2012)

3. 农产品的社会属性及对设计的影响

农产品的社会属性涉及居民的基本生活保障、经济发展、社会稳定等多方面问题。首先，农产品安全是整个社会发展的基石，是优于任何发展战略的，只有食品安全得到保障，其他的社会活动才能有序进行。其次，农产品设计更易使人产生满足感，根据马斯洛需求理论可把需求分为生理需求、安全需求、爱和归属感、尊重、自我实现五个层次。在满足了生理需求和安全需求的基础上，拥有善意、快乐、良好提示语的农产品设计更易使消费者产生被关怀的心理体验，从而通过情绪感染传达这种体验，营造良好的社会氛围。农产品的社会属性是农产品设计应重点参考的设计原则。

(二)农产品在超市市场中的流通特征

农产品进入超市流通有两方面的原因：一方面是消费者对健康安全意识的提高。超市会对农产品进行严格的质量把关，大多生鲜产品可溯源原产地，使消费者更加安全放心；并且超市农产品实现了部分初级农产品的粗加工，满足了不同购物需求。另一方面是消费者购物习惯的改变。城市居民生活节奏快，没有过多精力和时间去农贸市场进行选购，大多选择“一站式”购物场所，并且一部分消费者将购物作为休闲娱乐的过程，超市购物环境干净便捷，更符合人们的购买需求。

(三)农产品在电子商务市场中的流通特征

农产品电子商务指在农产品流通过程中导入线下生产、装配、包装等环节，线上通过信息技术将农产品交易、价格等基本信息传递给利益相关方，实现农产品交易的快速方便。

1. 多元化发展

“农村商务信息服务”工程中的电子商务开始迅速发展，呈蓬勃发展的趋势，形成以农村服务站为基础的多元化产品格局。

2. 健康化发展

随着生活水平的提高，人们已经不满足于充饥这项核心诉求，越来越向更高层次需求转化——更关心健康安全的话题。“三品一标”的农产品在农产品电商流通中比例高达80%，在网上进行交易的农产品除了依靠用户评价、产品描述、图片等信息外，产品的“认证商标”也是促成购买的主要因素。

3. 社区化发展

城镇化和现代农业的发展使社区电商走入居民社区，扮演起重要的角色。由于自营化的社区模式管理灵活度高、配货迅速、质量可控，并且能够提供稳定的服务，对于提供电商农产品品牌价值和企业形象有着很大的优势。目标定位集中、建立专一的配送站点、原产地采摘，使社区化发展迅速。

4. 体验化发展

传统农产品网购解决了用户寻求新鲜方便的基本诉求点，而新形式的农产品电子商务不再满足于交易需求，许多消费者开始转向消费服务，即体验化消费。消费者可以在网上预约购买农产品，果实成熟后商家在预约的时间向消费者预约的地点配送产品；消费者可以在网上购买农产品种子，由专人打理农场；消费者也可以线上支付，线下去农产品产地进行亲身体验；等等。

二、乡村农产品设计的功能要素

(一)产品与包装

产品是包装得以存在的基础，包装是产品最直接也最有效的广告。一个满足用户需求、符合社会发展潮流、定位准确的产品包装能够实现产品的差异化营销，是产品品牌提升和畅销的重要因素。

1. 产品

《牛津字典》对产品的解释为：为了销售而生产或改进的物品或物质。在《现代汉语词典》中，产品的释义为：生产出来的物品。综合来看，产品的定义包含以下特点：一是市场经济情况下的社会定义——产品以销售为目的，用于满足具体价值和需求；二是自然定义——人类生产或改进的物品。第二种解释抛开了狭义的产品概述，不再特指采用批量化大生产的工业产品，而是一种广义上的产品定义。

2. 包装

《辞海》中这样解释包装：包——包藏、包裹、收纳；装——装束、装扮、装饰与样式、样貌。包装是在流通过程中保护产品、方便储存、促进销售、按一定的技术方法而采用的容器、材料和辅助物等的总体名称。梳理包装的概念，可从四个方面来理解：一是保护，通过一定的方法将产品包装、保护起来，使产品本身不受伤害；二是整合，将产品各要素通过相应的规则统一为一个整体；三是运输，通过包装，使产品便于运输；四是销售，商品存在的意义是实现产品价值经济化，从而促进产品流通。

（二）农产品包装功能要素

1. 造型要素

造型作为设计的“容器”，是用来体现产品形态的物化形式，在三维空间里，造型是具有产品体量的空间结构。包装造型设计是一种活动，是将设计思想与包装利益相关方综合考量得出的设计语言。造型设计是一种运用产品形态变化，在三维空间中营造不同设计感受、目的，有意识的产品创造性活动。

包装造型设计不是孤立存在的，它是将用户需求、运输环境、内容物特征等多种因素相互结合的统一体。工业产品的包装造型因其内容物大多是工业制品，更多地考虑到运输结构、缓冲强度等；而农产品的包装造型因其自然属性的影响，更多考虑到内容物的形态特征。目前，农产品包装造型设计还处于萌芽阶段，人们还没有意识到其重要性，好的造型设计能够帮助内容物本身更好地发挥产品作用。

（1）全封闭造型

适合全包型造型的农产品包装大多需要与外界环境保持一定的隔离，由于部分农产品固有的生理生化属性需要利用现有的存储和保鲜技术保持鲜活感，这种封闭性的包装造型能够防止食品变质、细菌污染，保持干净卫生。

（2）半封闭造型

此类造型的包装大多针对存储时间较长、氧化性较低、耐挤压的农产品。这类造型不拘泥于空间的封闭性，往往灵活度较高。可以在造型上通过“挖面”的形式营造良好的营销效果，并且方便搬运，透气性较好，并且消费者不用打开包装即可看到内部情况。

2. 材料要素

材料要素是商品包装所用材料表面的肌理和质感，是包装设计的重要环节，往往影响到商品包装的视觉效果。不同材料的应用使得产品形态也发生着革命性的变化。常见的包装材料是纸、塑料、金属、玻璃、陶瓷、天然材料等几大类。根据是否使用天然元素，将包装材料分为天然材料和人工材料。

（1）天然材料

天然材料是被最广泛使用的包装材料，是未经加工或基本不加工便可直接使用的材料，包括麻、木、竹、藤、茎、叶、果壳、贝壳等天然物质，以及草编的绳、竹编的筐、加工的兽皮、动物的肠等。这类材料通常以质朴的情趣、极简化的包装形态赢得用户喜爱，同时又具有环保安全、低成本、零污染、透气性好等优点，如粽子包装、竹筒饭包装、草编鸡蛋包装等。

（2）人工材料

人工材料是通过人为因素加工而得到的材料。人工材料范畴很大，包括金属、玻璃、纸、复合材料等。不同的人工材料有着不同的用途，没有贵贱之分，需要根据农产品具体特性以及市场情况做出合理化选择。在“可持续发展”的主流趋势下，秉持“健康”理念的环保材料或轻质化材料的应用，无疑是未来发展的新方向。

3. 视觉要素

视觉要素是指各类视觉元素通过一定的组合形成的视觉集合。它是以内容物为参考点，在包装的物理结构基础上形成的。视觉要素设计的实质是信息视觉化的表达。它是产品包装设计的重要组成部分，产品的卖点、属性、设计理念和品牌价值等可以通过产品包装视觉要素有目的地传达给消费者，从而促进产品销售。而产品销售的有效途径是营造产品视觉差异，通过视觉信息设计的不同理念吸引消费者。

(1)平面视觉要素

指在产品包装的二维平面上传递给消费者的视觉信息要素。根据产品载体的差异，现将平面视觉要素分为两大类：一是自身平面信息，指构成包装信息的图形、文字、商标等，此类信息是以包装本体为存在对象的，是无法脱离本体而独立存在的，通常传达出产品的种类、原产地、标志等产品相关信息；二是产品之外的平面信息，指脱离了包装物质本身的信息，不是包装信息必须具备的，通常包括传达产品信息的杂志广告、样本手册、会展标牌等，此类信息有利于拓宽营销渠道、宣传产品卖点，被动或主动地吸引用户，让其产生购买欲望或需求。

(2)立体视觉要素

不同于二维平面表达，立体视觉要素是指依靠科学技术把静态的视觉信息转变成三维空间里动态的视觉符号。这种视觉符号更易使消费者接收到产品信息的传达，主要是因为眼睛感知到的视觉信息是经过大脑加工处理完成的，动态视觉信号比静态视觉信号更容易刺激大脑皮层反应，更快速地响应视觉反射，从而吸引消费者注意。三维广告、应用软件、虚拟场景以及与产品的视觉交互体验等都属于产品的立体视觉要素。

4. 文化要素

包装的文化要素是包装价值的升华，指在创作过程中涉及的物质文化和精神文化的元素集合。狭义上指的是某种社会形态下某一特定的文化，通过包装传递给消费者。产品包装在产生的同时必然伴随着文化因素的加入，可能是产品文化、潮流文化、地域文化等，这些文化通过设计的表达引发消费者反思。目前，设计与文化已经成为不可分割的一体，了解不同状况下的文化表达，有利于提高产品竞争力。农产品包装的文化要素有以下三个方面：

(1)产品文化

产品文化是以产品为文化的载体，通过市场交换传递给消费者，反映出产品本身的物质文化和消费者需求的精神文化，产品文化的使用价值是使产品满足某种使用目的的价值。农产品包装设计营造产品文化的使用价值，有以下特征：①当代性，不同时代的消费者对于产品的需求不同，当人们的物质基础得到了满足，就开始重视生活质量和消费享受，这反映了一种不同于以往的当代精神；②纪念性，产品生产是具有“物质流”的社会实践活动，能够记载意识流向和特征，反映了每个时代不同的精神价值和特殊目的；③审美性，这是人类的一种较高级的普遍需要，是根据市场长期的艺术实践和视觉审美总结出的规范性法则，反映的是不同人群的艺术品位，展现的是不同层次的艺术风格。

(2)品牌文化

品牌文化是基于产品文化的基础上产

生的，两种文化都是依据产品物化要素产生的，但又有所差异。具体表现为：产品文化是一种“硬”文化，是由产品相关要素结合形成的文化；而品牌文化则是一种“软”文化，侧重品牌的内涵以及品牌与消费者直接的情感纽带。农产品的品牌文化包括四个维度：①企业文化，是品牌文化的基石、源泉；②产品与服务，是实现品牌得以发展的载体；③品牌个性、理念和声誉，是品牌差异化、完整化的基础；④品牌归属，是消费者对品牌的认同，产品使消费者达到了情感上某种共鸣，进而拥有品牌人群(图3)。

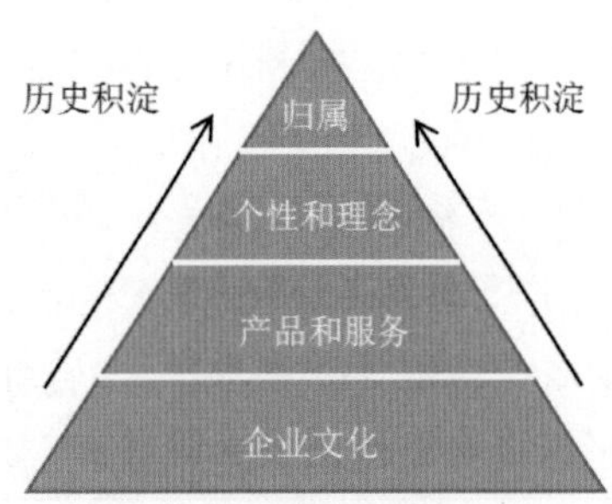

图3　农产品品牌文化

(3)民族文化

民族文化体现了一个民族自身文化的特殊性，正是这种特殊性使得民族文化影响下的产品具有独特的“民族内涵”。而经济全球化的到来必然引起不同的文化冲击与磨合，但是保持产品设计的民族独立性，有利于打造产品特色、民族形象。农产品包装设计可以从两方面引入民族文化：①民族文化元素的形式化，将中国书法、唐装、水墨等中国元素通过挖掘，应用到设计中；②民族文化元素的意韵化，将传统文化中的“天人合一”等哲思、价值观念通过以“意”传“神”的方式表达民族文化设计精髓。

三、瓜果类农产品设计分析与应用

瓜果类农产品逐渐成为人们日常生活的必需品。瓜果类农产品在北京郊区种植广泛，探索瓜果类农产品包装设计，有利于打造乡村品牌，发展乡村产业。

(一)购买需求调查

通过调查，超过80%的消费者认为农产品的安全健康和新鲜度是其考虑购买的主要因素，这与目前健康的消费观有直接的联系。而对瓜果类农产品的包装认知中，超过90%的消费者认为产品包装中最重要的是安全质量感的体现，其次是品牌和视觉图形的表现。从农产品包装的情感意向来看，消费者更看重包装所能带来的干净卫生的感受。0.5元以下低价格的包装价位是50%的消费者能够接受的，这表明包装所能带来的附加值认知还没有被消费者完全接受。

(二)问卷情况总结

1. 显性需求

无论是对于农产品购买重要度因素、农产品包装因素，还是农产品给消费者的情感意向，都可以看出消费者希望看到的是有新鲜度、质量安全得到保证的产品。打造安全可靠的农产品包装，不仅仅依靠产品的生理特征，还需要洞察消费者的心理诉求，清晰明了地理解产品安全的定义。

2. 隐性需求

(1)生活习惯方面

工薪族是最主要的消费人群，但由于上班时间、工作压力等束缚，他们的购买行为多发生于下班之后和周末。抓住每天下午5点之后的时间，建立起消费者购买渠道，是此类人群的隐性需求。

(2)购买方式方面

70%的人群选择在超市购物，可见超

市是消费者最喜爱的购物场所，可通过设立个性化产品形象打造产品品牌。

（3）情感意向方面

包装不仅仅体现产品的使用功能，同时也具备象征功能。在保证产品质量安全的基础上，清新活泼、高档精致的农产品包装，符合对高品质产品有一定诉求的消费者的心理需求。

（三）瓜果类农产品功能设计

1. 功能定位

可以通过对消费者的摸底调查分析得出，将需求与设计要素进行对照分析，总结归纳相关的设计要素，整理为相应的设计需求，进而对产品总功能进行更明确的设计定位。参照消费者需求，可看出消费者的显性需求为质量安全，即消费者的用户需求总功能为保证农产品新鲜度，反映健康安全的瓜果类农产品设计。此外，由于消费者的隐性需求仍是产品可能挖掘的设计因素，因此在进行农产品包装设计的时候也应考虑消费者的情感意向、生活习惯、价格因素等（图4）。

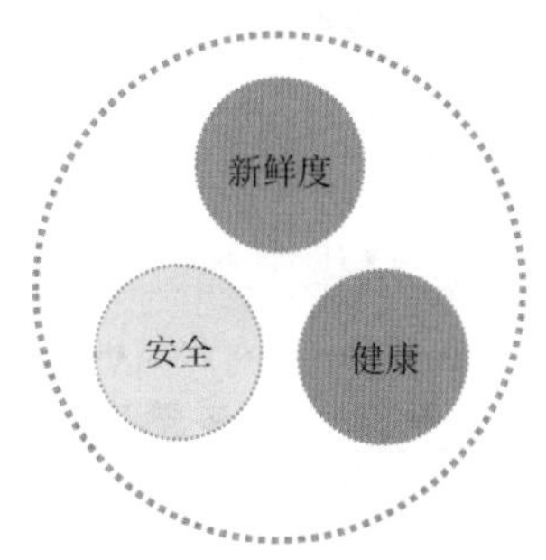

图4　农产品包装总功能定位

2. 功能分解

依据产品功能设计流程，建立瓜果类农产品功能系统图（图5），以“目的—手段”的形式对设计需求功能进行排列分类。总功能设计目标为新鲜、健康安全的瓜果类农产品包装设计。

（1）总功能OF：新鲜、健康、安全。

（2）一阶分解：SF_1：使用功能；SF_2：审美功能；SF_3：象征功能。

（3）二阶分解：SF_{11}：结构；SF_{21}：造型；SF_{22}：材料；SF_{23}：视觉因素；SF_{31}：文化反思。

（4）三阶分解：SF_{111}：保护式结构；SF_{211}：半封闭造型；SF_{212}：全封闭造型；SF_{221}：纸材；SF_{222}：塑料；SF_{223}：天然材

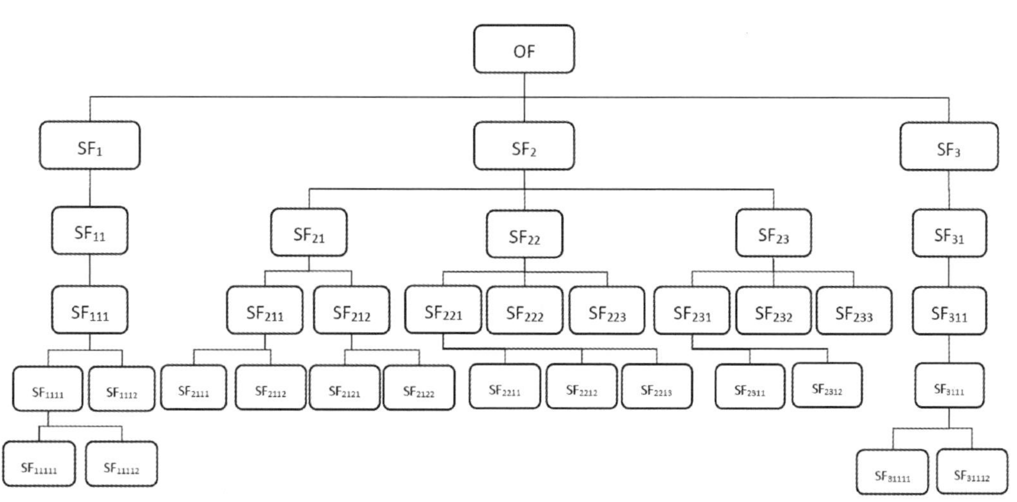

图5　农产品包装功能分解图

料；SF_{231}：图形；SF_{232}：文字；SF_{233}：色彩；SF_{311}：可信赖的、健康安全的饮食享受。

（5）四阶分解：SF_{1111}：硬隔层式；SF_{1112}：软缓冲物；SF_{2111}：开窗形；SF_{2112}：展示盒形；SF_{2121}：容器形；SF_{2122}：便携式；SF_{2211}：牛皮纸；SF_{2212}：灰纸板；SF_{2213}：瓦楞纸板；SF_{2311}：环保感；SF_{2312}：新鲜感；SF_{3111}：农产品溯源。

（6）五阶分解：SF_{11111}：悬空式结构；SF_{11112}：固定式结构；SF_{31111}：二维码；SF_{31112}：商品信息。

3. 功能链组合

（1）分析筛选功能集成

根据瓜果类农产品包装功能类型，现将功能分解为若干子功能集。按照不同的约束条件，对功能集进行分析、剔除、整理。

①依据可持续设计理念，材料选择上舍弃塑料材质；由于人工材料设计相对不够成熟，保留瓜果类包装材料使用最广泛的SF_{221}纸材中的SF_{2213}瓦楞纸板作为包装材料。

②考虑农产品运输过程，选择SF_{111}保护式结构中的SF_{1111}硬隔层式作为包装结构。

③以消费者观察、拿取方便为目标，选择SF_{211}半封闭式造型中的SF_{2111}开窗形和SF_{212}全封闭式造型中的SF_{2122}便携式。

④考虑包装视觉需要展现健康安全的理念，选择SF_{23}视觉要素中的SF_{2311}环保感。

⑤考虑消费者购买健康产品的情感意向，选择SF_{3111}农产品溯源的设计形式，通过SF_{31111}二维码＋SF_{31112}商品信息结合的形式表现。

（2）建立功能链组合

筛选、剔除不符合需求的设计要素，将筛选后的子功能进行功能链的组合，得到以下设计组合：

①S_1：SF_{1111}硬隔层式＋SF_{2111}开窗形＋SF_{2213}瓦楞纸板＋SF_{2311}环保感＋SF_{31111}二维码＋SF_{31112}商品信息。

②S_2：SF_{1111}硬隔层式＋SF_{2122}便携式＋SF_{2213}瓦楞纸板＋SF_{2311}环保感＋SF_{31111}二维码＋SF_{31112}商品信息。

③S_3：SF_{1112}软缓冲物＋SF_{2111}开窗形＋SF_{2213}瓦楞纸板＋SF_{2311}环保感＋SF_{31111}二维码＋SF_{31112}商品信息。

④S_4：SF_{1112}软缓冲物＋SF_{2122}便携式＋SF_{2213}瓦楞纸板＋SF_{2311}环保感＋SF_{31111}二维码＋SF_{31112}商品信息。

根据瓜果类农产品运输中，怕挤压、需要规则形状包装等特点，最终选取保护性包装中的SF_{1111}硬隔层式和包装造型中的SF_{2111}开窗形，选择功能链组合S_1进行产品包装设计。

四、瓜果类农产品包装设计——以“崔村红”苹果为例

以“崔村红”苹果为设计对象，对产品包装进行功能链组合S_1的分解，分析其功能设计要素，进行包装设计，从设计背景、视觉表现、造型结构和文化传达四个方面阐述设计实例。

（一）设计背景

八家村位于北京市昌平区崔村镇，是北京重要的苹果生产基地。八家村苹果因其种植规模较大、有机无污染、口感佳等特点成为当地农产品特色品牌。2015年，八家村苹果加入崔村镇昌金合营合作联社，并建立“崔村红”品牌，意图打造有影响力的苹果品牌。

1. 品牌特点

“崔村红”系列产品是崔村镇主打品牌，目前有以下特点：合作联社形式生产，系列产品多种多样，苹果是其主要的休闲旅游、健康生态的品牌之一；与苏宁建立合作关系，通过电商的形式推动产品销售，实现特色农产品快速进入消费市场；地处昌平农家休闲娱乐区，苹果采摘园数量众多。

2. 产品设计特点

本设计研究针对八家村苹果和“崔村红”品牌进行实地设计调研，分析出目前此农产品设计有以下特征：无强烈的品牌观念，只是将品牌商标运用到每个产品上，但是无统一的品牌识别包装；包装图形雷同，将整个苹果图形直接放至包装封面上，不做其他艺术处理，形态雷同，缺乏亮点，如图6；包装结构简陋，不环保，运用塑料泡沫进行结构造型设计，有一定的缓冲功能，但是考虑具体的农产品运输环境，包装结构相对复杂，并且泡沫材质不环保、不健康，如图7；包装色彩缺乏吸引力，运用市场上常见的红色或绿色，缺乏活泼感，整体配色凌乱。

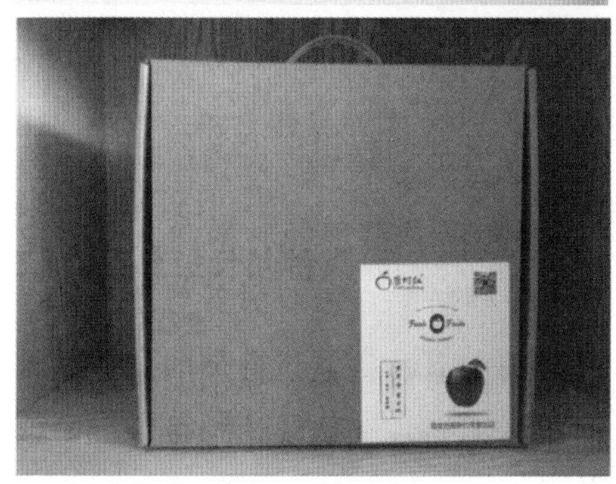

图6　包装图形

图7　包装结构

(二)设计定位

通过分析产品以及目前“崔村红”品牌的设计现状，根据功能链组合 S_1（SF_{1111}硬隔层式 + SF_{2111}开窗形 + SF_{2213}瓦楞纸板 + SF_{2311}环保感 + SF_{31111}二维码 + SF_{31112}商品信息），对产品进行以下设计定位：体现崔村苹果的“崔村红”品牌；能够满足电商、当地采摘旅游需求的包装；统一的包装视觉效果。

(三)设计实例

1. 环保感视觉形象设计

环保感的包装设计体现了一种健康、环保、无污染的设计形象，可以通过简洁、抽象的图形或具象的绿色符号、健康环保的色彩运用以及自然质感的表达来体现产品的环保形象。

2. 品牌形象设计

原来的品牌形象杂乱没有特点，对其品牌标志进行再设计，意图体现苹果特色。对原品牌标志进行变形处理，将具象的产品信息与抽象的文字进行融合，使产品标志既能体现苹果种植的特色，又能展现品牌形象。将“崔”字进行变形处理，顶部抽象的元宝造型体现聚财的思想，底部体现人与苹果之间的和谐关系；“村”字有林才有树，有树才能生长树叶与苹果；“红”字变化为抽象的苹果树形象，如图8。

3. 图形设计

运用苹果的抽象与具象设计符号进行图形设计，抽取苹果切面形象做变形处理，以连续排列的形式展现硕果累累的产品形象。同时运用红色为主体色体现热情的视觉效果，如图9。将品牌图像运用在瓦楞纸板造型之上，如图10。

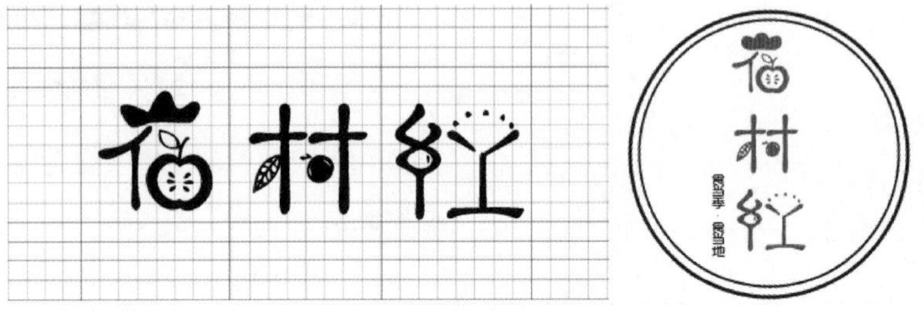

图8　“崔村红”标志设计

京北绿色休闲小镇——昌平 · 崔村

图9　“崔村红”图形设计

图10　“崔村红”图形设计具体应用

4. 造型结构设计

为了满足电子商务的运输需求，包装结构采用硬隔层式，依靠瓦楞纸的结构强度使苹果之间避免相互碰撞，实现产品的完整性，保证了苹果的新鲜感。造型上采用开窗式，又因其需要实现手提、运输、送礼等不同的功能，在保证结构强度的基础上，通过“减面”的手法对产品造型进行系列化设计，包装建模如图 11—图 13。

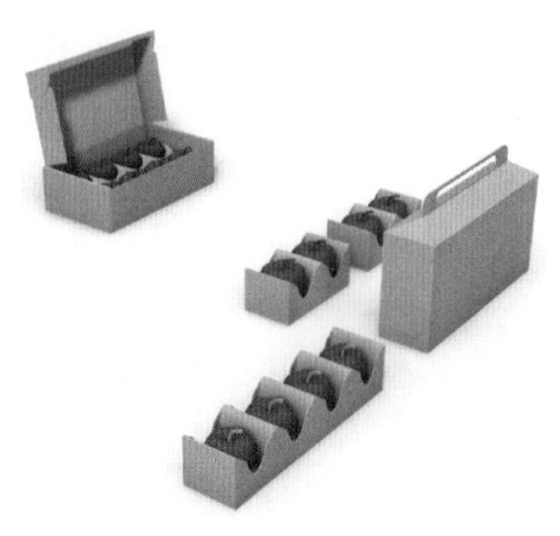

图 11　“崔村红”造型结构设计 1

图 12　“崔村红”造型结构设计 2

图 13　“崔村红”造型结构设计 3

5. 文化传达设计

产品包装的文化传达主要通过图像、文字、产品信息等元素表现。“崔村红”品牌需要传达的是一种可信赖的、健康安全的饮食享受，通过包装设计展现地方品牌特色。本设计运用“八个苹果”表现八家村特有的“八”文化；容纳四个苹果的包装设计体现产品“四季平安”的美好祝福。同时将必要的商品信息，如有机、无污染的产品特性等通过文字进行说明。

五、结　论

本研究以系统设计理论为出发点，从系统的宏观、中观、微观三个层面进行研究，总结出功能设计是系统设计中的微观系统基础。以农产品为研究对象，通过对农产品概念、分类、属性特征和流通渠道的研究，了解到目前农产品在流通中涉及的外部因素及对设计的影响，并根据农产品现状制订出产品设计策略，分别为保护类设计策略、宣传认知类设计策略、服务流程类设计策略。依据产品功能设计要素，对农产品包装的设计要素进行研究，从包装、农产品与产品关系出发，得出“包装”是狭义上的“产品”。根据产品功能要素，从结构要素、造型要素、材料要素、视觉要素和文化要素五个方面对农产品设计要素进行解读，梳理了目前农产品的包装概况。

根据产品功能设计流程，以瓜果类农产品为研究对象，进行了用户需求调研，整理分析需求，确定了农产品的功能定位：新鲜、健康、安全。并根据总功能对农产品包装进行功能分解，确定了产品设计的最佳组合。以“崔村红”苹果为设计对象，将最佳组合应用于苹果包装设计中，为其他乡村农产品设计提供理论参考和流程借鉴。

参考文献：

北京物资学院城市农产品流通研究所．中国城市农产品流通发展报告[M]．北京：中国社会科学出版社，2015.

曹国忠，檀润华．功能设计原理及应用[M]．北京：高等教育出版社，2016.

陈浩，高筠，肖金花．语意的传达：产品设计符号理论与方法[M]．北京：中国建筑工业出版社，2009.

菲利普·科特勒．营销管理[M]．15版．上海：格致出版社，2016.

郭方园．产品设计在语境中的功能求解[D]．大连：大连工业大学，2013.

何蕊．基于有机形态的包装容器造型设计研究[J]．包装工程，2014，(18)：108－111.

侯明勇，何征．自然元素在农特产品包装设计中的生态呈现[J]．浙江农林大学学报，2013，(2)：286－291.

李蕊，张继晓．产品包装设计中功能要素的构建初探[J]．设计，2016，(17)：110－111.

卢建洲．论包装设计创新思维的形成与发展[J]．包装工程，2014，(6)：86－89.

罗仕鉴，胡一．服务设计驱动下的模式创新[J]．包装工程，2015，(12)：1－4，28.

马斯洛．动机与人格[M]．许金声，译．北京：华夏出版社，1987.

施爱芹，王健．天然材料在现代包装设计中的创新应用方法[J]．包装工程，2014，(18)：5－8，12.

孙菲菲．地域性产品的包装与容器设计分析与研究[D]．长沙：湖南大学，2013.

许威．基于事件模型的产品功能设计研究及应用[D]．西安：西安电子科技大学，2014.

张立雷，乔洁．产品包装设计中视觉语言的绿色设计[J]．包装工程，2015，(4)：26－28，42.

北京乡村民居中祈福文化的植物纹饰研究

尹亚婷 （中央电视台 北京 100859）

摘要：本文以祈福文化为核心，以北京乡村民居中的植物纹饰为研究对象，以实践研究的调查为依据，探讨北京乡村民居中植物纹饰的表象样式和内在含义，及其与祈福文化的关系及意义，为北京乡村民居的植物纹饰设计研究提供更切实具体的理论依据。

关键词：北京乡村民居；植物纹饰；祈福文化；纹饰设计

一、祈福文化

(一)祈福文化的概念

祈福，即祈求赐福。《说文解字》中曾记载："祈，求福也""福，佑也"。祈福是指人们的许愿与期盼，尤其是身处厄运或险境时，祈祷得到神灵的护佑，希望化险为夷，以及对未来美好生活的向往。

(二)祈福文化的类型

1. 吉祥语

吉祥语，即吉利话，用来表达对自己或是他人的祝愿，通常来说主要是表达福、禄、寿、喜、财等方面的内容，进而达到与人沟通、维系关系的目的。

吉祥语有两个突出的特色：其一是谐音的独特利用，意思是说利用其音，但实质上所指的并不是其物。这个特点在北京乡村民居传统纹饰中应用广泛，如莲纹，"莲"与"廉"同音，寓意清廉、高尚的品行。其二是要上口，所以很多吉祥语也是成语。如植物纹饰"天地长春"，便是以成语形式来表达祈福寓意。

2. 习俗

习俗，即社会风俗。一般来说，习俗的形成都有其历史根源，多属于精神范畴，是祈福文化的表现形式之一。其最重要的特点便是祈福纳祥、保求平安，从精神寄托上弥补现实的不足、满足对未来的期待。如传统纹饰中，桃在社会习俗中普遍被视为是长寿的象征，故带有桃的纹饰都具有延年益寿的祈福寓意。

3. 艺术

俄罗斯国文艺理论家车尔尼雪夫斯基说过："艺术来源于生活，而高于生活。"艺术融于我们生活的各个方面，从来不是孤立存在的。以上所论的"语言""习俗"，在很多方面都已涉及艺术的范畴。传统纹饰"瓜瓞绵绵"中带有深层的艺术鉴赏价值，取其丝蔓连绵寓意长长久久，开花结果代表多子多福，综合起来象征子孙昌盛、福泽吉祥。

二、祈福文化中的植物纹饰

(一) 植物纹饰的样式

1. 梅兰竹菊

梅兰竹菊具有感物喻志的意味，被人们称为“花中四君子”。它们的共同特征为坚贞不屈、廉洁其外、恬淡其中。

梅花不惧严寒，迎雪绽放，蕴含着中国传统道德精神与不屈不挠的人格品质；兰花象征着远离污浊世俗、贞洁幽美的独立之美；竹蕴含着高风亮节、刚正不阿的优秀品质；菊花被世人视为高雅傲霜的象征。四者组合形式不定，可单独使用，表达其具体寓意；也可组合使用，形成和谐优美的纹饰组合，表达其综合的祈福祝愿之意。

2. 牡丹

牡丹被人们视为富贵昌盛的象征。牡丹开花时花团锦簇、雍容华贵、颜色艳丽，人们将主观愿望灵活地融入牡丹的外形及习性之中，表达了人们对富贵、昌盛的美好向往，同时由于牡丹为我国“国花”，故也意味着中华民族繁荣富强、积厚流光。

3. 荷莲

荷莲，即荷花、莲花。关于荷莲的含义有很多，莲子有“多子”的含义，如“连生贵子”的纹饰；藕与“偶”同音，有“佳偶”的含义；“荷”与“和”同音，表达和美、和善之意；“莲”与“廉”同音，有“廉政”“清廉”的美寓；除此之外，莲花与佛教的关系不可分割。总体来说，荷花具有清高、圣洁及清廉的美好寓意。

4. 卷草纹饰

卷草纹饰多取植物的枝叶形态，经过美化加工处理，组合成曲线排列的图形或纹饰图案。从形态及含义上，卷草纹分为忍冬纹、卷草纹及缠枝纹。忍冬是蔓生植物，忍冬纹在东汉末期出现，南北朝时最流行。因为其越冬不灭的坚毅品质，世人将其比作人的灵魂不灭、轮回永生，大部分被运用在佛教器物上。卷草纹包括蔓草、荷花、兰花的枝叶，加以处理后作“S”形波状排列，构成二方连续的图案，花草造型多卷曲圆润、姿态优美、层次丰富、富有动感，舒展流畅的结构使得纹饰更显饱满及生机。因其连绵不断的形态，人们寄予其茂盛、长久的吉祥祈福寓意。缠枝纹是以枝蔓、卷草等弯曲植物为原型转化而成的传统祈福纹饰。以枝杆或蔓藤作为骨架，按太极形式作曲线排列，向四周缠绕延伸，形成二方或四方连续，循环往复，表达人们对连绵久远、幸福稳定的生活的祈福。

5. 葡萄、石榴

葡萄与石榴的寓意大致相同。葡萄枝叶繁茂，蔓延枝绕，果实累累，形态拥簇，因此，世人以葡萄作为丰收、富贵与长寿的象征。石榴因其籽多，相互锦簇，所以具有多子、多福及收获累累的象征含义。如传统吉祥纹饰“多子多福”中，石榴与葡萄的组合，形象表达出美好寓意。

(二) 植物纹饰的寓意

1. 植物纹饰的“符”与“义”

“符”，即符号，在《新华字典》中的解释为代表事物的标记、记号，是一种外在的形式及代表，是事物内在本质表现在外在的形象形态，具有表达人们情感的功能。而“义”，即这种情感、意义。如北京乡村民居建筑植物纹饰中的“牡丹”代表“富贵繁荣”，“苍松”代表“长寿”，其内在的含义便是祈福求祥。

2. 植物纹饰的“义”与“俗”

“俗”，在《新华字典》中的解释为社会上长期形成的风尚、礼节、习惯等。植物纹饰在北京乡村民居纹饰的形态与本质的表达中，更展示了民族特有的智慧与活力。如“莲”代“廉”，“梅兰竹菊”圆满了四季且代表不同的内在寓意。这种以隐喻来表达祈福心理的方式早已在大众心里扎根，在社会上也喜闻乐见、约定俗成，并形成一种特有的文化形式、民间信仰。

3. 植物纹饰的“象”与“道”

乡村民居建筑中的植物纹饰是“观象悟道”的典型代表，融合了大众身边所触及的花卉草木，提取出自然的精华，赋予其祈福趋吉的深层含义。如“石榴”，由于果实丰硕、籽多，所以具有祈求“多子多福”的吉祥寓意。所谓万物皆自然，人们以这种方式使用自然植物来表现心中之道，体现人与自然的和谐共处、相知相伴。

三、北京乡村民居中植物纹饰应用特色

（一）祈福寓意

项目组采集到的一处门头沟区马栏村的民居影壁，影壁心四角的蔓草纹饰层次丰富，富有动感，代表“幸福长长久久”（图1）。其作用除了装饰之外，内在含义即祈福纳祥。

北京乡村民居中的植物纹饰的构成及搭配，取材都服从设计主题的祈福寓意。人们将植物的外形、历史故事及品性结合起来，融合成植物的代表寓意，加以艺术加工及表现，呈现于乡村民居之中，形成对未来、对生活的美好祝福及向往。

图1　马栏村影壁蔓草纹饰

（二）重在适合

北京乡村民居传统纹饰有大量适合纹饰，有影壁中的三角纹饰、方形边饰、中心方形纹饰，也有屋脊角隅适合、山墙方形与圆形适合、多边形适合等纹饰。从适合角度来讲，可分为形状适合、角隅适合和边沿适合三种形式。在北京市门头沟区黄岭西村，一处屋脊上出现了向日葵、菊花与荷花的砖雕纹饰（图2），由于纹饰的特殊位置及设计特点，其纹饰设计面积有限，纹饰要适合屋脊及设计总样式的面积。纹饰的适应性具有严谨与实际的艺术特点，使得纹饰的结构不仅体现主体造型的特色，同时形成独特完整的装饰美。

图2　黄岭西村屋脊砖雕纹饰

（三）移花接木

在密云区吉家营村的民居中，一处门楼上的石榴葡萄组合纹饰生动突出，但是

石榴和葡萄在客观现实中并不生长在一起，为了纹饰的寓意及美观，需要将二者组合创作，以达到最好的效果，寓意为“丰收与多子”(图3)。

图3 吉家营村葡萄石榴纹

花生叶、叶生花、叶生叶、花生花，移花接木是植物纹饰构成的一大特色，也是一种特有的创作手法，会使得纹饰的组合、寓意及表现能力更强。

(四)抽象变换

项目组采集到房山区黑龙关村的一处民居影壁，边角和边框都雕有荷莲等植物纹饰(图4)，其中影壁心周边的纹饰便是对荷莲及花草的改造，更丰富了纹饰的寓意，更适合设计的面积。象征着对家庭、生活及精神世界的美好憧憬及感恩之情。

“形”是客观存在的具体形式，“神”是通过对客观存在的主观臆想及情感的思考，是存在于精神层面对感受的抒发。通过对植物的自然形态的改造，解散重组，甚至脱离自然本态的抽象变形，达到一种人为创作的目的。

图4 黑龙关村民居影壁植物纹饰

四、结　语

北京乡村民居植物纹饰是以祈福寓意为本，结合各种艺术手法为表达方式的艺术形式。人们通过不同植物的外在形状、谐音及习俗含义来填充、丰富祈福的诉求，设计主题围绕着祈福寓意，设计形式以适合纹样为重，使用移花接木和抽象变换为设计方法，体现了人们心中对美好生活的向往及对与自然和谐共处的追求。

参考文献：

许慎．说文解字[M]．北京：中华书局，2002.

于洋．汉语吉祥语研究[D]．沈阳：沈阳师范大学，2011.

张道一．吉祥文化论[M]．重庆：重庆大学出版社，2011.

魏建功．新华字典[M]．北京：人民教育出版社，2011.

基于北京文化基因的乡村旅游产品设计探析

吕　蕾（北京林业大学　北京　100083）

摘要：本文以北京文化基因为基础，通过对文化基因的根源、北京乡村旅游产品设计案例、当地生活的调研分析，结合北京文化基因在信念、价值观等方面的具体表现，提出了文化基因与乡村旅游产品之间的关系，总结出了基于北京文化基因的乡村旅游产品的设计基本原则、设计过程和设计方法。

关键词：文化基因；北京乡村；旅游产品；产品设计

一、北京文化基因概述

北京的文化丰富而又独具特色，原因在于其独特的地理和历史因素：其一，北京地理位置优越，是全国最大的交通枢纽，全国各地文化在这里碰撞与融合；其二，北京是六朝古都，保留了大量的皇家文化，各种宫廷建筑遗址保留至今；其三，北京作为全国文化中心，各种文人雅士在这里定居，留下了大量的士大夫历史遗址；其四，不同地域、不同民族的人们生活在北京，逐渐形成了独特的京味儿市井文化。北京作为中国的符号代表，体现着中华民族的文化基因，这些文化基因通过人们对待事物所展现的习惯、态度、价值观表现出来。

（一）北京文化基因的表现

1. 审美习惯

习惯是人们积久养成的生活方式，有生活习惯和审美习惯两方面，本文主要从审美习惯上进行对北京文化基因的研究。根据中国文化基因根源中的“循环之道”“据象归类”“时间观念”的思维方式，北京形成了“讲究对称均衡”“讲究象征寓意”“讲究以时为先”等审美习惯。

（1）对称与均衡

循环之道讲究对称、平衡、和谐等动态运动形式。这一思维方式体现在北京城的对称均衡这一审美习惯上，是其以中轴线为基准构成的东西对称的城市布局。北京主体坐南朝北，其左侧为东，右侧为西。中轴线以东则以“文”命名各大城门，如崇文门、文华殿等，以西则以“武”字来命名，如宣武门、武英殿等。此外还有“左庙右学”“左祖右社”“左钟右鼓”的布局理念。

（2）象征与寓意

据象归类取事物之间的相似性，寻找事物之间的联系。北京的据象归类主要表现在象征寓意上。北京四合院作为北京传统民居，其体现象征寓意的观念尤为突出。其一，四合院的格局就是根据“天圆地方”的学说布置的。《周易·说卦传》：“乾为天，为圆，为君为父”，“坤为地，为母，为方”(刘长林，2008)。四合院的建筑模式是以民居的形式来表示“四方”观念。四合院四面都建成房，围成一块方形的地，取“地方”之意。其二，四合院内的砖雕、木雕、石雕上的装饰纹样多采用动物、植物、花木等纹样，取寓意之意。如牡丹象征“富贵吉祥”、蝙蝠象征“福寿”等。

(3)以时为先

北京城体现了以时为先的观念。其一，北京作为一座历史文化厚重的城市，本身就是一部丰厚的“编年史”，是研究中国历史的重要资料。其二，北京的钟楼、鼓楼的坐落位置亦体现以时为先的理念。钟楼、鼓楼作为元、明、清时北京城的报时中心，坐落于北京城的中轴线上，北京的中轴线被称为北京的脊梁，钟鼓楼的坐落位置体现了北京对于时间的重视。其三，北京建有多处用于在节令祭祀天地祖先的建筑，如天坛、地坛等，都体现出北京讲究以时为先的审美习惯。

2. 价值观

价值观指的是人们关于某种事物对人的价值、意义、作用的观点、看法和态度。中国文化基因根源中的“循环之道”认为：在循环过程中，事物终究会回到原先的出发点，原因即结果，结果即原因。因此，北京的价值观比较重视天人合一。所谓“天”，指的是天地万物、自然规律，人指人类，天人合一讲究人与自然和谐相处；“天”亦指有意识的神，这时的天人合一则表示君权神授，在现代北京社会表现出来的则是礼制的价值观。

(1)人与自然的和谐

中国人讲究风水，风水的核心理念就是人与自然和谐相处，北京城的选址就基于中国人的风水理念。北京城三面环山，内有水系，中间又有平原，可谓集山水平原于一体的优越地理位置，军事上易守，生活资源丰富，交通发达。再者，北京传统民居四合院是按照“坐坎朝离”“东厨西厕”的风水观念布局的，这些风水观念都体现了人与自然和谐相处。

(2)礼制观念

所谓“礼制”，指的是讲究尊卑、君权、父权等等级观念。北京作为多朝古都，儒家思想中的礼法是皇帝统治的思想工具，在北京影响深远。虽然今天帝王的礼法权力和礼法制度已经不复存在，但“礼制”观念仍然存在。表现在北京今日的“礼法”上则是“尊卑”“父权”“母权”等等级观念。这一信念在北京的传统民居四合院人员住处安排上体现得淋漓尽致。四合院内宅中，正房位于最显赫的位置，是给家里长辈居住的；堂屋是年节时令供奉祭祖的地方；东西两侧卧室，东为尊，西为卑；再有，东西厢房为晚辈居住的地方。四合院的人员居住位置体现出典型的礼制观念。

3. 文化基因与乡村旅游产品

文化基因作为大到一个国家、小到一个村子得以生存的内在因素，其本身与乡村旅游产品有着千丝万缕的联系。一个地区可以开发旅游产品，是因为其内在的文化基因的与众不同；同样，一个具有特色的乡村旅游产品本身就应该包含和传递出其内在的文化基因，二者是相辅相成。

其一，乡村旅游产品保持旺盛生命力得益于文化基因。在乡村旅游产品中注入文化基因，不但能使乡村旅游产品增加文化涵养，提升产品销量，而且，对于推动乡村旅游地区的形象传播有着相当重要的作用。此外，蕴含文化基因的乡村旅游产品更容易被大众喜爱和接受。

其二，乡村旅游产品反过来成为文化基因向外传递和继承的载体。乡村旅游产品作为一种流通品，是向旅游者介绍本地区的文化特征最直接的也是最视觉化的物体，它是该地区外在的形象展示，也是向外展现文化的重要载体。乡村旅游产品流通的同时，文化基因也得到相应的传播。

二、乡村旅游产品

（一）乡村旅游产品的概念与特征

乡村旅游产品是旅游者在乡村旅游过程中，购买或体验的一切有形的商品和无形商品。基于笔者的学科背景，笔者主要从产品设计的角度来探讨乡村旅游产品。在产品设计领域，乡村旅游产品是以乡村旅游景区的文化景观或自然风光为题材，选取当地原材料制作，表现当地传统工艺和风格，反映当地民俗风情、名胜古迹及各种旅游活动特色且富有纪念意义的中小形物品。作为乡村旅游产品，不但要满足游客的物理需要，更要满足游客的心理需求。因此，乡村旅游产品作为一种有形物品，有着强烈的产品特性，包括淳朴性、文化性、纪念性、艺术性等。

1. 淳朴性

淳朴性是乡村旅游产品最主要的一个特征。所谓淳朴，指的是朴实无华，引申到产品上指的是没有过多的装饰，传达出乡村意象。普遍的乡村意象包括古朴的村庄作坊、原始的劳作形式、真实的民风民俗、土生的农副产品，形成“古、始、真、土”的氛围。乡村旅游产品的纯朴性并不等同于原始性、落后性，而是一种自然状态，强调的是乡村淳朴与城市奢华的区别，可以唤起旅游者心中的乡愁感。

2. 纪念性

乡村旅游产品的纪念性是乡村旅游产品形成的基础。旅游者选择一件旅游产品通常是因为它的纪念价值，这一点同样适用于乡村旅游产品。乡村旅游产品的纪念性通常通过产品设计造型、物质技术、功能等设计元素表现出来。乡村旅游产品作为一种承载记忆的特殊容器，是旅游者寄托记忆的特殊载体。人们过后可以通过触摸和观看乡村旅游产品触动记忆的闸门，唤起旅游者的回忆。

3. 文化性

乡村是中国千年传统文化的聚集和传承地。乡村旅游产品作为特色文化的载体，不同的产品包含着不同的文化特色。旅游者选择一种乡村旅游产品，可以说是选择了它独有的文化内涵。乡村旅游产品实质上可以说是乡村文化产品，它可以体现出该地区的风俗民情、传统习惯等。

4. 时代性

乡村旅游产品具有淳朴性、纪念性、文化性的同时，更应该紧跟时代的步伐，体现当代人的审美偏好，体现时代性。时代性具有当代和过去两个特征，既可反映过去某个时代的传统特色，也可以塑造当代的某些特点和风格。过去指的是传统文化、形式、材料、工艺等，当代指的是现代工艺、科技、文化取向等。时代性并不是所谓的时尚潮流，而是基于当代科技水平和文化意识，将传统文化形式跟现代技术结合，或者是将现代材料跟传统工艺结合，与时代精神相适应，不断地融入新鲜元素，保持传统文化的生命力，体现时代感。

5. 艺术性

艺术性的核心是带来美感、美的享受，在产品的造型、色彩、材料等方面渲染一种艺术感染力。乡村旅游产品既然是一种产品，其应该具有产品基本艺术性；同时乡村旅游自身就是一种审美活动，作为满足旅游活动需要而产生的旅游产品，同样也应该具有艺术价值。因此，乡村旅游产品独特的造型、精美的工艺、特有的材质等都会使旅游者驻足，感受艺术性的同时也获得趣味性。

(二) 乡村旅游产品的类型

旅游产品可以分为城市旅游产品和乡村旅游产品。在乡村层面，乡村旅游产品又分为农产品、传统手工艺品、仿制复制品、民俗产品四种。

1. 农产品类

农产品是指通过农业生产获得的初级产品，农产品的分类根据来源的不同可分为：种植业产品、畜牧业产品、渔业产品、林业产品及其他(刘俊红，2012)。当乡村成为旅游地，其当地的具有特色的农产品相应地转化成了旅游产品被当地人直接拿来贩卖。当我们去乡村旅游的时候，供我们选购的乡村农产品有当地特色水果、粮食、蔬菜等，可以把这些农产品当成纪念品带给亲朋好友。

2. 工艺品类

工艺品是具有价值的艺术品的总称。它包括的种类很多，有漆器、陶器、民间工艺等。工艺品具有独特的造型、工艺、美感，同时也包含了劳动者的智慧。因此，工艺品经常被当作旅游产品在旅游景点销售。如北京鬃人作为北京传统手工艺，其创作灵感来源于皮影戏和京剧，独特的工艺技法使北京鬃人这种工艺品成为北京独特的旅游产品进行流通。

3. 仿制复制品类

仿制复制品是将旅游地比较经典的景点、民居建筑、著名人物等进行缩小模制，从而演变成可以进行贩卖的产品进行出售。很多乡村旅游产品是对当地著名事物的再现，有人物再现、建筑再现、景点再现等。北京四合院的门楼模型，代表北京传统民居，是比较典型的能够承载北京记忆的产品。

4. 民间表演类

民间表演类主要是一些民间舞蹈、音乐、戏剧等艺术形式，如皮影戏、京西太平鼓、杂技等表演项目。这些表演项目具有鲜明的地域文化特点，是一种感官领域的乡村旅游产品。它无法像一些实体的乡村旅游产品那样可以被旅游者拿回去，一般只能在当地进行欣赏，或者是将其内在的文化特色赋予到一些实体上，被旅游者选购。北京的京西太平鼓表演艺术被作为北京郊区独特的文化特色，转化成一种乡村旅游产品。

三、基于北京文化基因的乡村旅游产品设计原则与方法

(一) 乡村旅游产品设计要素

乡村旅游产品设计要素主要为功能要素、造型要素、物质技术要素。正所谓细节影响整体效果，这三个设计要素都会对乡村旅游产品的整体效果产生影响。所以，基于北京文化基因的乡村旅游产品设计研究要从这三大要素进行综合考虑。

1. 造型要素

造型要素主要分为形态、色彩、肌理三部分。形态主要是产品的物质形体和外观。一件乡村旅游产品要想以最快的速度吸引旅游者的注意力，形态的创新是必要的。乡村旅游产品的在形态上可采取具象形态或抽象形态。色彩是最直接、最迅速传达产品信息的手段，也是最能表达感情的设计要素。肌理是人对物体表面纹理特征的感受。在设计乡村旅游产品造型时，要综合设计这三方面，达到形、色、质的完美统一。

2. 功能要素

功能要素主要分为实用功能、审美功能、象征功能。实用功能是产品的首要和基本功能，如冰箱首先要考虑其冷冻功能，而后才是其外观造型。象征功能传递出乡村旅游产品“意味着什么”，是乡村旅游产品能够提供给旅游者的风俗民情、文化认识等抽象感受。审美功能是能够提供给旅游者视觉和精神上的享受，也是影响旅游者选择行为的最重要的因素。在乡村旅游产品的设计中要着重考虑其功能性。

3. 物质技术要素

物质技术要素主要包括材质、工艺。材料本身的肌理、花纹、色彩、透明度等特点都可以成为设计表现方向，激发设计灵感。在乡村旅游产品材质的选择上，可以选择具有地域特色的材质进行表现。

工艺是指产品加工所使用的方法、技术等。工艺决定着乡村旅游产品品质的高低。传统工艺通常以手工艺为主，虽然手工艺制作精美，但产量不高，因此要想让乡村旅游产品在工艺上有更好的发展，则要将传统工艺和现代科技结合起来，使得传统工艺更加符合现代人的审美。

（二）基于北京文化基因的乡村旅游产品设计原则

1. 传统与创新相结合原则

要使乡村旅游产品的设计和开发保持强大的生命力，设计首先要具有当地特色，这种特色是通过长期的文化积累形成的，因此我们要从传统文化中汲取养料；再次要符合现代人的审美需求，这就需要吸收现代技术、材料等现代元素。没有传统文化的现代元素就像一个空壳；没有现代元素的注入，传统文化也会止步不前，因此，要坚持传统与创新相结合的原则。坚持此原则一方面是用现代设计方法来表达传统文化元素或材料，另一方面是通过传统材料和工艺表达现代设计元素。如兔儿爷调味罐，选取兔儿爷元素，与现代陶瓷造型相结合，运用现代的设计手创作出一个新形象，使兔儿爷形象得以被认知，民间传统文化得以传承。

2. 文化传达鲜明原则

文化性是乡村旅游产品设计的基础和灵魂。日本产品设计大师喜多骏之说过：“好的设计是一个有灵魂的设计，使用者才会珍惜使用。”（吴朋波，2014）一件好的产品必然蕴含着文化价值，这样的产品才能被旅游者记住。不同地区的文化各不相同，选择乡村旅游产品也意味着体验不同乡村的差异性和特色。坚持文化传达鲜明原则，可以根据本地区的旅游定位，选择独具代表的文化主题注入旅游产品中，从而吸引旅游者选择的积极性。

3. 实用与审美相结合原则

实用和审美是功能的两个方面，实用功能主要通过旅游者的使用体现出来，审美功能主要通过乡村旅游产品的外观造型表现出来。乡村旅游产品作为一件设计产品，其必然要考虑使用功能。乡村旅游产品包含地域文化特色，文化特色主要通过乡村旅游产品的审美功能表现出来。将审美与使用功能结合起来，从功能上充分进行设计思考。北京民俗特色开瓶器选取北京民俗小吃、服饰、器皿等 10 种图案，同时具有冰箱贴和开酒器的功能，既具有实用功能，又具有审美功能。

4. 系统性原则

系统性原则是在设计时，要注意各个要素之间的层次关系和逻辑关系，在变化中寻求统一，从整体上进行考虑。基于北京文化基因的乡村旅游产品设计原则要坚持系统性的原则，树立品牌意识，提升乡村整体形象。如北京市昌平区崔村为农产品建立了一套完整的品牌标志系统，且产品包装统一的形象，又根据不同的产品定位适时变化，很好地打造出"崔村红"这一品牌形象。

(三)基于北京文化基因的乡村旅游产品设计方法

本文在分析出基于北京文化基因的乡村旅游产品设计原则的基础上，得出基于北京文化基因的乡村旅游产品应遵循以下设计方法：第一，确定研究方向，针对研究方向制订设计计划；第二，展开调研，通过问卷发放和实时访谈的形式，根据调研反馈制作产品需求框架图；第三，根据调研结果和产品需求确定文化基因；最后，通过工业设计方法中的产品要素和产品情感化设计，将北京文化基因注入乡村旅游产品中去。

1. 根据设计内容和产品需求确定文化基因主题

在明确设计内容、产品需求之后，根据京西太平鼓这一民间表演形式的独特性，文化基因主题最终确定为对称平衡。太平鼓自明代起在北京流传，清初，京城内外太平鼓极为盛行。太平鼓具有一套完整的民间肢体语言，表演者成双成对，一面击鼓抖环，一面腾挪跳跃，来体现你追我赶、男追女逐的情趣。太平鼓的表演者为男女两两相对，男女分别代表阳和阴，两两相对则代表了平衡对称。因此，笔者从太平鼓表演的队形中提取的主题文化基因定为阴阳、对称平衡。

2. 向乡村旅游产品注入文化基因

确定文化基因主题之后，就要考虑在乡村旅游产品中注入文化基因的设计方法，主要从以下两方面入手：

(1)乡村旅游产品的设计要素

乡村旅游产品形象设计要素要综合考虑产品的造型、功能、物质材料、工艺等，通过对产品形象设计中的各个要素进行综合设计，使主题文化基因提炼符号能通过产品形象各个要素表现出来，从而形成乡村旅游产品形象主题明确、家族化的特点。如北京传统工艺品兔儿爷，基于北京文化基因中的象征寓意的文化基因，造型多样，有坐象兔儿爷、坐虎兔儿爷、麒麟兔儿爷、坐葫芦兔儿爷等形象。色彩多种多样，材料跟工艺也在不断优化，但兔儿爷的核心形象依然鲜明，主题依然明确。

(2)乡村旅游产品的情感体验设计

产品的情感化设计是相对于现代主义设计过分强调产品的机能导向、忽视人的情感需求而提出的，主要强调的是情感方面的感受，旨在创造出令人快乐和感动的产品。

乡村旅游产品情感设计是指设计师针对旅游者在情感方面的需求，设计出能够使人们在情感上产生共鸣的产品。在情感化设计的过程中，最好是能够使旅游者亲自加入设计中，将旅游地作为满足情感体验的场所，使乡村旅游产品对旅游者产生情感上的影响，从而让旅游者在选择产品的过程中，获得美好的情感体验和回忆。

从情感体验设计层面注入文化基因：一是选择独具特色的文化现象，如自然风光、风俗民情、著名建筑等，使其融合到乡村旅游产品中，使旅游者通过各种感官感受到当地的文化基因；二是通过赋予乡村旅游产品一定的文化寓意，通过视觉或者参与，使旅游者产生共鸣，从而使旅游者能更深刻地感受到当地的文化内涵。

四、结　语

本文对基于北京文化基因的乡村旅游产品的应用设计进行研究，通过对北京进行实地考察和调研，以北京文化基因的特点为研究要素，分析北京文化现象和文化寓意并进行归纳总结，提炼出具体的文化基因符号，提出乡村旅游产品设计原则。本文对乡村旅游产品的概念、分类、特点进行梳理分析，概括总结出乡村旅游产品的设计语意、表现形式及内容。

通过对乡村旅游产品的特点进行概括和提炼，将适应现代人的审美与生活方式植入乡村旅游产品之中，使乡村旅游产品体现出浓郁的文化内涵，展示北京文化基因与现代生活、现代文化相融合的实践途径。

参考文献：

白敖登巴托．民俗旅游中文化表达形式实践研究[D]．呼和浩特：内蒙古师范大学，2015.

陈萍．地域文化背景下城市家具设计方法研究[J]．现代装饰(理论)，2014，(5)：121.

邓奔．傩面具艺术的实用设计研究[D]．南宁：南昌大学，2015.

胡小海．区域文化资源与旅游经济耦合研究[D]．南京：南京师范大学，2012.

理查德·道金斯．自私的基因[M]．长春：吉林人民出版社，1998：321 －322.

刘驰，孙正广．浅析我国旅游纪念品的设计[J]．中国校外教育(理论)，2007(8)：133 －134.

刘长林．中国系统思维：文化基因探视[M]．北京：中国社会科学出版社，2008.

罗金阁，邓世维，陈飞虎．低碳理念下梅山地区乡村旅游纪念品设计[J]．包装工程，2016，(20)：168 －171.

吕艳伟．基于体验经济的白酒文化旅游开发研究[D]．福州：福建师范大学，2012.

基于北京乡村祈福纹饰的陶艺餐具设计

尹亚婷 （北京林业大学　北京　100083）

摘要：本设计研究以祈福文化为基础，分析祈福文化的语意及北京乡村纹饰的分类及特点，总结北京祈福纹饰的表现形式与方法、语意与作用，分析了陶艺餐具的符号语意及特色，将北京乡村祈福纹饰的表现形式与方法、符号语意应用到陶艺餐具的设计中。设计出的陶艺餐具造型采用"瓦罐"的设计概念，继承了圆的"和谐"之意及元素，设计出一套具有祈福文化特征、适应现代审美要求的乡村韵味十足的陶艺餐具。

关键词：祈福文化；乡村纹饰 ；语意符号；陶艺餐具

一、基于北京乡村祈福纹饰的陶艺餐具设计原则与特色

（一）基于北京乡村祈福纹饰的陶艺餐具的设计原则

1. 文化之美

文化是一个国家、民族或地区经时间过滤能够沉淀下来的历史、地理、乡土民情、人文习俗、文学艺术或价值观念等，是人与人之间普遍认可及传承的社会意识形态。就北京乡村文化而言，分为物质文化与非物质文化。

建筑文化是最直接的物质文化表现，是可视可触的。在北京乡村中，最为明显的是建筑艺术，其造型别致，构造讲究，纹饰奇特，内容丰富。虽历经风吹雨打，偶有残缺，但处处体现出村民的劳动与智慧。其构图讲究，关系协调，把握准确，值得学习及传承。如灵水村花窗的祈福纹饰设计，造型简练明确，构图协调自然。

非物质文化与物质文化相对，是人类在社会历史实践过程中创造出的精神文化。在北京乡村中，非物质文化种类繁多，如人民喜闻乐见的祈福文化、吉祥文化、民风习俗及历史、地理文化等。很多非物质文化寄托于物质文化符号之中，其语意为祈福求祥。其表现为民居祈福纹饰，图必有意，意必吉祥。如三家店村的门楼祈福纹饰，作为非物质文化符号，传达着幸福吉祥的寓意。村民的陶艺餐具中非物质文化符号也同样包含着祈福文化，如历史的文化美，材料的淳朴自然、粗犷外放之美，工艺的意外之美，纹饰中的吉祥寓意之美，等等。

艺术之美是人类的主观创作思维，是对客观世界的反映及表现，陶艺餐具同样如此。在传统的陶艺餐具中，人们通过造型与纹饰传达对祈福的艺术诉求与表现。

由于陶艺出现的时期正是人类思维出现的萌芽时期，造型及纹饰开始于追求实用的思想，它们可以增加摩擦、记录自然，后来，人们在满足功能性的同时，对审美需求有了更大的欲望，从单纯具体的模拟人物、动物、植物这些自然形态，过渡到对具体的对象采取抽象提炼，甚至加入想象的几何纹样的方法，来传达对生活、幸福的感悟及诉求。传统青花瓷碗虽不是陶艺餐具，但其纹饰继承了传统纹饰中精细、精美的艺术之美。碗体整体艺术之美与工艺之美并存。故借此为例说明本文中的艺术之美的原则。

2. 自然之美

现代社会，人类的思想达到前所未有的新高度，视野开阔使得思维更加发散，再综合出色的工艺技术及新材料，也赋予了陶艺器皿与传统陶艺餐具不同的表现形式及欣赏方式。

(1)自然美

北京乡村与自然的亲密融合使得村民的思维方式及社会意识醇美质朴、自然简约，向往安静平逸的生活状态。这一点在民居建筑纹饰中也体现明显。纹饰中的设计素材多来源于自然中的植物，原因其一即前文所提与自然的紧密关系，其二为继承、表现出我国哲学中“天人合一”的思想境界。

人们已经习惯与自然的相容及亲近自然的思维意识，所以刻画出抽象且富于美感的植物纹饰，并赋予其祈福的含义。这种身心与自然的结合正体现出我国朴素自然的哲学理念，值得深思与引用。

陶艺是自然的混合物，材取于土，塑型于水，晾干于风，结燥于火，其朴素无华与粗犷洒脱正体现了北京乡村与村民注重自然、实而不奢的自然美。

(2)创意美

现代陶艺餐具的多元性使得其价值高于传统意义上的陶艺餐具，比起实用性等需求，更强调了“人”的精神与世界的关系，以“人”的思想为主，以人为本。设计师将作品体现为人与自我的探索、人与社会的融合、人与自然的和谐等类似的领域，注重于精神层次的交流。表达手法上也更加抽象与符号化，极具设计感。祈福的诉求在这里也体现了更加深层次的表达。

设计思维与工艺高度发展，设计师们运用更加抽象整合的方式来设计几何图案，通过对色彩、质地及纹饰的把握烘托出向往大自然的和谐美感，让其富有更加完整的节奏感与韵律感。

3. 生活之美

(1)方便与快捷

陶艺餐具与我们的日常生活紧密相连，其设计、工艺随着时代的进步而进步。在现代，随着信息化时代的到来，社会需求越来越丰富，生活节奏也越来越紧凑，在这样的背景下，对产品设计的要求也越来越高。一方面人们希望达到自己的目的过程尽量简单、高效、快捷，最好一个程序就可以满足对日常生活的需求。另一方面，一物多用的产品属性也更加受到大家的喜爱，日常用品不用经常重复购买，而且方便搬移，体现一种整体与组合的关系。

如日本的印花双层便当盒虽然为合成材料，但其利用空间的设计非常符合现代人对方便的需求，整个饭盒相扣在一起成为一体，使用时可分开，不会使食物相互之间影响味道，此叠加相扣方式方便且实用，本设计研究采取其造型方式，而非材质。

（2）精神与内涵

人是情感化的高级动物，精神享受的重要性超过物质享受，而内涵即事物的内在涵养，是精神性的。产品的情感表达，就是找到与使用者的情感共鸣，通过产品与使用者进行精神层面的心理交互，凸显其文化、艺术等产品内涵属性。在我国，传统的祈福文化已经深深融入世人的思想，现代的祈福文化少了对封建思想的迷信，多了对幸福及美好的深层渴望与向往。

在当代社会，社会经济高速发展，人们对产品的需求也从只需要实用功能向更感性的精神与内涵需求层面发展，对美的需求也日益增强。陶艺餐具作为我国传统文化的一方面，不仅保留有传统的历史、艺术、工艺、社会价值的文化气质，其内涵更在人们心里产生了国人自豪及对传统文化的认同。日本的陶艺碗外形的简约、质地的素朴给人以安静、祥和的精神享受，蕴含着少即多的哲学理念与内涵。

（3）多元综合性

我国自古就是礼仪之邦，与西方相比，人情味在某些方面可能比其他的方面更加重要。礼仪及社交包括习俗上的因素，同时也存在于产品的设计考量之中。陶艺餐具的设计也要符合这种社会规律，产品的情感传递需要从多元的角度去分析考量，如社会意识形态角度、伦理认知角度及社会学角度，将需要传达的观念意识通过符号物化，传达出正确的情感体验。顾景舟制的“寒汀石瓢壶”紫砂壶，在工艺及鉴赏方面具有极高的价值，其无论在造型、纹饰、色彩、质地还是工艺等方面都达到了极高的水平，表达出水与物的交融与关系，多层次丰富地展现了和谐美好的理念与祈福思想。

4. 时代之美

（1）人性化

产品设计是为人的设计，使用者是人。当今社会在文化、经济、艺术与科学方面高速发展，每个社会个体的时间及精力都是有限的，这时候产品设计在满足其基本使用功能的前提下，融入更多对人性的关怀及对心理体验的关注，结合现代社会对人性化的要求，可以肯定地说这是陶艺餐具的发展趋势。碗上，在大众习惯放筷子的位置上留一个豁口和筷子孔，这样在使用中方便安置筷子，不会发生弄脏筷子的问题及筷子滚下餐碗的尴尬局面，设计极具人性化的关怀并且符合中国人的用餐特色。

（2）可持续化

人类为了社会与经济的发展，使用了过度的不可持续的资源并产生了大量物品的报废，引发了资源消耗过度、空气污染等环境问题。这就让人们对未来的产品设计提出了提倡节能环保、资源综合利用的要求，同时对材料的选用也符合人的使用习惯及心理状态，使得使用者的健康、安全得到更妥帖的保障。陶的原材料取于自然，对人类来说具有天生的亲和力，对自然及社会的污染较少，亲和的材质也在心理上减少了人们在快节奏的生活中产生的紧张与负面情绪。

现代的陶艺餐具设计更应使这种“火与土的艺术”回归自然与人本身，体现体贴人、尊重人、爱护人的理念，体现人与自然、人与社会、人与环境之间的共生关系，体现对人文关怀及对幸福生活的感悟与向往。

(3)时尚化

时尚是指高品位、领先的潮流。每个人对时尚的理解不同，极简是时尚，标新立异也是时尚。但无论时尚潮流怎样变动，其根基是基于传统不变的。基于北京乡村祈福纹饰的陶艺餐具设计研究，即在传统文化的本质基础上，结合现代时尚去繁从简的态度及准则，采取“扬弃”的宗旨进行设计研究。

(二)基于北京乡村祈福纹饰的陶艺餐具的设计特色

1. 以形传情

(1)实用为先

产品设计中，讲究“形式追随功能”，在现代看来，也有“形式追随情感”一说。无论从哪个方面来观察陶艺餐具的造型设计，其实用价值都是最基础的，其使用价值定义了产品是什么，怎么使用以及可以在人们的生活中起到怎样的实用价值与影响。设计研究中，造型的实用性为先。在设计研究理念时，注重现代人快节奏的生活方式，体现方便快捷；在设计研究结构时，符合中国人饮食习惯，分别设计主菜、副菜及主食或小菜的盛食结构，注重整体与部分的构成关系。

(2)情感植入

以形传情，其形为外形、形状。结合现代人对审美与精神的高层面追求，在满足使用价值的同时，也要兼顾陶艺餐具造型向使用者传达的审美与文化等情感化的表达。在陶艺餐具设计中，造型要注重情感植入。在设计研究外形时，采用圆作为基本外形设计。圆作为一种形状符号，在北京乡村往往具有圆满、和谐、全、福等语意，象征着生活、社会、国家的稳定、包容及延续等，在满足实用价值的基础上传达祈福与吉祥的概念。在设计研究内部结构时，采用人性化设计。人在用餐时餐筷与羹匙容易滑落，适当地添置摆放位置，使使用过程顺畅无忧，避免不必要的尴尬，增添产品的人性关怀。

2. 以饰喻义

(1)语意表达

产品语意强调产品符号除了具有实用功能，还具有人性内涵，重视产品对使用者产生的文化、精神和心理影响。北京乡村祈福纹饰直接保留了传统纹饰的原貌与工艺，通过各种表达方法及工艺性与艺术性的结合，将植物、符号及文字等纹饰组成了具有装饰性及功能性的语言符号，渗透了乡村祈福文化与习俗，是对吉祥幸福的追求的精神物化，传达着人们的祥瑞愿景。北京乡村祈福纹饰虽为建筑纹饰，但最直观、最鲜明地代表了其地域特色，且符号语意的传达及作用与陶艺餐具纹饰在很大程度上相符。因此，笔者借鉴了北京乡村祈福纹饰中祈福、寓意及象征的符号语意与作用，进行陶艺餐具的应用设计。

(2)形式相随

形式是在特定环境下各种感性形式因素的规则组合。北京乡村祈福纹饰的形式、构成在追随语意的表现前提下，具有独特的形式美与装饰美。笔者引用了北京乡村纹饰中抽象概括、适合为重、对称均衡、突出中心的表现形式与方法，进行陶艺餐具的设计研究。

3. 以质归本

北京乡村生活节奏相对较慢，民风淳

朴，而陶艺的朴实无华、追求本质之美，与北京乡村民风、民俗的朴素品质相符。笔者使用陶土作为餐具设计材料，结合其朴实与厚重的本质，传达北京乡村醇厚朴实的民风、观念及社会意识形态。

陶艺餐具的材料，其原料来源于土地，和水成泥，干燥于空气之中，永恒于火之煅烧，呈现了自然中四大元素的物质关系。陶艺的原料陶土，是黄褐、红褐或灰白色具有优良可塑性的黏土，其中的蒙脱石、高岭土等矿物成分主来源于乡村与土地。“陶”与“艺”的结合，把陶土从无形到有形的变化过程与人们的祈福渴望、感悟传达的精神融为一体，体现着人与自然相互改造、相互影响的关系，充分反映了人与自然的和谐情感，提升了陶艺自然美的感染力。

二、设计实践

(一)设计原则

通过对北京乡村祈福纹饰的研究，归纳出以下三点设计原则：

1. 造型简约

包括直观的形态及方便组合的结构。简洁、简约的外观设计给人一种视觉上的直观、心理上的明快。简洁并非简单，二者不可混为一谈。简洁是保持了造型的精髓，去掉了无关的累赘，是一种理性的设计，绝非简单和简陋。

2. 适度装饰

以牡丹纹饰为基本造型，将其简化，但又不失传承性。保持装饰为造型形态功能服务的原则。

3. 材料质朴

陶土材料以不挂釉的表现为主，材质尽量质朴。

(二)设计思路

1. 造型构思

在北京乡村祈福纹饰中，追求“圆”“和谐”“美满”成为普遍的观念。无论人物、动物还是植物纹饰的造型都圆润饱满，纹饰与纹饰之间的连接与转折都弯曲和谐，节奏韵律感强，给人一种连绵不断、长长久久的寓意。国人的饮食文化中注重“圆”的概念，象征着一种平衡的美感，传达的是一种圆满和谐的祈福渴望。同时，餐具的圆形设计在使用上更加方便。笔者综合考量使用的便捷性与陶材质的易变性，认为陶艺餐具无法制成完全正圆形。因此，参考了“瓦罐”的设计概念。原因有以下三点：其一，瓦罐中使用了圆的理念，又摒除了正圆形所带来的不利因素；其二，瓦罐的形状适于餐具的使用，盛放空间大，贴合在端移时与手掌的承接面，在餐具设计中经常被使用，功能识别性较强；其三，瓦罐是陶艺文化中最初的设计形态，具有陶艺文化的代表性。

设计实物在造型特征上具体表现为：陶艺餐具分为器口部分、器中部分与器底部分，合在一起成为圆形瓦罐状，继承传统餐饮器皿的造型优势，器表也成为一个整体的纹饰，有祈求生活美满、幸福长久的精神寓意。通过三个大小不同的碗，可以看出：器底的大碗用来盛装汤类、煲菜类、蒸煮类等大份菜肴；器中的中型碗用来盛装炒菜类等中份菜肴；器口的小型碗用来盛装拌菜类等小份零食及菜肴。在器中及器底的碗口处，设计出放置筷子或勺子等餐具的豁口以方便使用。需要一次性端移时，可把三部分叠加为一体，使用方便。叠放时纵向利用空间，不占面积，摆放便利，符合现代人快节奏的生活方式及人性化的设计需求。

2. 纹饰

纹饰设计选用北京地区最具广泛代表性的“牡丹”作为纹饰图形。“牡丹”本身寓意富贵吉祥、雍容华贵，象征着国家强盛，社会繁荣稳定，家庭幸福美满、富贵吉祥。在北京乡村地区应用甚广，成为北京乡村祈福纹饰造型的一大特点。

牡丹纹饰采用对称的连续构图。符合传统的纹饰设计思维及现代人的审美需求，使用圆形来分割纹饰构图，圆形不仅代表北京乡村传统文化中“圆”的文化及意义，在本设计研究课题中也代表植物纹饰中对枝叶纹饰的抽象及概括。

(1)主牡丹纹饰

纹饰的正中以主要的牡丹抽象纹饰为主，采用牡丹怒放时的形态进行花瓣的艺术处理，使其中心突出，富于韵律感、节奏感。应用了牡丹的吉祥、幸福等主要祈福寓意。主牡丹周边的外部设计以枝叶绕排为主，枝叶的形象利用符合一定规则的抽象艺术手法，取其规则性纹样，以绕排的方式圈围主牡丹，表达长长久久、循环不息的祈福寓意。

(2)次牡丹纹饰

次牡丹排列在第二圈绕排纹饰中，形态不同于主牡丹的盛放姿态，而是采用宏观的牡丹形态，中间为含苞待放的牡丹心造型，外部以牡丹的花瓣延伸圈为原型，表达生活美满、多姿多彩的祈福语意。

(3)连接纹饰

主、次牡丹之间的连接纹饰以含苞的牡丹为原型，抽象概括出含苞牡丹的几何形状，寓意北京乡村祈福文化的丰富内涵，祈福生活如待放的花苞一样越来越精彩。主花轮之间连接处的区域采用附牡丹的形态，祈求岁岁年年如牡丹盛开，生活富贵吉祥。

整体纹饰在圆形的基本构图中，中间的主牡丹饱满、抽象，卷草纹围于其外，再外轮四个次牡丹在上下左右与主牡丹呼应，连接处以含苞的牡丹装饰点缀，整体层次丰富、特点鲜明。

3. 工艺与材料

此设计研究中，材料方面选取陶来制作及表达。陶艺就地取材、土生土长，文化特征及风俗浓郁，是群众创造的智慧结晶。陶艺的造型与装饰以及陶土的质感常常反映着人们淳朴善良的祈福寓意，散发着纯真的乡土人情及人与自然的和谐相融之感。其形式朴素、典雅，不以形苛刻，但求意韵到位；造型到纹饰的处理高度概括、简约、夸张却不浮夸，偶尔的残缺之美与惊喜，给人以自然不做作的耐人寻味之感；工艺中的弄笔运刀都颇为讲究，潇洒、生动、精细，浑然天成，自为一体，与课题中北京乡村纹饰的寓意情感表达方式相符。

由于设计实践中所制作的器物为陶艺餐具，从陶的工艺及材料上来看，需要尽量符合其基本的使用功能，故笔者在设计实践中使用现代红陶材料来制作。红陶紫金泥(货号 YQM0108)产自浙江，烧成温度 1 200～1 280 ℃，为原矿泥，非化工合成，无任何添加料，健康环保，且黏度高、可塑性强，在使用中不容易损坏，氧化铁含量高，可补充人体内的铁元素。纹饰采用印纹雕刻的方式，雕刻厚度大约 1 毫米。

内部施透明釉，防止器体过度吸收水分，且易于清洁，不会有吸附异味等现象产生，同时减少釉面破裂导致破损的现象。

制作采用手工拉坯、干燥、手工雕刻、内部施釉与烧制，陶艺制作流程复杂、步骤繁多。陶艺餐具实物模型于北京市朝阳北路青年工社的陶艺工坊制作。这是一家专门做陶艺、瓷艺工艺品的工作室。室内制陶条件优越，各种陶土、转盘、晾晒架及电窑炉等制陶工具齐全。技工技法熟练，经验丰富，给予笔者很多陶艺制作的建议及帮助。

(三)设计步骤

1. 头脑风暴

依据前期调研及文献研究，笔者进行头脑风暴，串联思路，便于设计研究的顺利进行。

2. 素材收集

经过前期的设计研究，笔者通过设计研究的结论进行素材的收集与分类。由于篇幅有限，以下图片为部分资料。根据造型与纹饰的设计特点，素材分类如下：

(1)外形素材

①瓦罐的形态。此方面的素材(图1)相对丰富，包括瓦罐的原始形态与在餐具中的使用方式，吸取瓦罐设计中宽口大肚的形态设计，使其作为餐具盛放食物的属性发展至最大化。

②叠加相扣。部分叠加的储放方式在餐具设计中多有出现，其原型为早期的饭盒设计，方便快捷，使用程序简单，如图2的叠加饭盒设计。此类案例与素材在前文有所提及，此段不再赘述。

图1　瓦罐素材

图2　饭盒素材

图3　豁口碗素材

图4　牡丹纹饰素材

③豁口设计。碗口的豁口设计(图3)是餐具设计中人性化元素的添加，使使用者在使用过程中避免不必要的尴尬，在前文已有所讨论，本段不再赘述。

(2)纹饰素材

关于牡丹纹饰与纹饰构成素材，在此需要说明的是本设计研究是基于北京乡村祈福纹饰的研究设计，元素及概念来自北京乡村，相关素材前文已有所分析及研究。图4为牡丹纹样及发展思维。

3. 草图绘制

根据设计思路绘制草图，包括造型设计与纹饰设计。在设计研究理念上，注重符合现代人快节奏的生活方式，方便快捷；在设计研究结构上，符合中国人饮食习惯，分别设计主菜、副菜及主食或小菜的盛食结构，注重整体与部分的构成关系。采用北京乡村中最具有代表性的牡丹纹饰为主要设计形象，符合传统的纹饰设计思维及现代人的审美需求；使用圆形来分割纹饰构图，纹饰的正中以主要的牡丹抽象纹饰为主；采用牡丹怒放时的形态进行花瓣的艺术处理，使其中心突出，富于韵律感、节奏感，应用了牡丹的吉祥、幸福等主要祈福寓意。次牡丹排列在第二圈绕排纹饰中，形态不同于主牡丹的盛放姿态，而是采用宏观的牡丹形态，中间为含苞待放的牡丹心造型，外部以牡丹的花瓣延伸圈为原型，表达生活美满、多姿多彩的祈福语意。主、次牡丹之间的连接采用含苞的牡丹为原型，抽象概括出含苞牡丹的几何态形状，寓意北京乡村祈福文化的丰富内涵。图5为草图阶段设计，其中，阶段一、二对形态的把控与纹饰的设计不够完善；在阶段三时，陶艺餐具的外形已经确定，纹饰设计尚在探讨阶段；在阶段四时，的外形与纹饰基本确定。

4. 平面图绘制

根据草图绘制陶艺餐具的平面图并标注尺寸(图6—图8)。其外形尺寸的设定源于盛放食物的种类及大小，参考了常用餐具尺寸的设计及规定。需要说明的是，考虑到陶土的材质特性，为了便于后期的纹饰雕刻及避免器体开缝干裂等情况的发生，餐具实物模型器壁较厚。另外，陶器在烧制过程中经常产生意想不到的变化，此尺寸设计与最后成品不一定会完全相符，同时，尽量做到比例不变。

在这里需要说明的是，在设计手工陶艺造型与纹饰时，在平面图中无法表现得极为精准，但需在满足碗口豁口的使用功能前提下尽量不影响纹饰的美观，保证其完整性。图7中所示的纹饰与造型的位置关系仅供参考与展示，成品以最后的实物模型为准。分体平面三视图(图8)所标注均为大致尺寸，具体尺寸以实物模型为主。

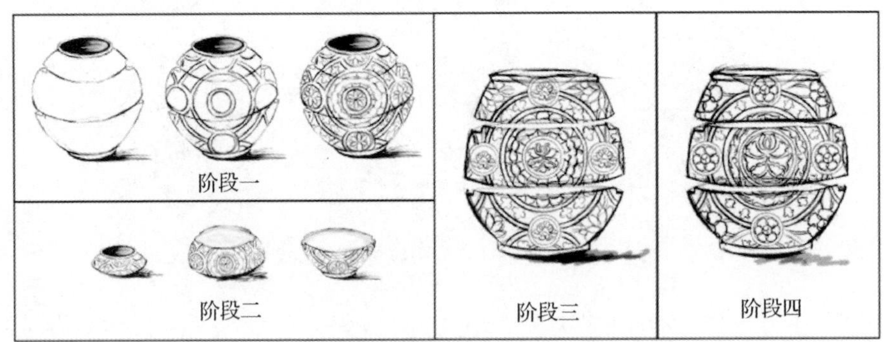

图5 草图绘制

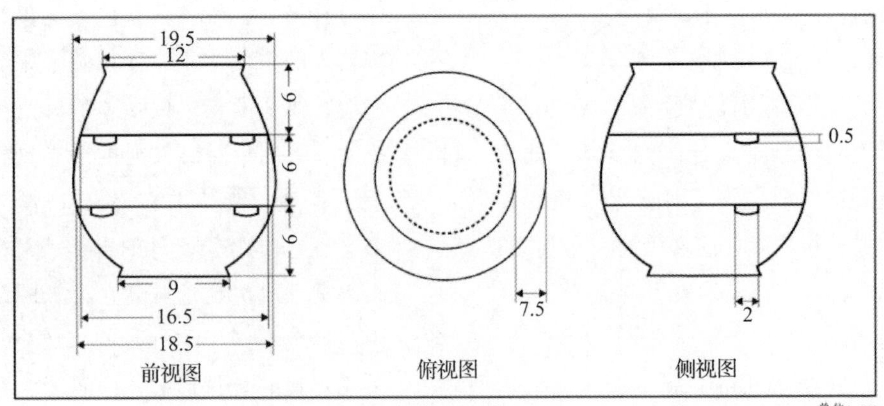

图6 整体平面三视图(不含纹饰)

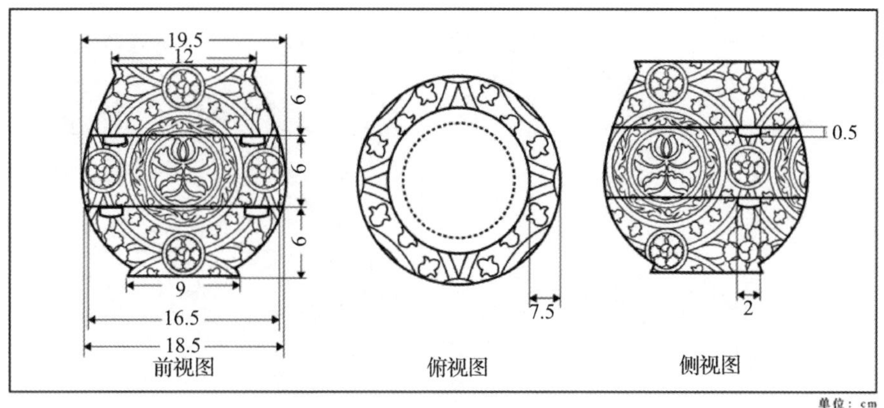

图 7　整体平面三视图（含纹饰）

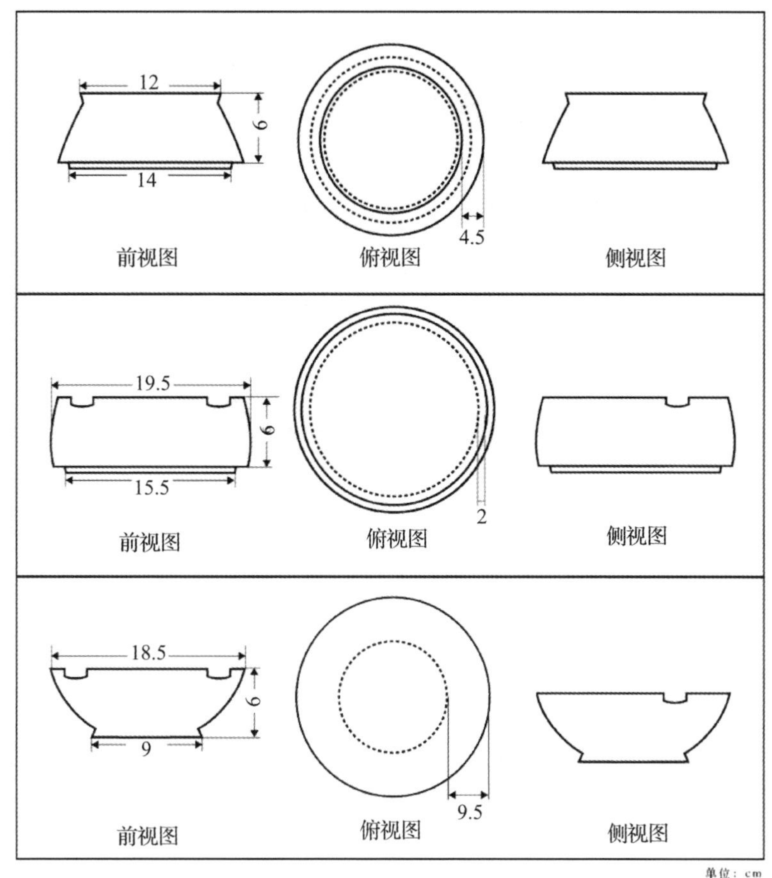

图 8　分体平面三视图

图 9　基本纹样及反白效果

图 10　纹饰与餐具的位置关系

图 9 为基本纹样设计及纹样反白效果，此展示方法使得纹饰特点鲜明，纹饰线条清晰可见。

图 10 为纹饰与陶艺餐具的位置关系，采用纹饰平面图平铺形式，以展示纹饰与陶艺餐具造型的位置关系。实际位置关系以最后的实物模型为准。

5. 模型建造

在模型建造中，采用犀牛软件建模，用 Keyshot 软件渲染制作流程。需要说明的是，由于最后的模型为手工制作，实物模型制作中遇到些许问题，已及时改正，所以建模阶段的细节与后期的实物不完全相符，在后期完善中会以实物模型为准进行处理(图 11—图 16)。

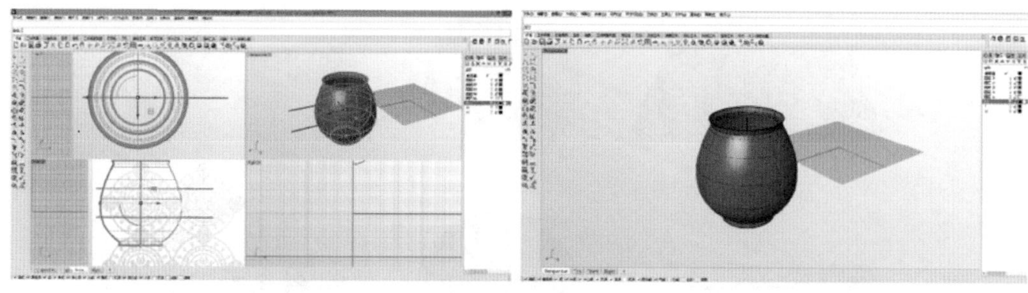

图 11　模型建造过程

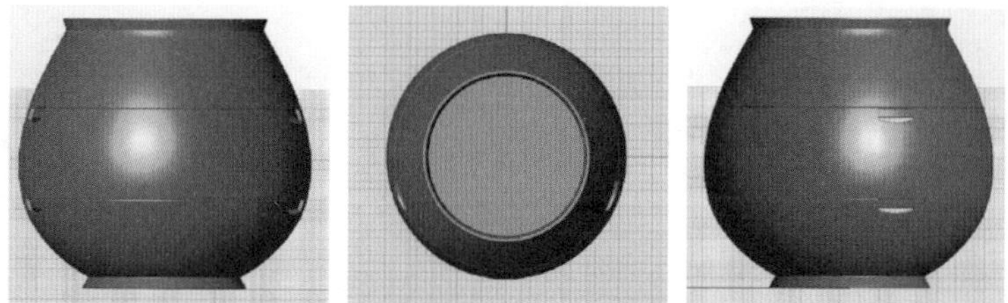

图 12　整体三视图

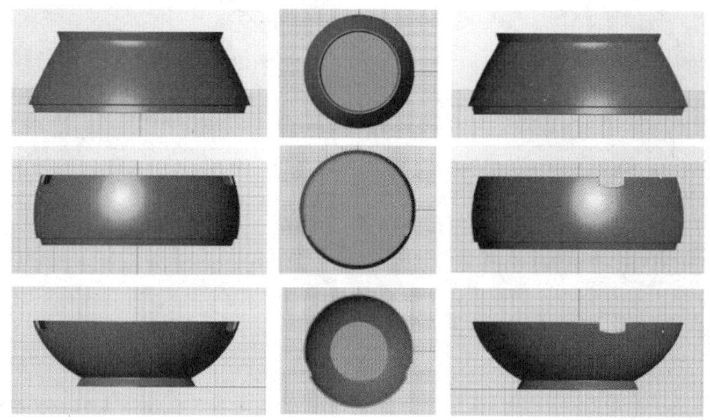

图 13　分体三视图

图 14　渲染整体三视图

图 15　渲染分体三视图

图 16　拉坯阶段

6. 实物模型制作

实物模型的制作过程为：拉坯（紫金泥）—晾干—修坯—绘画纹饰—雕刻纹饰—制作筷子豁口—内部施釉—入窑1 250 ℃烧制（图 17—图 22）。

在实物模型的制作过程中，笔者参与了拉坯、修坯、纹饰绘画、部分纹饰雕刻、豁口制作及部分内部施釉。制作中，由于陶土材质的特性与工艺技术，产生了些许问题，均已在实物模型制作中及时解决。

图 17　整体造型

图 18　分体造型

图 19　纹饰绘画

图 20　纹饰雕刻实验

图 21　烧制后的整体效果

图 22　使用效果

三、结 语

祈福文化历史悠久，有着独特的文化内涵。在祈福纹饰中，人们通过对人物、动物、植物形象的提取，再进行艺术加工，形成装饰化、符号化的纹饰，应用于各处，以祈福求祥，表达对幸福生活的期盼及感悟，抒发及传达人们的精神信仰和情感。

本文通过对北京乡村的几个区域进行考察及调研，分析北京乡村普遍存在的纹饰形象及设计，分析其各种不同造型及形象抒发的精神寓意及文化传达，提炼出在北京乡村中祈福纹饰的应用方法与使用规律。本文对陶艺的历史、发展及对陶艺餐具的符号语意的传达进行研究及分析，概括总结出陶艺餐具的设计语意的表达形式及内容。

通过对北京乡村纹饰的研究、分析、提取及对陶艺餐具的语意传达方式方法、表达方式与陶艺的文化及工艺的研究，从而让陶艺设计融合适应现代人的审美与生活方式。注重精神情感的植入与应用，概念化地在遵循传统的实用功能及设计理念的基础上综合艺术性与情感化设计，使得陶艺餐具加重情感寓意及回归自然之美，也是继承和发扬民族祈福文化、展示传统与现代结合的产品设计的实践途径。

参考文献：

曹阳．器皿中的五感设计[J]．大众文艺，2011，24.

高立群．产品语义设计[M]．北京：机械工业出版社．2010(1).

黄能馥，陈娟娟．中国历代装饰纹样大典[M]．北京：中国旅游出版社，1995.

孔祥梅．试析传统祈福文化中独特的时空观[J]．时代文学，2010，2.

刘闻名．形意象与陶瓷餐具设计的相关性[J]．设计，2015，9.

游文婷．餐具设计中隐喻方法的研究[D]．杭州：中国美术学院，2011.

姚岚．窑火凝珍：陶艺[M]．上海：上海科技教育出版社，2011(1).

尹亚婷，张继晓．北京乡村民居中祈福文化的植物纹饰研究[J]．艺术与设计(理论)，2015，5.

柳宗悦．民艺四十年[M]．徐艺乙，译．桂林：广西师范大学出版社，2011(1).

精准扶贫中的农副产品包装设计需求研究

——以内蒙古自治区科右前旗为例

丁汗青　郑雨薇　（北京林业大学　北京　100083）

摘要：本文通过对科右前旗精准扶贫中的农副产品包装设计案例的研究分析，提出如何实现贫困地区农副产品包装设计的地域特色、文化特色、产品特色、体验感受的设计原则，运用当地产品相关元素，将用户的购买需求和生产者品牌需求梳理成视觉包装方法，提升产品包装的设计品质，满足精准扶贫对农副产品包装设计的定位与需求。

关键词：精准扶贫；农副产品；包装设计；设计需求

前　言

习近平总书记指出："扶贫要实事求是、因地制宜、分类指导、精准扶贫。"北京林业大学对科尔沁右翼前旗（以下简称科右前旗）的定点扶贫工作，通过对企业进行精准支持，对贫困村进行精准扶贫，来实现对整个科右前旗的精准扶贫。项目组从企业形象设计、产品包装设计等入手为企业开展精准的设计帮扶。通过设计帮扶提升科右前旗果品企业的产品价值和企业品牌知名度，充分调动果农的生产积极性，从而实现果品生产的扶贫效益。

一、科右前旗恒佳果业的设计需求调研

恒佳果业有限公司成立之初的目的是切实解决当地沙果产量过剩的问题。恒佳果业现主要生产原料为当地沙果，是一个只有初步加工能力的个体创业公司，其职工多为当地低收入水平的农民。恒佳果业虽有优秀的沙果干生产加工技术，但缺少品牌知名度和包装特色。因此，为实现北京林业大学对恒佳果业的帮扶目标，需对该企业的地域文化与销售需求进行分析研究，为后续的精准帮扶设计找到依据。

（一）产品特色需求

恒佳果业目前生产沙果干与沙果脯两种产品，以沙果干为主要特色产品，因加工工艺不同，果干形状分为菱形与圆圈形两种。其产品在加工过程中不使用任何添加剂，仅增加少量糖分以改善沙果独有的酸味，保证其口感更贴近大众喜好。经过与恒佳果相关负责人沟通以及进入生产车间实地考察，并与当地其他品牌沙果干的品质与包装等进行对比分析、调研后得出，恒佳果干具有原生态、无添加剂、口感酸甜以及浓厚的地域文化等特征，使其能够在其他同类产品中形成竞争优势，但由于标志、包装等没有鲜明特色，导致"好产

品”很难走出当地被更多人们熟知。因此，对其标志、包装等进行再设计，并总结提出如下问题：

（1）如何通过包装将几种沙果干产品的类型及口味加以区分；

（2）如何通过包装将产品特色传达给消费者；

（3）如何在保证包装新颖时尚的同时保留其天然质朴的本质特色；

（4）如何体现产品的地域文化特征。

（二）地域特色需求

作为内蒙古特有的果品，包装设计应当让消费者感受到果品在当地的生态优势。内蒙古自治区兴安盟科右前旗位于大兴安岭西北部，人文地理环境独特，既有浓郁的内蒙古特色，如大草原与蓝天白云相映，符合消费者传统认知中对内蒙古的印象；也有东北腹地的莽莽风情，冬季漫长且降雪量大，形成了独特的地域环境氛围。“兴安”在蒙语里是“山岭”的意思，以山丘为主的地貌和沙质的土地特别适合种植沙果树，当地气候条件四季分明，早晚温差大，有利于果实糖分的积累，产出的沙果口感出众。科右前旗的沙果产量高，含有较丰富的营养物质与芳香性成分。当地居民自古以来就有将沙果切片穿绳风干食用的习惯，果干具有浓郁而独特的酸味和香气，十分天然美味。

（三）民族文化需求

恒佳果业是科右前旗的当地企业，因此也深受当地民族文化影响。科右前旗的蒙古族居民占其总人口四成以上，蒙汉民风与传统相融合，形成了既有民族特色又有现代特色的文化。蒙古族的传统图形是一种传统的艺术形式，是蒙古族民族精神的载体。在进行包装设计时，要体现地域性、民族性，就不能脱离民族的传统文化，蒙古族传统图形是必不可少的设计素材。因此，在后期设计中需要保留其原有的蒙古族特色，并保证这一特色不被覆盖，从而在其他同类竞品中提升品牌竞争力。

（四）地域传统文化需求

地域文化是产品品牌最重要的核心要素，离开了地域文化，任何产品都会失去意义和价值。课题组在科右前旗展开了对当地文化的深入考察调研，并在当地博物馆提取到当地自原始社会就出现的壁画、岩刻上的太阳纹样。蒙古高原冬天极其寒冷，当地少数民族的游牧生活依赖季节更替，这就延伸出蒙古族的天文历法，他们赖以为生的畜牧业与此紧密相关，他们最早对太阳的渴望就是对温暖的渴望。再者，当地少数民族深受萨满教的影响，认为白天和黑夜的更替是神力所为，太阳在他们心目中的力量是无穷的，可以照亮整个宇宙，因此他们便开始渴望光明。太阳给他们的心灵带来莫大的安慰，蒙古族传统纹样中的太阳纹样由此诞生。当地对自然、对太阳的敬畏衍生出其他生活风俗与习惯，将这种对自然、对太阳永恒的追求心理诉求运用到设计之中，体现在当地特色产品之中，可以向消费者传达独特的科右前旗的民族传统精神内核。

（五）用户体验需求

诺曼教授在《情感化设计》一书中提出了设计的三层次理论，即设计应当从人类心理认知的三个层次进行分析并加以使用。首先，在本能层次，产品的外观、触感等会使人产生无意识的也是最基础的感官反应，人们会在接触产品的时候迅速产生

“好”或“差”的反应。其次，在行为层次，人们通过使用和进一步接触产品，会对使用过程进行分析评价，获得正向的“产品优质/易用”的结论或是负面的“产品劣质/不易用”的结论。最后，在反思层次，在人们深入了解了产品并进行了学习与一定时间的接触后，如果产品能够触发消费者的文化归属感或其他深层次的幸福感，就会使消费者与产品之间建立依赖或信任，最终成为产品的忠实用户。

由于沙果本身口味与企业加工工艺的影响，沙果干产品与市面上其他果脯蜜饯类产品不同，口感与存储方式均有其独特性。因此，利用包装引导消费者在初次接触产品时第一时间获得足够的相关信息，在本能层面获得正向反馈，同时使消费者在消费后对产品拥有良性的积极体验，并能够产生情感依赖，以此可以提升产品竞争力，建立优质的品牌形象。

二、用户体验下的包装视觉设计

（一）品牌标志的设计

1. 基本元素设计

蒙古族传统符号在民族纹样中有着多种多样的形式，最具有代表性的就是圆形图案，蒙古族崇尚圆形是民族的日常生活的反映。在蒙古族人眼中，太阳是圆的，天是圆的，宇宙是圆的，蒙古包也是圆的，所以蒙古包作为宇宙中最小的一个“圆”与宇宙的大“圆”遥相呼应。圆形事物充斥在蒙古族每一人的生活中，比如原始人类将圆形当做太阳的象征，图纹的旋转就是太阳的光焰旋转。蒙古族的圆形图案是蒙古族传统符号传达的综合性体现。在当地博物馆的调研中提取的石刻太阳纹饰中（图1），圆形与太阳光芒相结合，成为设计要素的基础形态。结合沙果外形的“圆”与沙果干产品的圈型，共同组成包装标志的基本样式（图2）。通过正负图形的方式将沙果与太阳纹结合，不规则的边缘效果营造出朴实质拙之感，既将蒙古族传统纹饰融入其中，也体现出企业的产品特色，同时保留其天然的不加修饰的粗犷之感。

图1　原始时期太阳崇拜石刻

图2　标志初版设计稿

2. 色彩设计

蒙古族的吉祥五色为红、黄、蓝、白、绿。蒙古族人民凭借对生活和自然的观察与体验，将他们的文化用色彩表现出来。不同色彩能够形成不同的认知体验，对明度、纯度或饱和度加以调节，并进行排列组合，能够以最直观的方式向消费者展示产品信息：①蒙古族的独特色彩使用偏好，高纯度对比色彩搭配富有民族感，突出产品独特的民族及地域特色。②结合产品本身不同口感，改善原包装带来的“蜜饯”色彩视觉效果，色调整体选择冷色倾向，减弱由于暖色调造成的果干高甜度印象（图3）。

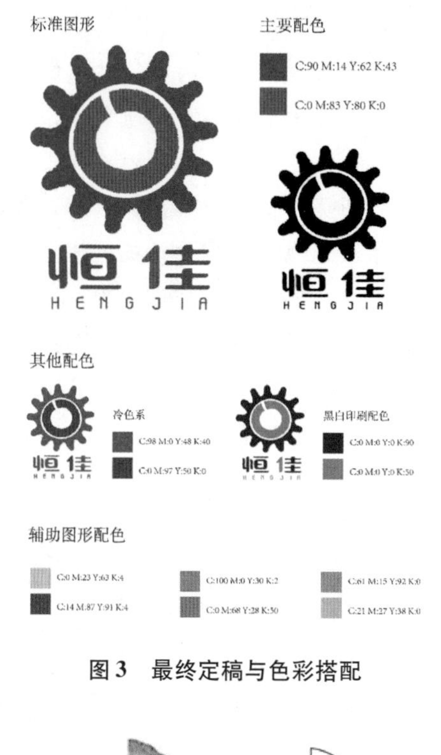

图 3　最终定稿与色彩搭配

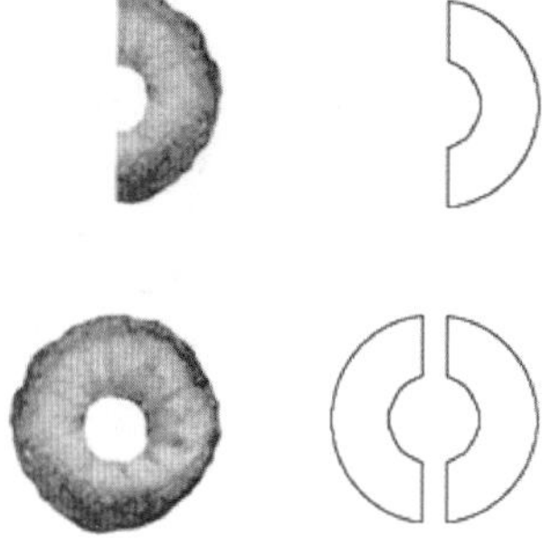

图 4　利用果干形状进行抽象提取

（二）包装设计

1. 基本元素

为帮助消费者了解产品特征，本次包装设计选择提取沙果干造型作为主要元素，将棱形与圈形进行平面化的抽象加工（图4），从而保证包装现代化的需求，同时避免因直接使用原生图片造成整体设计混乱、粗糙之感。利用基本元素进行重复排列组合形成主体装饰纹样，后续其他包装以此为基础进行变化与衍生。

2. 图形构成

包装整体设计以平面化与图案化为基础，在背景选择上使用当地具有民族特色和地域特色的内容，如蒙古包、沙丘（图5），并对素材进行加工使其线条化，更好地与主体融合，同时保留其特点，从而使消费者能快速辨认产品特色及其背后所蕴含的文化特征。

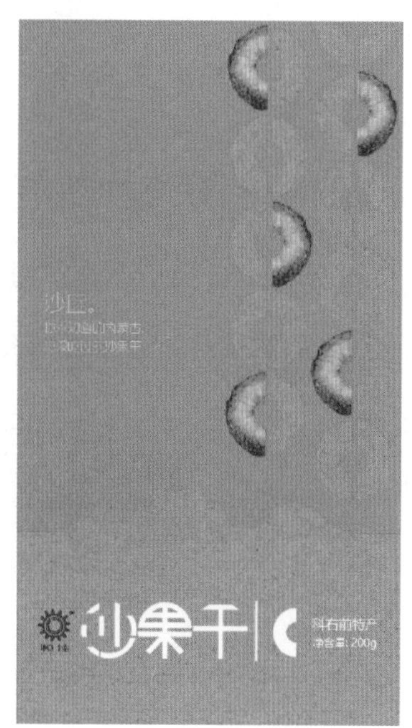

图 5　利用沙丘图形进行线条化

3. 包装造型

在包装造型方面，为兼顾企业生产成本低廉与美观实用的要求，项目组对市面上大量同类竞品进行筛选，以尽量避免产生同质化的问题。结合包装图样色调、原生态的产品特征与特色产品的特点，最终选择使用折口牛皮纸袋包装方式（图6），既符合图样特点与产品形象，又能够保证消费者开启、收纳方便，食用后可以快速进行封口以免产品长时间接触空气氧化变质从而破坏风味。

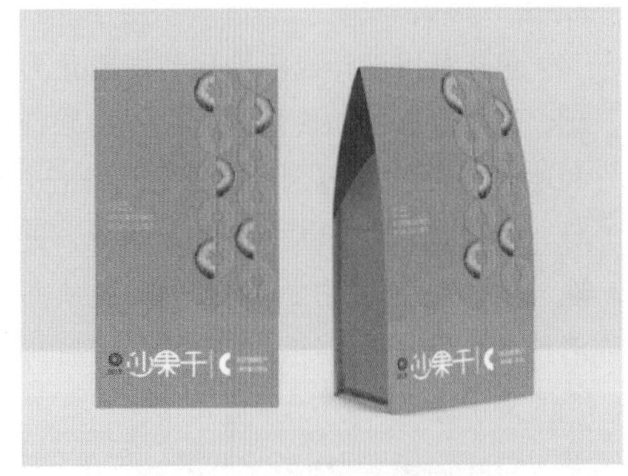

图6 牛皮纸折口袋包装设计

4. 色彩运用

随着社会的发展，色彩的象征意义也在发生变化，蒙古族源于自然、融于自然的特点使其文化发展不断推陈出新，相互融合。本次包装设计选色与标志设计一脉相承，首先考虑蒙古族传统色彩，同时结合企业所在地地理环境特点，利用色调搭配给予消费者直观的“内蒙古”感，实现特色产品对当地地域文化特征的表达。为提升品牌整体形象与品牌竞争力，避免因为样式过多而造成消费者选购时的混乱感，保证不同产品之间的整体感，最终选定红、绿、紫作为基础色调，配合牛皮纸本色形成系列感(图7)。

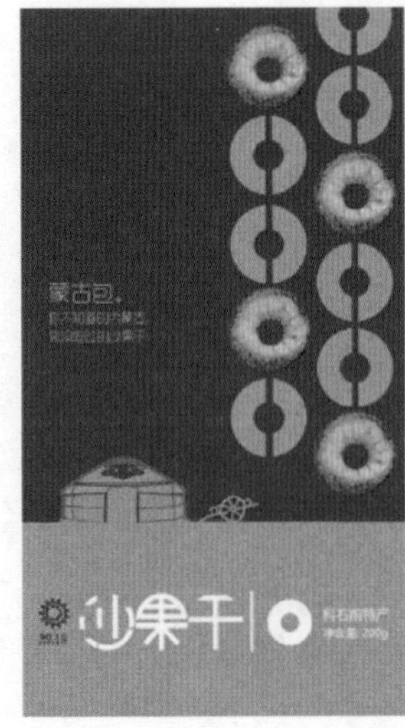

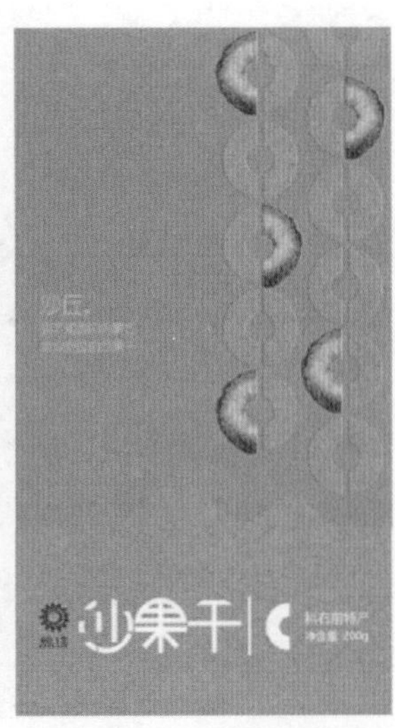

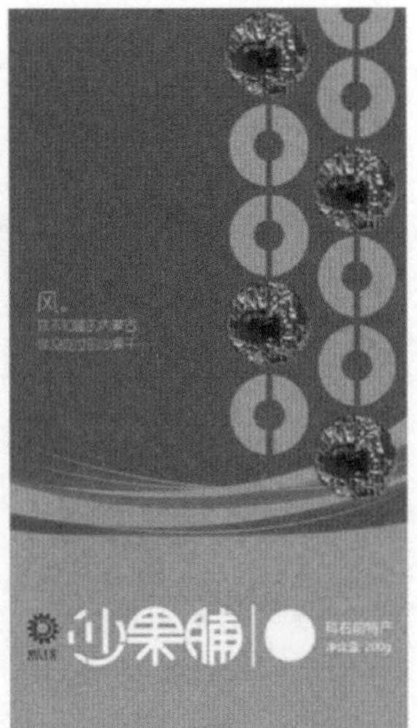

图7 最终定稿

三、结 语

设计立足于文化，设计服务于人民。因此，设计必然不能仅停留于表面，而是应深入了解产品及其背后的文化传统，将民族特色与现代生活相结合，二者相互补充，形成现代中有传统底蕴、传统中有现代精神的设计。同时作为消费者接触产品的第一步，包装设计也要从消费者角度出发，探究消费者对产品的使用感受，并为实现更好的使用感受而不断修改调整，切实分析消费者的心理，在实现美观与清晰地传达信息的基础上，将消费者的情感需求融入包装设计之中。

在全面推行精准扶贫的大环境下，利用设计的手法帮助贫困地区企业找准市场，实现品牌价值，提升品牌影响力，从根源出发解决贫困企业面临的问题，实现设计的社会价值，也为企业未来的发展提供良好的开端。

参考文献：

王丽丽，宝音·德力格尔．沙果的研究进展［J］．农产品加工，2015（10）：61－62.

科右前旗政府办公室．科右前旗人口民族［EB/OL］．（2016－11－16）．http：//www. kyqq. gov. cn/kyqq/mlkyqq/rkmz40/597388/index. html.

王妍．蒙古族传统图形在城市广场设计中的应用研究［D］．哈尔滨：东北林业大学，2014.

刘硕元．蒙古族传统纹样在现代设计中的应用研究［D］．青岛：青岛理工大学，2012.

杨杰．蒙古族传统符号在平面设计中的导入［D］．呼和浩特：内蒙古师范大学，2013.

戴安娜．从蒙古族传统符号谈新蒙式风格在展示设计中的应用［J］．艺术科技，2016，29（11）：241.

精准扶贫中的蒙汉双语科普植物二维码方案设计研究

韩静华　于博洋　胡庆冉　吴小金　王巨文　姜沛勃

（北京林业大学　北京　100083）

摘要：本研究以精准扶贫县科右前旗常见园林植物为对象，设计蒙汉双语科普方案。设计完成基于二维码的蒙汉双语植物科普系统，该系统主要由实体树牌和数字内容两大部分组成，用户使用手机扫描树牌上的二维码，即可进入相应的植物页面。本研究有利于面向公众普及植物知识，增强公众自然科学素养，服务于生态文明及美丽中国建设；有助于进一步提升科右前旗的城市形象和公共服务能力。

关键词：精准扶贫；植物科普；二维码；蒙汉双语；科右前旗

2013 年起，北京林业大学开始对口定点扶贫兴安盟下属的内蒙古自治区科尔沁右翼前旗。多年来，学校全力帮扶当地打赢脱贫攻坚战，取得了显著成效。为了贯彻落实好习近平总书记关于“构筑我国北方重要生态安全屏障，把祖国北疆这道风景线建设得更加亮丽”的指示精神，实现脱贫攻坚与生态文明建设的同频共振、同向同行，满足人民群众对美好生活的向往，本项目设计研究基于新媒体的科右前旗园林植物蒙汉双语科普方案，向公众普及植物知识和相关传统文化，增强公众自然科学素养，促使大众热爱并保护植物，服务于国家生态文明和美丽中国建设。

一、项目背景

（一）团队前期基础

笔者自 2012 年起开始设计开发“植视界——基于二维码的植物科普系统”，该系统主要由带有二维码标记的实体树牌和数字内容两大部分组成。用户使用手机扫描树牌上的二维码，即可进入相应植物的页面，其中包括植物简介、有趣的植物知识以及精美的植物图片。系统摆脱了传统挂牌的桎梏，在有限的面积上，通过新媒体科技的运用，实现图文并茂、更具互动性的植物知识传播。经过几年的不断改进，现已形成成熟产品，受到各界的广泛好评，应用在人民日报社、中央党校、北京林业大学、八达岭国家森林公园、烟台植物园等多家单位；受到《人民日报》，《中国绿色时报》，北京卫视《北京新闻》《特别关注》栏目等多家媒体报道。

（二）科右前旗简介

科右前旗位于内蒙古自治区东北部，地处大兴安岭南麓，是一个以蒙古族为主体、

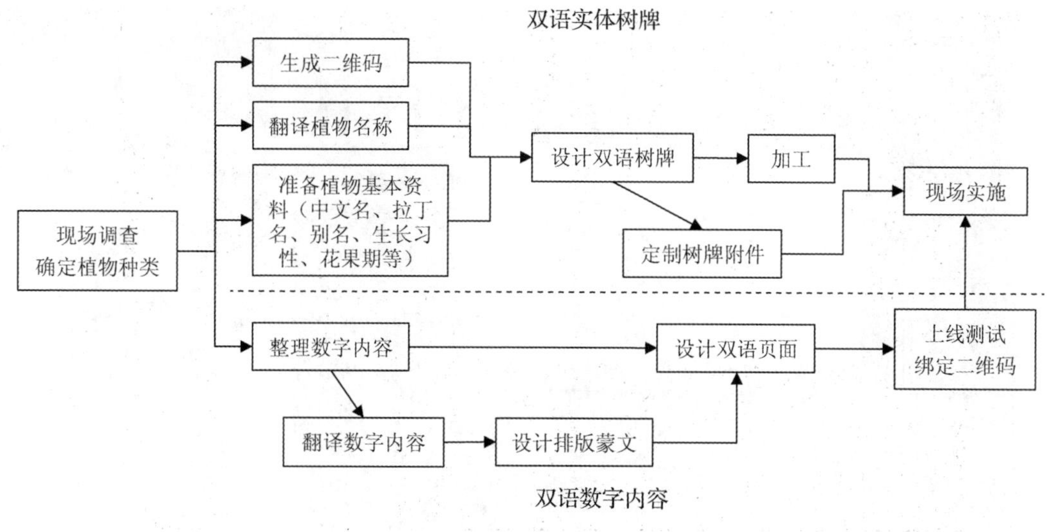

图1　工作路线

汉族为多数的多民族聚居旗。据2017年统计，全旗境内户籍总人口331 535人，其中蒙古族156 862人、汉族157 256人。近年来，城市品质显著提升，建成札萨克图公园、全民健身公园等一批服务民生的休闲场所。2017年，该旗在兴安盟率先晋升为"国家卫生县城"和"国家园林县城"。

二、设计思路

笔者于今年4月赴科右前旗现场调查，和当地住建局进行详细沟通，勘察了札萨克图公园、植物园、沿河公园和主要道路，确定了以下工作思路和工作路线(图1)。

(1)设计开发基于二维码的蒙汉双语植物科普系统，以便服务当地更多群众。

(2)选定札萨克图公园作为主要实施地点。札萨克图公园濒临归流河，景色优美，是科右前旗的标志性公园，深受市民和游客喜爱，是大家健身、游玩、休憩的好去处。

(3)设计方案简洁、耐用、人性化，体现北京林业大学对国家脱贫攻坚战略的贡献。

三、设计实践

(一)树牌设计

1. 确定植物基本资料

确定植物种类是后续一切工作的基础，为了早日服务科右前旗群众，项目采取了多线并行的工作模式。项目组首先和科右前旗住建局园林绿化负责人确定植物种类，即樟子松、油松、圆柏、连翘、紫丁香、重瓣榆叶梅等共计45种植物。在此基础上，住建局统计每种植物所需的树牌数量并翻译植物名称，我们负责整理植物树牌的其他信息，包括科属、拉丁名、别名、生长习性、地理分布、园林应用、花期和果期等信息。考虑到当地气候情况，对花果期进行了调整以适合当地实际情况(比北京地区晚1~2个月)，数字内容也做了同样处理。

2. 生成二维码

采用活码技术生成和植物名称相对应的45个二维码。活码技术使得在不变换二

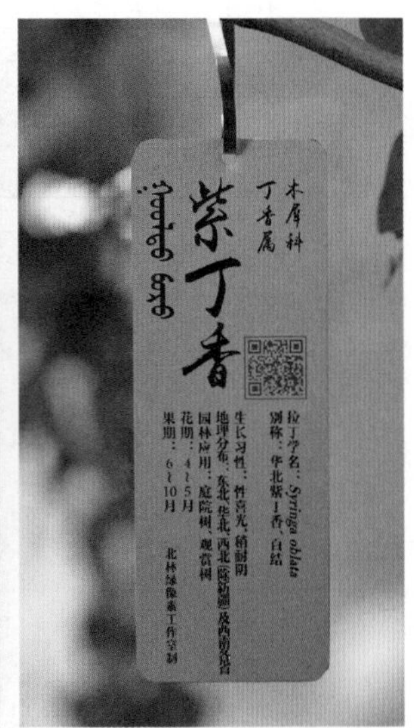

图2　双语树牌实际效果

维码的情况下，可以随时修改链接的数字内容，这样项目可以不受数字内容制作进度的影响直接进入树牌设计和加工阶段，大大加快了项目整体进度。

3. 设计双语树牌

在植物名称蒙文翻译、二维码、植物基本资料准备就绪的情况下，开始进行树牌设计。设计中特别注意蒙文字体、字号和中文排版的协调性，实际效果如图 2 所示。横牌大小为 190 mm × 100 mm，竖牌大小为 70 mm × 190 mm，厚度均为 1 mm，采用特种不锈钢材质，在户外使用不惧风吹、日晒、雨淋。每种树牌左下角分别标有“北京林业大学绿像素工作室制”或“北林绿像素工作室制”的字样，项目共完成 500 块树牌的加工制作。

(二)数字内容设计

1. 翻译数字内容

在设计树牌的同时，团队中有 2 名同学在同步整理数字内容资料，文字共计 2.8 万字，图片为 500 余张。文字整理好之后，第一时间发给科右前旗翻译组。如此大批量的文字翻译，难度较大，翻译人员不仅需要具备良好的汉蒙双语技能，而且需要对植物学相关术语有一定了解。

2. 设计数字内容

每种植物的数字内容都分为基本资料、趣闻和精美图片三部分。基本资料包含一张该植物典型照片和简单文字信息，起到首页作用；趣闻通常由若干条信息组成，一般为该植物的有趣知识或文化，或相似植物辨别技巧等，每个知识点配有一到多张照片或手绘插图；精美图片包含该植物的叶、花、果和整株四个部位的典型图片和少量知识型关键字。

由于蒙文是世界上极少数采用左竖式垂直排版方式的文字，而且大多数手机不支持蒙文编码，导致在很多手机中蒙文不能直接显示。根据蒙文上述两个特点和方便用户浏览的考虑，经过多次技术测试，最终采用图片描述法来实现系统的蒙汉双语混排。以现代海棠为例，显示效果如图 3

所示。

(三)项目介绍牌设计

为了方便群众了解树牌的功能，项目组设计了二维码科普项目介绍牌，将落地在札萨克图公园主要入口处。整体框架采用不锈钢拉丝材质，绿色立柱部分采用不锈钢烤漆工艺，上面标有学校标志和“北京林业大学脱贫攻坚科普项目”字样，项目介绍采用高清丝网印刷于亚克力面板上，灯箱表面覆盖钢化玻璃，整体效果如图 4 所示。

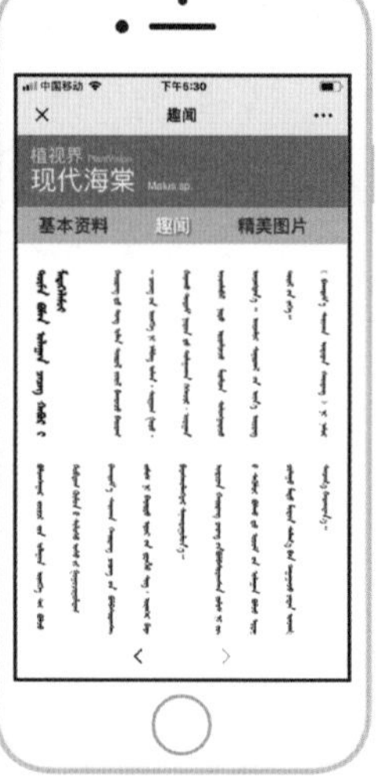

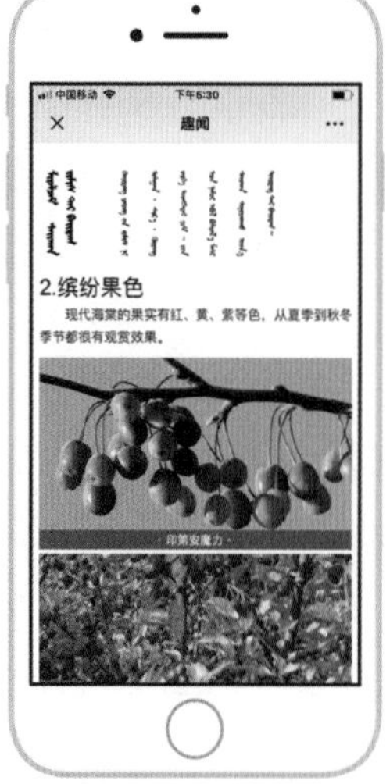

图 3　数字内容蒙汉双语显示效果

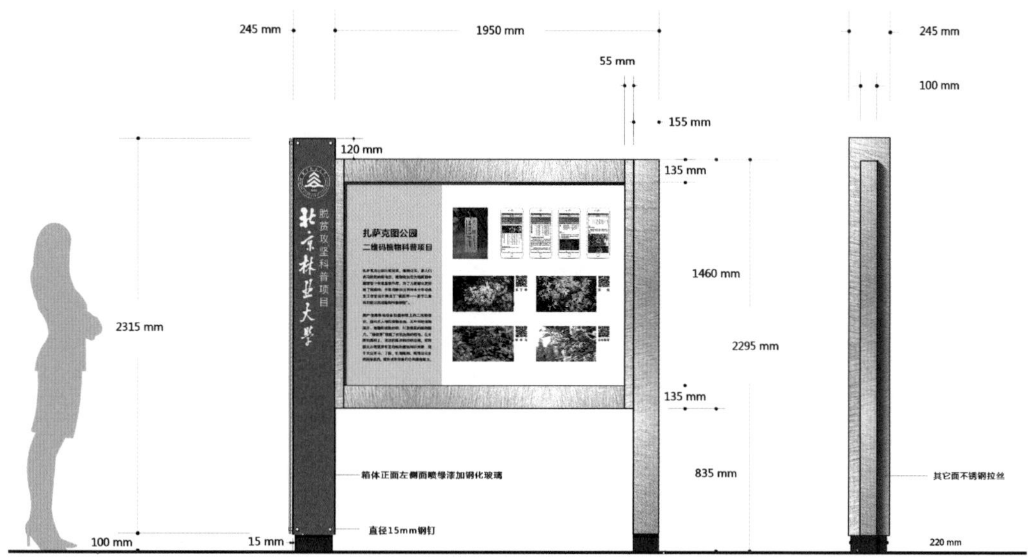

图 4　项目介绍牌设计方案

四、项目总结

在科右前旗各部门的积极配合和项目组的努力下，在不到2个月的时间内，完成了45种植物共计500块树牌的设计加工，上线数字内容包含3万字中文资料和3万字蒙文资料，实现了蒙汉双语混排科普系统的设计。该项目的顺利实施有利于面向公众普及植物知识，增强公众的自然科学素养，服务于国家生态文明建设；有助于进一步提升科右前旗“国家园林县城”的城市形象和公共服务能力。

笔者所在的绿像素团队非常荣幸能参与到设计服务国家脱贫攻坚战中，将北京林业大学专业的植物知识和优秀的设计应用在科右前旗。在这个过程中，团队成员不仅要解决新的技术和设计问题，还需要与树牌加工厂、介绍牌加工厂、翻译组、住建局等多个单位协调沟通；更重要的是，团队通过这个项目深刻认识到国家脱贫攻坚战略的意义，体会到攻坚克难的坚和难，在一件件具体的事情中实现立德树人。绿像素团队既要埋头雕琢符合大众需求的设计作品，又要昂首承担起祖国赋予我们的时代使命。

参考文献：

科尔沁右翼前旗人民政府．前旗概况[EB/OL].（2019-07-20）. http://www.kyqq.gov.cn/kyqq/mlkyqq/kyqqgk/index.html.

包艳花．关于蒙古文网站建设现状及发展趋势的若干思考[J]. 呼伦贝尔学院学报，2009，17(4)：16－18.

德格吉日胡，木仁，韩百岁，等．浅谈蒙古文网站现状及发展趋势[J]. 广西科学院学报，2018，34(1)：32－38.

陈晓宇，赵久军，郗风江．关于传统蒙古文网页的国际标准编码及字体处理技术[J]. 内蒙古科技与经济，2018(21)：77－79.

产业扶贫中的电子商务发展战略设计

——以恒佳果业为例*

蒋碧霞　尤薇佳　（北京林业大学　北京　100083）

摘要：电子商务已经成为助力产业扶贫、实现乡村振兴的重要路径。本文在总结现有电商扶贫模式优劣势的基础上，以恒佳果业为例介绍了内蒙古自治区科右前旗产业扶贫现状，分析了其在电商扶贫方面的不足，给出了电子商务发展战略的规划和设计，提出电子商务发展“三步走”的战略设计，探索电商扶贫的地方特色模式，创新电商精准扶贫实践，实现脱贫攻坚和乡村建设与振兴的总目标。

关键词：乡村振兴；产业扶贫；电子商务设计；电商助力产业扶贫

引　言

乡村振兴是党的十九大报告提出的重要战略，旨在推动中国经济社会持续发展、弥补发展的“短板”。2018 年 2 月，《中共中央 国务院关于实施乡村振兴战略的意见》发布，将全面实施乡村振兴战略写入党章，加快推进新时代农业农村的改革，实现农业一体的可持续发展。产业扶贫是脱贫攻坚的重要一环，是我国扶贫工作实践中形成的专项扶贫模式之一。2011 年，中共中央、国务院印发的《中国农村扶贫开发纲要(2011—2020 年)》提出，要“培植壮大特色支柱产业，带动贫困户增收”，“通过扶贫龙头企业、农民专业合作社和互助资金组织，带动和帮助贫困户发展生产”。随着一系列政策的出台，特色产业增收工作被列为十项重点工作之一，产业扶贫的具体内容和发展目标也已明确，进一步支持深度贫困地区脱贫成为未来扶贫工作的重点。

互联网的飞速发展和广泛应用使得电子商务蓬勃发展，对中国农村的发展产生了重大影响。互联网技术与农村经济社会各领域正在加速融合，对促进农村一、二、三产融合发展，推动农业转型升级，增加农民收入，提高农村社会治理能力都发挥着越来越重要的作用。为进一步推动农村电子商务发展，国务院扶贫办等中央部委在 2016 年 11 月联合印发了《关于促进电商精准扶贫的指导意见》，将电商扶贫纳入精准扶贫工程，并就促进电商精准扶贫提出了具体的指导意见，这是对先前相关电商扶贫内容的细化和具体落实，鼓励并支持

* 本项目获得中央高校基本科研业务费专项资金资助(资助号：2018RW14，2019GJZL16)。

各地政府引导第三方企业建立电子商务平台，打通特色农产品线上流通渠道，拓宽贫困农户增收脱贫渠道，利用“互联网+扶贫”的新模式，积极探索电商扶贫新路径。电商扶贫就是以电子商务为手段，拉动网络创业和网络消费，推动贫困地区特色产品销售的一种信息化扶贫模式。

一、电商扶贫的主要模式

互联网和扶贫工作的结合在电商扶贫领域得到拓展。随着各地政府对电商扶贫工作的不断推进，各大电商平台与农村合作的不断加强，电商扶贫模式在探索中逐渐形成了如下三种典型模式，成为脱贫攻坚和乡村振兴的重要途径。

（一）“贫困户+电子商务”模式

贫困户作为电子商务的经营主体，凭借该地区农林产品绿色无害、品质优良的优势，通过电子商务平台对接大市场，以合理的价格完成销售，实现脱贫致富。该模式主要依靠地方特色资源的独特性和贫困户自身的主观能动性，需要贫困户有电商运营的基础能力和自主创业的强烈意愿，同时也离不开来自各方的支持。

（二）“贫困户+合作社+电子商务”模式

由于电商对接的大市场对产品规模有一定的要求，分散的家庭生产通常很难满足市场，因此，乡村现行的合作社形式为农户实现规模化生产提供了组织基础。由合作社对农林产品开展电子商务所需的各项资源进行整合优化，就能有效弥补贫困户单打独斗时的各项不足，既能化解市场风险，又能保证农产品的数量和质量，提高农林产品的附加值，让参加合作社的农户整体受益。

（三）“贫困户+龙头企业+合作社+电子商务”模式

由于合作社资金一般较为有限，加入合作社的农户又因为各种原因情况各异，因此实际的扶贫效益较为受限。而由龙头企业在充分把握市场信息的情况下，通过与贫困农户签订产销合同并为其提供专业培训和技术支持，就能大大扩大收益群体，切实提高扶贫效果。在现有的实践中，有的龙头企业通过建立示范生产基地、组织各类特色产业活动，促进了贫困户的深度参与，使其在产业的发展中分享到经济方面的收益，真正实现共同致富。有社会责任感的龙头企业已经成为产业扶贫的重要引擎。

从长远来看，农村电商扶贫不仅能促进当地特色农林产业高质量发展，而且可以通过为贫困户创造工作岗位来实现就业增收，实现贫困群众就地就近就业、共同脱贫致富。与此同时，当地龙头企业或合作社还通过深入挖掘地标产品、建立统一品牌来提升农林产品的附加价值，从而提高产业整体效益，使电子商务发挥更大的产业扶贫效果。电子商务扶贫的纵深开展将为地方经济发展、脱贫攻坚和“美丽乡村”建设作出更大贡献。

二、案例分析

（一）现状分析

兴安盟科尔沁右翼前旗位于内蒙古自治区东北部，属于国家级贫困县。县里贫困村为23个，且不乏深度贫困村，村里人均年收入约为2 000元。当地农户多以种植沙果为生，但由于地力贫瘠，沙果产量不高且售价较低，导致农民年收入低，很难维持生计，很多农户逐渐对种植沙果失去信心。一些贫困户家中本以种植沙果为生，但因卖不上价钱、找不到销路，或因冰雹、干旱等自然灾害影响，收入越来越低，贫困程度不断加剧。

科右前旗恒佳果业有限公司位于内蒙古兴安盟科尔沁右翼前旗俄体镇产业化园区内，是一家集鲜果采摘、储存、保鲜、深加工和销售于一体的果品公司，主要经营沙果产品的深加工。恒佳果业的成立极大促进了当地产业结构的调整，沙果种植使得闲置的土地资源有效地转换为林业资源。通过企业深加工的带动，恒佳果业在调整地区产业结构、带动相关产业发展、产业扶贫、促进农民增收等方面具有重大意义，被兴安盟列为龙头企业。佳恒果业专业合作社被兴安盟列为“兴安盟农牧民专业合作社示范社”，成为全旗林果业开发及深加工的示范区。

（二）产业扶贫的举措

为了让种植沙果却身陷贫困的果农敢种、种好、增收，摆脱贫困，走进富裕美好的生活，恒佳果业想了很多办法。如：聘请专家现场指导以降低种植风险，修建冷库来存放保鲜期短的沙果以延长生产期，采用先进工艺将适销期短的沙果加工后销售以提高附加值等，还专门招聘贫困户家中有务工能力的农民到公司生产车间从事适合他们的工作。为了增强果农的种植信心，在2015年科右前旗地区遭受特大冰雹袭击、沙果大面积受创的情况下，恒佳坚持按照原价收购无法用于生产的受损沙果，以此来帮助贫困农户渡过难关。恒佳果业的“公司+合作社+贫困户”的经营模式使得整体脱贫成为可能。在当地政府与公司近几年的努力帮扶下，很多贫困户都通过扩大沙果的种植面积来实现增收，有的贫困户进入公司从事生产工作，生活逐渐得到了改善，形成了产业扶贫的长效机制。贫困户以高于市场平均收购价的价格将鲜果及牲禽卖给企业，并能在年底获得分红，他们经济收入得到了大大提高，年均收入由1 200元/人增长至2 600元/人，增收1 400元，且不断持续增长，生活质量得到了显著提升。

（三）目前在电商扶贫方面的不足

电子商务使农林产品大大地减少了流通环节，使得农户能够直接面对消费者并获得以往沉淀在流通过程中的利润，最终大大提高贫困人口的参与度和经济收入。产业精准扶贫+电子商务能够加快乡村特色产业发展、实现农户创收增收，已经成为目前多地农村扶贫工作的重心之举。

产业扶贫是电子商务扶贫的基础，恒佳果业作为当地龙头企业和示范合作社，已在科右前旗的脱贫攻坚中发挥了重要作用。但在电子商务扶贫过程中，恒佳果业还存在着如下几方面的问题：

1. 信息化基础薄弱

当前，企业的信息化基础设施较少，信息化管理能力薄弱，电子商务发展要素尚不完备，如仍然采用传统的人工统计方式对生产、库存和物流等环节进行管理，生产经营效率有待提高。

2. 缺乏专业电商人才

恒佳果业要开展信息化平台的构建、电商平台的选择与运营、线上与线下相结合的新型营销等，都离不开专业技术人才的支持，但由于科右前旗经济发展水平落后，企业严重缺乏电子商务专业人才，从而影响了沙果等农产品的销售和电子商务的发展。

3. 网络营销体系不健全

目前，恒佳果业的沙果销售主要集中于传统线下市场，线上电子商务平台的销售尚未全面开展，现有的物流配送、电子交易等技术服务体系不完善，恒佳果业尚有巨大的国际国内市场急需开发。

三、恒佳果业电子商务路径设计

(一)总体战略目标

恒佳果业以产业扶贫为宗旨，以区域发展规划为指引，以地方政策为依托，通过品牌建设，持续拓展地区产业布局的深度和广度。通过电子商务战略的实施，把握市场消费升级的机遇，强化网络销售渠道建设，形成以特色地标产品电商为核心的消费生态体系，探索电商助力产业扶贫新模式。同时，进一步促进俄体镇乃至全旗的沙果产业结构升级调整，并通过企业深加工的带动，助力产业精准扶贫和乡村振兴，实现贫困农民增收脱贫。

(二)电商助力产业扶贫

结合科右前旗相关政策支持和恒佳果业的发展现状开展电子商务，能够加大企业对产品深度开发的力度，提升产品附加值；促进相关产业形成规模效应，探索特色电商扶贫模式。恒佳果业要开展电子商务，助力产业扶贫，就要结合贫困地区实际，通过市场调查和大数据分析，定位目标消费人群并开发特色电商产品，探索发展特色地标产品模式。同时，恒佳果业作为当地林果业龙头企业，电子商务的开展能够加快推进产业基地建设，推动产业结构转型升级，并利用电商平台增加产品知名度，培育打造地方特色品牌，创新实践电商精准扶贫，发挥电商在攻坚脱贫中的带动作用。

(三)电商发展路径设计

基于恒佳果业目前产品品类较少、沙果断续性供给的现状，建议电子商务发展采用“三步走”战略(表1)。

1. 初期：电子商务渠道建设

通过市场调研提炼产品卖点，定位核心目标人群；通过对各电子商务模式和现有渠道的分类调研，选择适合初期试点的分销平台开展电子商务活动；开展线上与线下相结合的营销活动，如通过建设微信公众号、抖音、小红书等平台提升线上曝光率，培育消费人群，提高恒佳果业的品牌知名度和美誉度。

2. 中期：面向电子商务的信息化升级

待企业产品品类丰富、实现全年不间断销售时，成立电子商务部门，建立适应现代电子商务模式的信息系统，实现统一运营、多店铺管理。一方面支持自有店铺的运营；另一方面依托电子商务平台开展网络渠道招商，维护各种平台与公司业务的合作。

3. 长期：依托电商打造知名品牌

通过电子商务平台汇集的数据信息进行分析，根据市场变化和消费者需求调整经营策略，开展精准营销，增强消费者忠诚度；应用 C2B、O2O 等新模式及时协调客户服务资源，以信息技术的各项应用来整合改进公司内部各项管理程序，推行以 ERP、CRM 等平台为基础的采购、供应、销售、物流配送、客户服务管理等流程的全程参与信息化。以恒佳果业的品牌建设带动当地沙果行业的转型升级，将特色农产品打造为地标产品，推进“贫困户 + 企业 + 电子商务”模式的良性循环。

表1 电子商务发展的“三步走”

时间	定位	描述	路径
初期	新渠道	将电子商务渠道作为一个独特的经销商，投入相对较小，线上是线下的补充	以现有的主流电商平台作为网络分销商
中期	新业务	开设电子商务部门，独立预算、独立库存、独立定价策略、优化企业既有流程	开设平台旗舰店＋授权网络分销
长期	新模式	以线上销售为主体，线下进行信息化改造，线上带动线下升级发展，线上线下充分融合	综合运用多种电子商务模式，开展全网营销，全渠道销售，打造沙果行业知名品牌

总之，电商助力产业扶贫是打赢脱贫攻坚战的重要途径，恒佳果业将以精准扶贫、精准脱贫为基本方略，立足产业发展现状，充分发挥电子商务在扩大销售范围、降低流通成本、直接面对消费者反馈方面的巨大优势，将其与产业扶贫深度融合，在促进三产融合的过程中逐步提高贫困农户参与程度，共同分享产业发展的红利。在发挥龙头企业和专业合作社的引领作用的同时，协调政府、企业与贫困农户的各项资源，通过紧密协作，共同实现攻坚脱贫和乡村振兴的总目标。

四、结 语

电商扶贫作为产业扶贫和乡村振兴的重要举措，对实现农村农林业持续发展和产业转型升级有着重要作用。在脱贫攻坚的实践工作中，电子商务对实现农村产业扶贫有着重要意义。本文通过分析内蒙古自治区科右前旗沙果产业扶贫现状，对恒佳果业电子商务发展路径进行设计，探索电子商务助力产业扶贫的新模式，升级沙果流通渠道，促进当地沙果产业、社会经济和电商扶贫的发展。但因电商设计在实际运作过程中将面临包括市场风险、经营管理风险、决策风险等在内的不确定因素，实施效果还有待进一步的实践来检验。

参考文献：

林万龙，华中昱，徐娜．产业扶贫的主要模式、实践困境与解决对策：基于河南、湖南、湖北、广西四省区若干贫困县的调研总结[J]．经济纵横，2018，392(7)：102－108.

王小兵，康春鹏，董春岩．对“互联网＋”现代农业的再认识[J]．农业经济问题，2018(10)：33－37.

解梅娟．电商扶贫：“互联网＋”时代扶贫模式的新探索[J]．长春市委党校学报，2016(2)：12－15.

刘婧娇，董才生．“电子商务＋农村扶贫”的理论阐释与实践路径探索[J]．兰州学刊，2018，296(5)：180－190.

基于交互媒体的农家院创新服务设计研究

——以北京市马栏村为例*

陈欣然　张继晓（北京林业大学　北京　100083）

摘要： 农家院旅游是现今颇具热度的休闲方式。然而，目前我国的农家院服务设计仍存在较多问题。本文从服务触点、农家院品牌形象、服务生态可持续三方面，分别阐述了北京马栏村农家院服务设计的缺口，并基于交互媒体，提出了从建构服务程序与系统、服务触点、品牌形象等方面进行再设计的创新服务设计思路。

关键词： 服务设计；交互媒体；农家院创新；创新设计

引　言

近年来，我国对新农村建设大力投入，乡村旅游、农家院旅游随之兴起。伴随市场经济的发展，物质水平的不断提高，人们更加期望生态绿色、轻松自由、朴素舒心的生活环境。城市喧嚷的环境及快节奏、高压的生活状态使人们对乡村优美的生态环境和丰富的传统文化萌生向往，以“农家院”为代表的乡村生活体验成为了城市人放松身心、休闲娱乐的一种理想方式。

乡村旅游快速发展，目前游客和村民同时面临着乡村和城市的信息沟通不畅、乡村文化及当地农产品缺乏推广和包装、服务人员的受教育水平及人数有限、系统化服务体系的缺失等服务缺口所带来的困境。游客不能便捷高效地搜寻到感兴趣的农家院和服务，无法合理规划行程，村民也难以推广自己的旅游产品、认知游客的需求以提供更优质的服务，从而获得经济效益。现今信息技术高速发展，建立在网络、计算机等多项技术基础之上的交互媒体已被运用到生产生活的各个方面，用户可借助这一平台达到一种互动的状态。而我国现今的农家院产品，普遍尚未运用交互媒体进行服务设计以解决上述实际问题。本文以北京市马栏村为例，对农家院的服务缺口进行挖掘，并基于交互媒体，结合线上和线下两方面进行系统化创新服务设计初探，尝试打造可持续的农家院服务生态系统。

一、马栏村农家院的服务设计缺口

马栏村地处北京市城区西向约80 km处的门头沟区，村落拥有青山绿水的宜人风

* 本项目获得北京市社会科学基金项目资助，项目名称为：设计服务在“北京美丽乡村”创建中的体系研究（项目编号：14WYB013）。

光和丰富的历史遗迹，拥有十分丰富的乡村旅游资源，是修养身心、红色旅游观光的好去处。目前，由于各种历史和现实因素的限制，马栏村的农家院发展还存在诸多问题。通过我们深入的调研和分析，发现在基于广泛的互联与多媒体发展的当下，马栏村农家院主要存在以下三方面的服务设计缺口。

(一)服务触点的设计缺口

服务触点是指农家院经营者和管理者与客户或潜在客户进行接触、沟通的所有可能接触点，是服务环境、服务程序、服务对象所使用的物以及人的组合。它包括了人与人之间的互动、数字接触和物理接触等各类型触点。完善的服务触点设计能够令用户更便捷、更全面地了解农家院，亦能帮助经营者提升和维护农家院的品牌价值。在设计服务触点时，必须着眼于用户需求和用户期望；考虑到用户对每个服务触点产生的感受与体验；同时要考虑所有触点的完整性与协调性，以创造清晰且统一的用户体验。就服务系统而言，即自觉地连接服务触点架构，以达到触点间的相互感知、响应与强化，且能够有效地反映人们所期望的全部体验。

在马栏村调研时我们发现，村内农家院服务缺乏完善的触点设计，尚存在较多问题。如缺乏线上的宣传推广、农家院信息共享平台以及售后服务平台等。农家院为游客提供的体验活动较为贫乏，能够为游客侧与服务侧提供的交流平台与交流机会也极为有限。服务触点的设计缺口使游客、村民及其他利益相关者间的沟通陷入了困境。

以马栏村农家院的利益相关者为对象，依据受访者的调研反馈，我们发现：游客期望能够建立农家院信息平台，以了解和交流农家院信息，方便选择和规划行程；期望住进富有传统特色的农家院，体验更具当地特色的乡村生活；还期望能够通过网络平台订购农家自产特色有机农产品。村民期望通过兴办农家院获得更可观的经济收益；使自产农产品有路可销；老房子能够得以修缮。还有老人期望年轻人能回到村中，为村落带来生气。外出务工的村中青年则期望返回村中也可谋得一份收入可观的工作。

(二)农家院品牌形象的设计缺口

品牌形象是受众情感需求的核心。农家院品牌形象获得游客的认同是其得以向上可持续发展的关键。农家院品牌形象应立足于本地传统文化及民俗特色进行创新设计，并根据各家的不同情况进行差异化定位，在游客心中建立个性化品牌。在此基础上，要利用现代手段一并加强农家院信息宣传，建立和提升农家院品牌形象以增强游客黏性，从而实现长期可持续发展。

经入户调研发现，马栏村的农家院品牌形象设计尚存四方面不足：其一，部分农家院院落形象设计缺失，村内农家院没有整体性规划。经营者疏于对传统老房的修缮，新建房屋及院落布置、屋内装饰等缺乏当地特色和传统韵味。其二，各农家院服务内容趋同化严重，缺乏差异化设计。多数农家院服务仍停留在住农家院、吃农家饭等基础层面上，体验单一。其三，农家院的品牌营销观念落后，缺乏情感化品牌故事设计，不能有力地吸引游客。其四，经营者疏于对农家院宣传手段的多样化设计。这些设计缺口都阻碍了游客认识、了解和选择农家院，也不利于农家院品牌培养忠诚客户以及农家院经济的可持续发展。

(三)服务生态系统可持续的设计缺口

一套完整而永续的服务生态系统能够带来更多的游客资源，带来更多的从业机会、外来投资和更为稳定的收入，从而有效地拉动乡村经济，并推动乡村优秀传统文化得到延续和发展。

马栏村农家院的服务生态可持续设计缺口主要表现为以下几点：其一，人才资源匮乏，农家院的经营者和管理者年龄层次普遍偏高，且受教育水平有限；其二，物质和文化资源未经合理利用，缺乏规划与整合；其三，体验模式单一，缺乏多元化设计，不能满足游客需求。在当代语境中，培养人才、引入外来投资、建立有效的服务设计系统是推动和支撑农家院可持续发展的有效方式。由此看来，北京马栏村农家院的服务生态系统正急需可持续化的创新性设计。

二、基于交互媒体的农家院创新服务设计探索

随着信息技术的快速发展，交互媒体进入了人们的生活。交互媒体主要是指通过媒体平台，实现人机互动或受众与受众间互动的媒体。交互媒体改变了用户只能被动接受的局面，其特有的交互性是一种带有双向信息传递的方式，不仅可以向受众传达信息，同时允许受众向媒体传递控制信息，大大增强了受众的自主性和参与性。受众能借由交互媒体，感受并获得更广博与深刻的信息。在当代语境中，交互媒体无疑成为了联结村民和游客的重要纽带。借助这一媒体平台，农家院信息的传播和共享更为便捷，村民与游客、游客与游客间的线上交流成为可能。要充分利用交互媒体来进行农家院创新服务设计的探索。

(一)搭建服务蓝图

在前文服务设计缺口分析的基础之上，我们将马栏村农家院的前后台设计加入到场景任务之中。以基于交互媒体的网站平台为核心，通过线上系统化的服务设计，获取马栏村农家院服务触点架构的总体概貌及其相互关系(图1)。

(1)利用交互媒体搭建马栏村农家院网络平台，开设门户网站及公众号平台，建立游客侧与服务侧间的互动渠道以增强服务的互动性。在网络平台上发布农家院的全方位信息，满足用户通过网络平台进行了解信息、共享信息和交流信息的基本需求。在进行信息的整合设计时，充分考虑游客搜索和认知信息的成本。运用信息简化、图形化和表格化的方法，保证信息线上线下的“一致性”，明确信息间的“差异性”和“关联性”，确保游客能够高效地搜索和选择信息。

(2)结合实景拍摄与三维技术建立农家院模型，为游客侧提供线上虚拟空间的场景漫游体验，增强实境感与趣味性。允许游客侧在相应的互动专区发表评价或提供建议，使服务侧能够直接了解到用户和潜在用户的需求，并根据需求及时地对农家院产品进行优化改进。

(3)建立线上预订和支付平台，打造无缝的服务体验。引导游客侧的“前期接触”行为与“购买”行为统一至单一渠道中进行，保证游客侧的行为连贯性，为游客侧和服务侧提供便利。

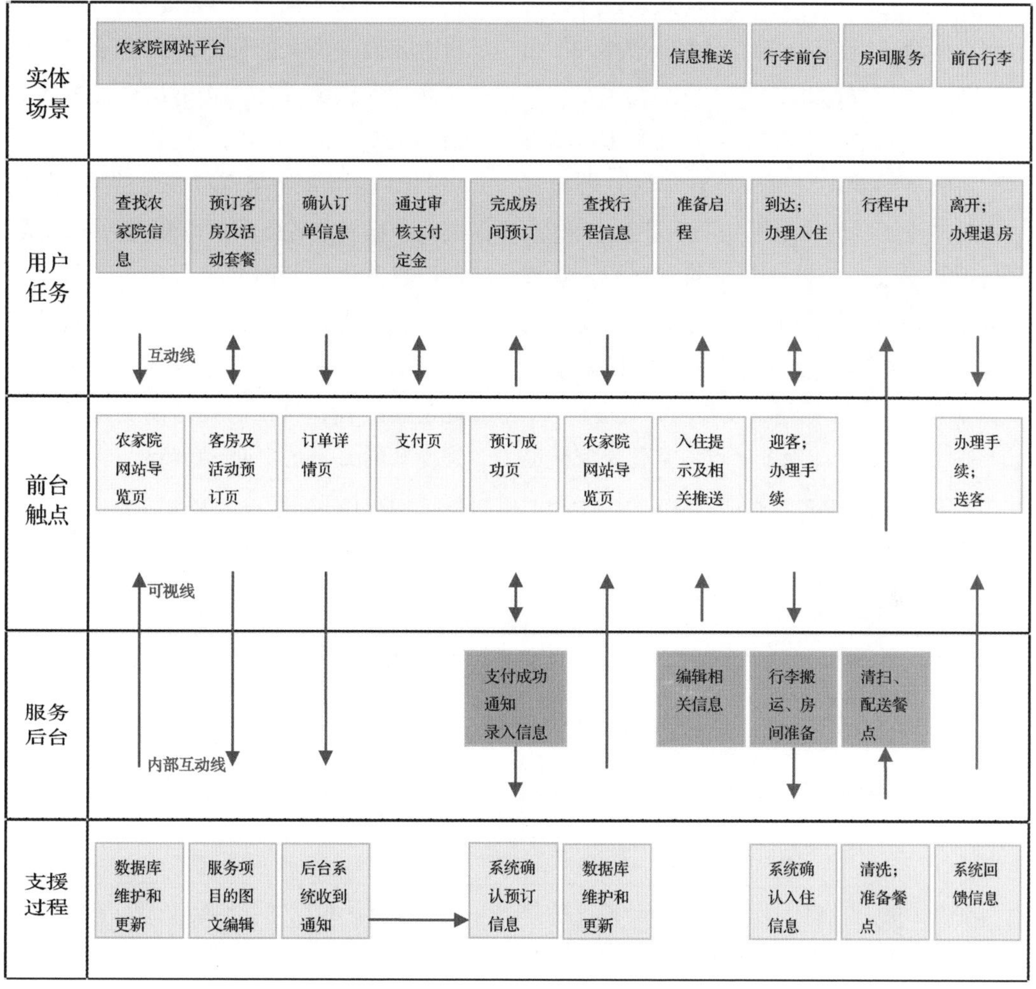

图 1　马栏村农家院服务触点架构

(4)开发相应的移动端应用程序。通过简单的问卷形式了解注册用户的需求倾向，推送个性化信息；并向已提交订单的用户及时推送既定行程相关信息，如行前注意事项、天气信息及交通状况，以人性化的服务获得用户满意。

(5)数字化方式管理农家院资源。以扫描房间专属二维码的方式取代门卡和钥匙，通过线上系统管理和标准化服务流程，来降低物质成本和人力成本；允许游客利用移动端自助预订或退订相关客房服务或体验活动服务，并传达相关需求和期望，以辅助服务侧更高效地提供个性化服务。

(二)服务触点的创新设计

服务触点是服务系统的核心，它是服务设计的起源和重点。服务触点的创新设计，须基于服务蓝图的框架和交互媒体的技术及硬件资源，并着重考虑“服务前”“服务中”及“服务后”的所有可能触点。结合马栏村农家院现存的问题，充分利用交互媒体的交互性、趣味性、多媒性和实时性来搭建服务平台，通过移除、优化和新增三种方式，对马栏村农家院的服务触点进行创新再设计(表1)，以提高服务效率和产出效益。

(1)将人工发放纸质宣传册页、现场分配房间及消费项目单独结算等信息转化成本过高或游客侧体验不佳的服务触点移除；将可能的服务项目整合至网络平台，在线上完成房间的选择和预分配等，并允许游客自助完成消费项目的统一结算以降低服务侧的物力人力损耗，改善服务流程。

(2)优化现存服务触点以强化农家院品牌形象与品牌间的差异性。优化导览模式，在线上全方位地向游客共享农家院相关信息，结合线下的导视牌及电子导览地图，为游客提供最大的便利；为农家院的农业产品进行包装设计，并讲出产品故事，以情感化设计吸引消费者。

(3)新增服务触点以满足游客、村民及其他利益相关者的期望并获得游客忠诚度。利用目前成熟的网络平台和多元化硬件设备向受众提供服务，以带来更多的游客资源；细化服务内容，获得游客忠诚度。以此建立游客和村民间畅通的交流桥梁，激发受众的好奇心并调动其参与性，创造良好的用户体验。

表1　服务触点的创新设计

	位置/名称	可能设计项目	利益
潜在触点	服务前/品牌形象设计	线上推广农家院品牌故事和乡村趣闻等；撰写文章或拍摄微影片	利于游客了解农家院情况，吸引游客兴趣，树立品牌形象
	服务前/体验活动设计	在线上发布季度体验活动时间表，并展示以往活动照片	便于游客安排行程，提升游客参与的积极性
	服务前/预订信息反馈服务设计	向游客反馈详尽的预订信息，并发送邮件以供打印和备份	供游客确认信息，便于用作行前准备的参考
	服务前/乡村旅游信息指南	提供所在乡村的游览指南及可参与活动的介绍	吸引游客兴趣，便于游客进行行程规划
	服务前/行前信息推送	行前向游客推送天气状况、交通情况等关键信息	获得游客信任和游客忠诚度
	服务中/迎客服务	借助位置共享，及时在村口停车场迎客，帮助游客搬运行李至预订房间	增加游客的亲切感与信任感
	服务中/下午茶服务	午后配送新鲜水果或特色点心至游客房间，并附上便签问候语	使游客感受到服务设计的体贴与关怀，增加游客忠诚度
	服务中/送客服务	帮助游客搬运行李及伴手礼等，一并提供伴手礼邮寄服务	增加游客的亲切感与信任感，提升农副产品经济效益

（续表）

	位置/名称	可能设计项目	利益
创见触点	服务前/短信推送服务设计	使所有游客在进入村口即可接收农家院住宿及体验活动的信息	为游客提供选择和便利，提高经营者效益
	服务后/新产品信息推送	向老游客推送应季农产品信息以及体验活动信息	有助于游客资源回流，形成可持续发展态势

（三）服务体验的创新设计

服务体验是游客侧在参与农家院整体服务流程中所产生的所有主观感受，它反映了游客期望与实际的差距，能帮助经营者检视服务系统中存在的客观问题。通过对服务体验进行优化和创新设计，可以使农家院利益相关者之间达成更为良性的互动效果，尽可能地接近游客期望、获得游客忠诚度以建立可持续的农家院服务生态系统。

1. 农家院品牌视觉形象

结合游客侧的期望及当地传统特色，对马栏村进行整体品牌形象定位，建立系统化的农家院品牌形象。在最大化保留乡村传统特色和生态环境的基础之上，对农家院建筑及景观环境进行整体再设计，以突显马栏村的地域性特色。建筑外立面以当地常见的碎石堆砌的麦穗肌理作为装饰（图2），并有意识地保留老墙的斑驳感；梁柱则选用马栏村的传统样式，用不规则的木材搭建（图3、图4），打造乡村的质朴气息和古典韵味；将原始农业用具和生活用品与农家院内的作物相结合设计景观小品，以增加院落的趣味性。利用交互媒体进行整体包装和宣传，将乡村特色与主题定位融入交互设计中，打造线上线下一致的文化体验。并根据各农家院的特点，利用网络平台向游客讲述品牌故事，形成差异化设计，力求满足消费者对产品的情感需求。

图2　碎石堆砌墙

图3　古建筑梁柱

图4　古建筑梁椽

2. 农家院活动体验模式

将农家院农产品的生产、加工、销售与住宿观光体验结合起来，形成一个循环的商业模式(图5)。搭建社区网络，进行大平台的大合作，达成用户的资源共享和自由选择。同时建立有效的社会参与模式，提高用户的参与性。在不同的服务触点，用户的参与能够将生活、工作的片段联结成一个系统，使公共服务得以维持和推进。

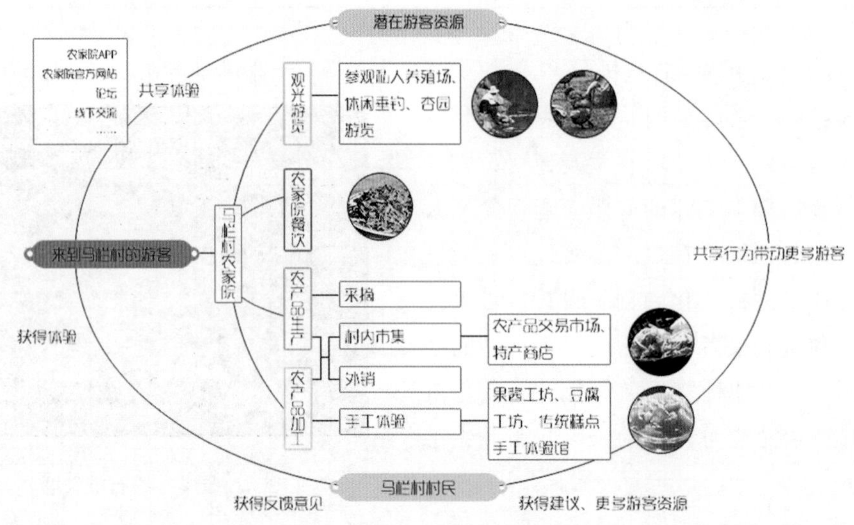

图5　农家院商业模式

马栏村农家院可根据自身资源优势和特色，面向不同需求的群体提供多元化体验服务，如农牧体验、手工体验、传统文化教学及红色教育等。并将这些信息整合，以交互媒体为媒介，将体验活动的内容与反馈立体地展示给游客侧，以提升认识度以及游客参与的积极性。借助交互媒体宣传推广乡村历史故事和传统文化，延续乡村传统文化活力。

三、结　语

通过前文的阐述和分析，我们看到在当代语境中，原有马栏村的农家院服务设计模式已不能适应和满足用户的需求。要解决乡村问题、实现农家院的可持续发展，对现存的传统、单一的服务设计模式进行系统化创新再设计是必然要求。通过调研了解用户需求和用户期望，并以服务触点、品牌形象、服务生态系统可持续等方面为切入点，利用交互媒体的交互性来进行创新设计。要突破传统设计思维，让受众与受众间建立更为紧密的联系，旨在利用有限的资源创造出更令人满意的农家院服务体验、更高的经济利益以及健康可持续的农家院发展模式。

参考文献：

邓成连. 触动服务接触点［J］. 装饰，2010（6）：13.

S EVENSON. Designing service systems［EB/OL］.（2010-01-08）. http：//www. slideshare. net/

whatidiscover/designing - service - systems.
李湘云，杨占东，郭璇. 基于体验视角的北京乡村旅游服务质量提升对策研究[J]. 经济研究导刊，2015(14)：118.
李勇. 交互媒体设计中的兰亭旅游文化体验与传播[J]. 包装工程，2015(24)：148.
付志勇. 社会化媒体时代的公共服务设计理念与研究框架[C]. 刘吉昆，蔡军. 设计管理创领未来：2011 清华—DMI 国际设计管理大会论文集(中文部分). 北京：北京理工大学出版社，2011：175 - 180.

“美丽乡村”设计中的机遇与挑战

宋慰祖[1]　张继晓[2]

（1. 民盟北京市委　北京　100035；2. 北京林业大学　北京　100083）

摘要：本文从乡村发展存在的核心问题和“设计走进美丽乡村”的机遇两个层面阐述了“美丽乡村”设计的选题原因，通过对“美丽乡村”保护和发展、特色和差异、生产和生活等问题的分析，和对“美丽乡村”国家需求、乡村需求、政府需求等的系统论述，提出“美丽乡村”设计既是机遇也是挑战的观点，为“美丽乡村”建设和发展提供创新可能。

关键词：“美丽乡村”；乡村振兴；乡村设计；机遇挑战

自2012年，团队开始展开“设计走进美丽乡村”研究，7年来走过了北京的200多个村子，其中重点对14个村展开了调研。对应农业部提出的“美丽乡村”建设和未来乡村建设的指标体系，团队重点围绕四大系统展开研究：一是乡村生产，二是乡村生活，三是乡村文化，四是乡村服务和保障系统。“美丽乡村”建设是一个整体的系统，所有设计研究工作都要按这个系统展开，才能保证设计研究的全面和系统。

一、乡村发展存在的核心问题

1. 保护和发展的问题

“美丽乡村”中我们需要保护的是什么？“美丽乡村”中我们需要发展的是什么？这是一对矛盾，机遇与挑战是并存的。从研究角度上，我们认为需要保护的是其自身的文化，是其自身的风土人情、乡村风貌，是其自然环境条件。但乡村发展的核心问题是产业的发展，是提高乡村的生活品质与质量。我们认为，在产业发展方面要培育一些符合乡村实际需求的产业。但目前我们对产业的理解还停留在过去传统片面的认识上，认为只有二产才能带来发展。设计师总是希望把村子保护得很有特色，设计师为乡村去做设计，注入了很多的思考，有的时候甚至于是超前的。但是，对于农民来说，他们又有他们的思考和需求。在特色上，农民不会注重生活的这个地方需不需要特色；农民希望的是自己的生活品质能提升，就是要住上小楼，像城里人一样。所以要研究保护与发展的关系，保护传统的东西可以为乡村带来新发展，同样，发展新的东西也可以成为新的传统。

2. 特色和差异的问题

“美丽乡村”建设离不开乡村特色和品质的问题。有话讲：“一方水土养一方人。”每个地区的乡村都有自己的特色，乡村的生存与发展依赖于整个生态环境系统。居住环境条件决定了每一个地方生活方式的差异，带来了各自的乡村文化、乡村民俗、乡村建筑、乡村生产方式等等。通过对环境、居住、资源、文化的分析，研究乡村的特色与差异，可以为设计解决乡村问题提供依据。

特色与差异是事物矛盾的两个方面，特色的本身就带来差异。差异可以避免乡村的同质化发展，差异化可以促进乡村发展竞争力的提升。解决好乡村发展特色与差异的关系，可以促进“美丽乡村”和谐整体发展。

3. 产业和生活的问题

乡村发展的本质是生活品质的提高，产业的发展决定了农民生活的质量和品质。乡村产业的概念与内涵在今天已不同于过去，其包含的内容更加多样，更加丰富，已拓展到与乡村环境资源、乡村文化、乡村民俗、乡村生活方式有关的能转化成促进经济收入提高的各类经营活动。不能简单地按照原来传统的产业认识去理解和开发乡村产业，而应该从当前供给侧的角度去思考，为消费者的需要提供服务和支撑。

目前，我国农村经济发展、公共服务基础仍然薄弱。以村民和乡村为主体的产业没有发展起来，产业发展的主体主要还是靠外部力量，受益者也不是村民主体。乡村产业发展已成为乡村振兴的短板。我们认为，通过设计可以改善和促进乡村的产业发展，带动经济增长和生活品质的改善。产业发展既是带动农民脱贫的根本之策，也是农民未来可持续发展的长远之路。

农民需要高品质生活，但是他们又没有标准，所以他们的标准就是看着城里人，城里人什么样他们就应该什么样。生活质量的提高建立在经济收入提高的基础上。但有了经济收入并不意味着就会有高质量的生活，生活品质还要靠产业、教育、文化、审美、法律、道德等来协助提高。生活还是一种观念和方式，这些都直接影响着生活品质。

二、“设计走进美丽乡村”的机遇

1. 国家需求

《中共中央 国务院关于实施乡村振兴战略的意见》为新时代的中国农村发展和建设指明了方向，强调“任何时候都不能忽视农业、不能忘记农民、不能淡漠农村；中国要强，农业必须强；中国要美，农村必须美；中国要富、农村必须富。”产业兴旺、生态宜居、乡风文明、治理有效、生活富裕成为乡村振兴战略的核心内容。

从国家层面上来说，“美丽乡村”建设已成为当下及未来乡村振兴的重要内容。“美丽乡村”建设离不开设计，设计在其中扮演着重要角色：一、设计是对乡村民生和谐、文化传承、生活舒适、产业发展、支撑保障五方面的有机整体全过程的创新设计；二、设计可以把乡村物质技术和精神文化振兴统领为一个有机整体进行设计服务创新，发挥设计集成科学技术、文化艺术、市场商业、政治人文等要素的作用，整体推进“美丽乡村”建设全过程。

考虑到改革开放四十多年的社会发展实际需求，国家已经到了将设计作为创新驱动发挥强有力的作用的时候了。无论经济社会发展的现阶段，还是国际发展大趋势；无论是国家产业转型的供给侧改革，还是国家倡导的“双创”活动；无论是国家

"十三五"规划，还是到中国制造2025政策，都专门就设计进行了说明，国家层面上已经把设计列为一个国家战略。设计创新方法需要设计服务与乡村需求融合发展，设计作为创新驱动可以为"美丽乡村"的建设与发展找到一条新的道路。

2. 乡村需求

乡村发展至当下，已经到了一个关键的历史节点。在新的时代，乡村的内在需求发生了巨大的变化。在得到基本需求保障的基础上，乡村的发展需要再上一个新台阶。乡村需要新的产业业态、新的生活品质、新的文化内涵。乡村本体的需求是"美丽乡村"发展的根本。"美丽乡村"的主体和真正主人是村民(农民)，他们应是第一受益者。目前，乡村的需求还没有被真正认识和重视，大量的投入和建设只是"肤浅"和"表面"的。乡村经济的自由化、碎片化，村庄的空心化、老龄化，乡村文化的落寞与浮躁，人居环境问题，等等，都凸显了出来。目前，虽然大家投入了很多，但还是头痛医头，起不到实质性效果。国家精准扶贫不是去给乡村送点钱，或者是帮他们某一家某一户开个小工厂就能解决的问题。我们的文化、产业、科技之间如何融合以支持提升乡村的问题？我们的乡村究竟怎么发展？设计在乡村发展中如何发挥出有价值的作用？已经摆在了我们设计师的面前。

3. 政府关注

"美丽乡村"调研工作是于2006年由北京市委发起的，北京市农委在全国率先开展了"美丽乡村"评选工作。在这样的基础上，2012年，国家农业部正式把"美丽乡村"提升到国家层面来推进。"美丽乡村"评选在全国的推广为全国树立了优秀乡村的榜样。基于政府开展北京市"美丽乡村"评选与建设，2014年北京市农委和统战部举行了"8+1"和"设计走进美丽乡村"调研活动。在调研活动的基础上，课题组于2014年申请到了北京市社科资助项目——"设计服务在'北京美丽乡村'创建中的体系研究"。

当前，我们面临的问题是：设计如何真正服务于乡村社会的发展。"设计服务在'北京美丽乡村'创建中的体系研究"这一选题是我们"设计走进美丽乡村"的一个战略定位，希望能够通过研究优化为"美丽乡村"建设发挥支撑和服务作用的设计创新系统。

三、设计提升"美丽乡村"的生活品质，解决乡村问题

1. 设计提升"住"的品质

通过设计服务可以改造乡村人居环境，将村域环境、建筑规划设计与垃圾处理、污水雨水收集、村庄拆违、村域公共空间改善、各类设施构筑、河湖林草景观治理等进行综合规划设计和品质提升。实行"一村一规划"改造提升，同时，在尊重传统文化的基础上，加大对村民院落、室内空间品质的改造与提升，关注规划设计与乡村实际需求和本地文化特色的紧密结合。

2. 设计提升"行"的品质

行的品质提升需求是方便、快捷。运用设计的方法可以指导村域道路改建提升和出行方式的规划。协调好道路与交通设施、导视指示系统、信息系统设施等的功能与景观关系；处理好对传统道路的保护、改造、提升之间的关系；处理好当下"行"

的需求和未来"行"的方式的关系。要在提升乡村各级道路的通行实用功能的同时，注意村域道路特有的审美品质与景观美化的协调性。

3. 设计创意"娱"的需求

用设计可以将乡村娱乐文化与时尚文化、时尚消费、新文艺形式等相结合，对乡村娱乐设施装备、娱乐空间、娱乐信息系统等进行综合创意，设计出符合村民需求的"新娱乐"文化形式，同时注重对传统娱乐文化的保护、利用和再创新。在对娱乐的品质提升需求方面，更加关注时尚化、信息化、获得感，加大对新娱乐、时尚文化、文化娱乐设施装备、娱乐空间、娱乐信息系统等的综合改造与提升。

4. 设计提升"食"的内涵

饮食不仅仅能满足基本的物质需要，更重要的是其带来的精神文化享受。饮食发展已从对食物品质安全的关注，开始转向对饮食精神文化的构建与提升的需求。通过设计服务可以创新性地把乡村各种特色饮食活动，设计成"形、色、神、礼"兼具的，能影响村民行为规范和传播健康、积极向上的思想道德的精神性"食"文化活动。

四、"美丽乡村"设计中的挑战

挑战是一种碰撞和未知，是对不可能和未知的自信。挑战还是一种精神，没有了精神的事业是不长久的。应用精神的理念来对待、支撑乡村设计的每一个环节，精神和勇气会鼓舞我们面对各种可能和不可能。乡村事业只有在挑战中才会出创新，发展多种新的可能。

1. 前瞻性与未知性

"美丽乡村"建设是没有前人做过，没有成功案例，也没有成功方法参考的创新工作。用设计来驱动"美丽乡村"建设与发展，是面对新时代中国发展的要求。这个要求必然会带来观念、方法、理论的创新，它具有理论层面的前瞻性。乡村设计既要面对传统，又要面对当代；既要面对乡村，又要面对政府；既要面对可能，又要面对不可能。我们的思路和方案总会在各种各样的干涉中遭遇碰撞，但一切都要落地，都要向前执行。在前进的道路上，充满了未知和艰难。

2. 复杂性与多样性

"美丽乡村"设计是一项复杂和系统的工程。村庄是一个与城市相对应的区域单位，每一个村子都是一个"城"。"麻雀虽小，五脏俱全"，乡村的系统是复杂和多样的。产业兴旺、生态宜居、乡风文明、治理有效、生活富裕这五个方面，就是一个多种系统、多种生产关系、多种经济关系、多种文化关系的交融和碰撞的系统构架。"美丽乡村"设计要综合考虑这一系统的复杂性和多样性，这是前人没有做过的事情。如何把设计有机地融入乡村建设的各个方面，值得我们去思考和面对，这种思考本身就是一种挑战。

五、结　语

"美丽乡村"设计既是机遇，也是挑战。设计师需要以一种大设计的思考维度去对乡村进行设计。"设计走进美丽乡村"课题旨在研究出一套系统化的内容，指导设计师为乡村做出更好的设计。无论是传统村落保护及乡村产业发展，还是文化构建及生态宜居环境，都关系到乡村的未来，也关系到我们对于传统的继承和发展的问题。

我们要站在一个更加广阔和更具高度的视角，来思考"美丽乡村"设计，思考中国乡村的未来。

参考文献：

金涛，张小林，金鹰．中国传统农村聚落营造思想浅析[J]．人文地理，2002(5)．

柳冠中．设计文化论[M]．哈尔滨：黑龙江科技出版社．1997：6.

单军．建筑与城市的地域性[D]．北京：清华大学，2001.

钟敬文．民俗学概论[M]．北京：高等教育出版社，2010.

王强．乡村"和"文化的传承与裂变研究[D]．杨凌：西北农林科技大学，2010.